21 世纪高校应用人才培养机电类规划教材

模具设计与制造（第二版）

许树勤　王文平　编著

北京大学出版社
PEKING UNIVERSITY PRESS

内 容 简 介

本书共 10 章,分布于五部分内容中:第一部分主要介绍冷冲压工艺及冲压模具设计的基本知识,包括冲裁工艺与冲裁模、弯曲工艺与弯曲模、拉深工艺与拉深模;第二部分介绍塑料注塑成型工艺及注塑模设计的基本知识;第三部分介绍模具制造、装配和检验的基本知识;第四部分简要介绍模具设计的发展趋势及现代模具制造技术;第五部分是实验指导书。书中配有大量的图片并附有思考与练习题。

本书可作为普通高等院校本科机械类专业模具教学课程的教材,亦可供从事模具设计、制造的工程技术人员使用。

图书在版编目(CIP)数据

模具设计与制造/许树勤,王文平编著. —2 版. —北京:北京大学出版社,2016.12
(21 世纪全国高校应用人才培养机电类规划教材)
ISBN 978 - 7 - 301 - 27783 - 6

Ⅰ.①模… Ⅱ.①许… ②王… Ⅲ.①模具—设计—高等学校—教材 ②模具—制造—高等学校—教材 Ⅳ.①TG76

中国版本图书馆 CIP 数据核字(2016)第 282747 号

书 名	模具设计与制造(第二版)
著作责任者	许树勤 王文平 编著
责 任 编 辑	温丹丹
标 准 书 号	ISBN 978 - 7 - 301 - 27783 - 6
出 版 发 行	北京大学出版社
地 址	北京市海淀区成府路 205 号 100871
网 址	http://www.pup.cn 新浪微博:@北京大学出版社
编辑部邮箱	zyjy@pup.cn
总编室邮箱	zpup@pup.cn
电 话	邮购部 010 - 62752015 发行部 010 - 62750672 编辑部 010 - 62765126
印 刷 者	三河市北燕印装有限公司
经 销 者	新华书店
	787 毫米 × 1092 毫米 16 开本 16 印张 320 千字
	2005 年 11 月第 1 版
	2016 年 12 月第 2 版 2023 年 8 月第 5 次印刷 总第 12 次印刷
定 价	58.00 元

前　　言

随着市场经济体制的建立，科技进步和产业结构的调整，机械行业对高级应用型人才的综合能力要求越来越高，对复合型人才的要求也越来越强，因而在应用型人才的培养中，就需要拓宽他们的知识面以适应社会的需求。应用型人才的培养是普通高等院校教育最鲜明的特色。"模具设计与制造"是一门专业课，主要用于非模具专业的学生。

模具是工业生产的基础工业装备，在电子、汽车、电机、仪器、仪表、家电、通信设备等产业中，60%～80%的零部件均依靠模具成型，而在模具行业中又以冲压模具和塑料注塑模具所占比重最大。本书主要针对这两类模具进行介绍。本书共有 10 章五部分内容，第一部分主要介绍冷冲压工艺及冲压模具设计的基本知识，包括冲裁工艺与冲裁模、弯曲工艺与弯曲模、拉深工艺与拉深模；第二部分介绍塑料注塑成型工艺及注塑模设计的基本知识；第三部分介绍模具制造、装配和检验的基本知识；第四部分简要介绍了模具设计的发展趋势及现代模具制造技术，力求反映国际先进的模具设计与制造水平；第五部分是实验指导书，各院校可根据实际情况进行选用。通过本课程的学习，可以使学生了解不同模具的成型特点、工作条件，掌握各种模具的设计要点，弄清制造工艺流程和检验内容，知道模具设计及模具制造的发展动向，为从事冲压模和注塑模的设计、制造奠定良好的基础。

本书的编写兼顾了理论基础和生产实践两个方面，使用简洁明了的语言，避免晦涩难懂的理论分析，同时配有大量的模具结构简图，力求做到通俗易懂且内容全面，实用性强。此外，章后附有思考与练习题，使读者能够了解该章的重点，通过测试可以了解自己对该章的掌握程度，从而能提高读者的学习兴趣，增强学习效果。

本书由北京工业大学耿丹学院许树勤教授、北京航空航天大学机械工程及自动化学院王文平副教授担任主编。

本书在收集资料和编写过程中，得到了中北大学分院赵跃文副教授、太原理工大学池成忠教授和北京航空航天大学吴向东副教授等的鼎力帮助，在此表示衷心感谢。

由于作者编写水平有限、经验不足，书中难免有错误和欠妥之处，恳请读者指正。

编　者
2016 年 10 月

目　　录

第1章 绪　　论

什么是模具？简单地说，模具就是一个样件的负面影像（类似于照片的负片）。使用模具可以重复生产与原始样件形状、尺寸相同的零件，就像冲洗相片一样。

模具的应用体现在人们日常生活中的方方面面，在大量、反复生产相同产品时需要使用模具。利用模具成形零件的方法，实质上就是利用材料的塑性进行的一种少切削、无切削、多工序重合的生产方法。采用模具成形的方法加工零件，可以提高生产效率，保证零件质量，减少材料消耗，降低生产成本，因而广泛应用于家用电器、汽车、建筑、机械、电子、五金、农业及航空航天等领域的大批量零件的生产。

随着经济的发展及产品的个性化、特征化的需求，模具的品种和生产量将越来越多，并且由于国际经济一体化的发展及我国人力资源的丰富，国外将有大量的模具加工任务转移到我国来，我国的模具工业发展前景广阔。

1.1　模具分类

科学地对模具进行分类，对有计划地发展模具工业，系统地研究和开发模具生产技术，研究和制定模具技术标准，实现专业化生产，都具有重要的技术经济意义。

模具分类方法很多，下面是几种常用的分类方法。

① 按模具结构形式分类，如单工序模，复合工序模等。

② 按使用对象分类，如汽车覆盖件模具、电机模具等。

③ 按加工材料性质分类，如金属制品用模具、非金属制品用模具等。

④ 按模具制造材料分类，如硬质合金模具、钢模具等。

⑤ 按工艺性质分类，如拉深模、粉末冶金模、锻模等。

这些分类方法中，有些不能全面地反映各种模具的结构和成形加工工艺的特点及它们的使用功能。为此，采用以使用模具进行成形加工的工艺性质和使用对象为主的综合分类方法，中国模具委员会将模具分为十大类；又根据模具结构、材料、使用功能及制模方法等分为若干小类或品种，如表1-1所示。

表 1-1　模具的分类

类　　别	成形方法	成形加工材料	模具材料
冲压模	普通冲裁模	金属材料	工具钢、硬质合金
	级进模		工具钢、硬质合金
	复合模		工具钢、硬质合金
	精冲模		工具钢、硬质合金
	拉深模		工具钢、铸铁
	弯曲模		工具钢、铸铁
	成形模		工具钢、铸铁
	切断模		工具钢、硬质合金
	其他冲压模		
塑料模	热塑性塑料注射模	热塑性塑料	硬钢
	热固性塑料注射模	热固性塑料	硬钢
	热固性塑料压塑模	热固性塑料	硬钢
	挤塑模	热塑性塑料	硬钢
	吹塑模	热塑性塑料	硬钢、铸铁
	真空吸塑模	热塑性塑料	铝
	其他塑料模		
锻造模	热锻模	金属材料	模具钢
	冷锻模		
	金属挤压模		
	切边模		
	其他锻造模		
铸造模	压力铸造模	有色金属及其合金	耐热钢
	低压铸造模	有色金属及其合金	耐热钢
	失蜡铸造模	精密铸件	石蜡、树脂、混合砂
	金属模	铝及其合金	铸铁
粉末冶金模	金属粉末冶金模	金属粉末	合金工具钢、硬质合金
	非金属粉末冶金模	非金属粉末	合金工具钢、硬质合金
橡胶模	橡胶注射成型模	橡胶	钢、铸铁、铝
	橡胶压胶成型模		钢
	橡胶挤胶成型模		钢
	橡胶浇注成型模		钢、铸铁、铝
	橡胶封装成型模		钢、铸铁、铝
	其他橡胶模		

续表

类　　别	成形方法	成形加工材料	模具材料
拉丝模	热拉丝模	金属丝	人造金刚石、硬质合金
	冷拉丝模	金属丝	人造金刚石、硬质合金
无机材料成型模	玻璃成型模	玻璃	铸铁、耐热钢
	陶瓷成型模	陶瓷粉末	合金工具钢、硬质合金
	水泥成型模	水泥	合金工具钢、硬质合金
	其他无机材料成型模		
模具标准件	冷冲模架		
	塑料模架		
其他模具	食品成型模具		
	包装材料模具		
	复合材料模具		
	合成纤维模具		
	其他类未包括的模具		

1.2　模具在生产中的地位

　　模具是现代工业，特别是汽车、拖拉机、航空、无线电、电机、电器、仪器、仪表、兵器、日用品等工业必不可少的工艺装备。锻件、冲压件、压铸件、粉末冶金零件及非金属零件，如塑料、陶瓷、橡胶玻璃等制品都是用模具成型的。模具技术直接影响制造业的发展、产品更新换代能力和产品竞争能力。模具工业潜力很大，前景广阔。近十多年来，美国、日本、德国等发达国家的模具总产值已超过机床总产值。模具技术进步极大地促进了工业产品生产发展，因而深受赞誉。美国工业界认为"模具工业是美国工业的基石"；在日本，模具被誉为"进入富裕社会的原动力"；在联邦德国，模具被冠之以"金属加工业中的帝王"之称；在罗马尼亚，有"模具就是黄金"之说。可见模具工业在世界各国经济发展中具有极其重要的地位。模具技术已成为衡量一个国家产品制造水平的重要标志之一。

　　模具工业是国民经济的基础工业，是高技术行业。模具设计与制造技术水平的高低，是衡量一个国家产品制造水平高低的重要标志之一。模具设计与制造专业人才是制造业的紧缺人才。

1.3　我国模具生产的历程与现状

我国的模具工业发展经历了艰辛的历程。中华人民共和国成立前，由于我国基础工业薄弱，模具使用得很少。所用的模具都是在模具作坊中制作的，这些模具大多结构简单，精度低。就模具的结构形式而言，多为冲压模。制造方法多为由有经验的老钳工带领徒弟手工研锉，缺乏设计图纸和工艺文件，谈不上有什么模具工业。

中华人民共和国成立后，由于经济发展的需要，特别是由于东北地区担负着电机、仪表、电器、变压器等产品的生产任务，模具工业得到了迅速发展。当时虽然缺乏先进的技术，但是由于结合我国实际情况，组织了专门的技术力量，因而取得了明显的进步。

① 冲模结构由单工序模向复合模发展，并可生产少量级进模。

② 由整体模向拼块模发展。

③ 模具制造技术则由手工加工为主发展到采用成型磨削。

④ 1951 年和 1952 年制成了 800 kW 和 3 000 kW 水轮发电机的大型扇形复合冲模。

到 1954 年，苏联和东欧社会主义国家的有关模具技术和设备开始输入我国，这对我国模具工业的发展起到了促进作用，对模具技术人才的培养、工艺技术的发展和关键设备的使用都有很大的帮助。在此情况下，成型磨削开始取代大部分手工操作，热处理变形基本得到控制，模具制造的精度和表面粗糙度明显提高，模具的制造周期也大大缩短。随着生产的发展，各行各业对模具的需要越来越多，国家对模具用钢也安排了系列生产。1955 年和 1956 年，在天津和北京成立了我国首批专业模具厂。从1958 年开始，上海、广州、沈阳、武汉、南京等地也相继建立了一批专业模具厂，这些模具厂虽然设备条件较差，但仍不愧为模具工业的新生力量。这一阶段，在模具结构方面，复合模得到了进一步完善，并开始生产高效率的级进模和高寿命的硬质合金模；塑料成型模则由热固性塑料模发展到热塑性注射模，并开始由单腔模结构发展到多腔模结构；压铸模也已经扩大到铜合金铸件生产用模；还研制了分解式组合冲模。在模具制造方面，除了研制成型磨削夹具外，还研制和批量生产了专用成型磨床；电火花加工技术也被应用于模具加工；自行研制电火花线切割机床用于模具加工；研制了用于型腔模加工的型腔冷挤压工艺与装备。同时还制定了我国的第一个模具标准：冷冲模零件标准与典型结构标准。

在 1966—1976 年期间，由于整个国民经济都受到很大的干扰和影响，模具工业没有获得应有的突飞猛进，但是广大模具工作者在总结推广模具设计和制造经验及先进技术方面做了大量工作，编写了一套《模具手册》，对模具生产的发展起到了良好的指导作用。

自从 1977 年以来，由于机械、电子、轻工、仪表、交通等工业的蓬勃发展，对模具的需求越来越多，在供货期上则要求越来越短，而我国模具工业的现状不能满足需要。国家有关部门对模具工业更加重视，给专业模具厂投资进行技术改造，并将模具列为"六五"和"七五"规划重点科研攻关项目，派人员出国学习考察，引进国外模具先进技术，制定有关的模具标准。同时，为了培养高素质模具行业的专门人才，20世纪 80 年代后期许多工科院校相继开展了"模具设计与制造"大专和本科层次的教学，计算机辅助设计（CAD）和计算机辅助制造（CAM）技术开始在冲模、锻模和塑料模中应用，并取得了初步成果。在这一时期，模具工业得到了长足的发展。

我国加入世界贸易组织后，各行业大批境外企业的涌入，使作为支持工业的模具行业迎来新一轮的发展机遇，同时也面临国外先进技术和高品质产品的挑战。2002 年我国模具总产值比上年增长约 15%，增速提高了两个百分点，如生产一台汽车整机大约需要两万套模具，其中相当一部分是塑料模具，因而汽车产业带动我国塑料模具在未来几年将有巨大发展。目前，发达国家将模具向我国转移的趋势进一步明朗化。由于模具行业是一个技术、资金、劳动力都相对密集的产业，而我国的平均劳动力成本仅是美国的 1/30～1/20。我国经济的快速发展，我国技术人才的水平逐步提高，也加速了这些国家把本国模具工业向工业和技术基础较好的国家转移。由于近年市场需求的强劲拉动，中国模具工业高速发展，市场广阔，产销两旺。1996—2002 年间，中国模具制造业的产值年平均增长 14% 左右，2003 年增长 25% 左右，广东、江苏、浙江、山东等模具产业发达地区的增长在 25% 以上。我国 2003 年模具产值为 450 亿元人民币以上，约折合 50 多亿美元，按模具总量排名，中国紧随日本、美国其后，位居世界第三。近两年，我国的模具技术有了很大的提高，生产的模具有些已接近或达到国际水平，2003 年模具出口价值 3.368 亿美元，比上年增长 33.5%。总体来看，我国技术含量低的模具已供过于求，市场利润空间狭小，而技术含量较高的中、高档模具还远不能适应国民经济发展的需要，精密、复杂的冲压模具和塑料模具、轿车覆盖件模具、电子接插件等电子产品模具等高档模具仍有很大一部分依靠进口。2003 年进口近 13.7 亿美元的模具，这还未包括随设备和生产线作为附件带进来的模具。在经历了"十五"期间和"十一五"头两年高速发展（这 7 年间年均增长速度达 18%）之后，由于受到国际金融危机影响，2008 年下半年开始，中国模具工业发展速度已明显放缓，致使 2008 年全年模具总销售额与上年同比增长率跌进了个位数，只达到 9.2% 左右，总量约为 950 亿元。

近年来，我国模具行业迅速发展，在各地方政府的支持和鼓励下，我国已形成近50 多个模具产业园区，在完善产业链、吸引外资及加强社会投资方面均起到积极作用。模具行业地域分布特色日渐成形，从地区分布来看，以珠江三角、长三角为中心的东南沿海地区发展最快。

　　广东堪称国内模具市场龙头，是中国最大的模具进口与出口省。全国模具产值40%多来自广东，且模具加工设备性能及设备数控化率、模具加工工艺、生产专业化水平和标准程度领先国内其他省市。目前全国排序前10名的企业中，广东占5家，世界最大的模架供应商和亚洲最大的模具制造厂都在广东。

　　上海以IT电子信息产业和汽车行业模具为主导。上海现有模具企业1 500余家，从业人员7万多人，年产值近100亿元，年增长率超过20%。上海生产汽车冲压、塑料、压铸等模具企业近70家，年产值约20亿元，民营企业如华庄、黄燕、千缘，合资企业如荻原、伟世通，台资企业如联恒、宏旭、台丽通等大多年产值在5 000万元以上，其中有近7家企业达亿元的年产值，成为上海汽车模具工业中的生力军。

　　浙江则塑料模具比重大。浙江省模具工业园主要集中在宁波市和台州市。宁波模具城位于浙江省宁波市宁海县，交通便捷、通信发达。宁海模具城规划1500亩，现已建成厂房20万平方米，入城企业230余家，模具城实施企业化管理，市场化运作，达到了资源共享、发展速度快、形势好，年产值可达10亿元。中国轻工（余姚）模具城位于余姚市区北侧，是一个集模具制造加工、模具设计研发、模具技术培训、模具信息服务和模具材料设备交易等诸多功能于一体的具有国内先进水平的模具工业园区。每年产值达到30亿美元，其中进口模具20.47亿美元，出口模具10亿美元。

　　天津形成了都市型模具工业特色。都市型工业是一种与传统工业相联系，轻型的、微型的、环保的和低耗的新型工业，是以大都市特有的信息流、物流、人才流、资金流和技术流等社会资源为依托，以产品设计、技术开发、加工制造、营销管理和技术服务为主体，以工业园区、工业小区、商用楼宇为活动载体，适宜在都市繁华地段和中心区域内生存和发展，增值快、就业广、适应强，有税收、有环保、有形象的现代工业体系。都市工业主要包括十大领域：电子信息产品研究、开发和组装；软件开发、制造业；模型及模具设计制作业；广告印刷与包装业；钻石珠宝等工艺美术品和旅游品制造业；钟表眼镜制造业；服装服饰业；酿造、食品加工业；家具制造、室内装饰装潢产品设计、开发与组装业；化妆品及日用洗涤用品制造业。从产业特点来看，以模具设计制作业为技术密集型、研究开发型的产业，立足于提升都市经济发展的需要、作为国民经济的基础工业，模具涉及汽车、家电、电子、建材、塑料制品等各个行业，应用范围十分广泛，同时充分兼容第三产业，带动其他产业的发展，且扩大就业机会、具有增值快、就业广、适应市场、反应快速的特点，是提升区域经济发展水平的增容器，也是现代第三产业发展的扩展平台。现天津市模具产业各区分布分散，主要以汽车、冲压模具业为主，全市模具产值每年可达20亿元，且税赋率达8%～10%。

　　由于模具行业的连续快速增长，因此对模具专业的学生需求30年来长盛不衰，市场上经验丰富的模具人才很受欢迎且收入不菲。只要读者努力夯实基础，勤于实践，勇于探索，终将有回报！

1.4 模具加工工艺方法简介

模具的种类很多，每种模具的制造方法都不是唯一的。制造方法的选择与模具的要求精度、制造成本密切相关，也需要结合现场的加工条件。因此，模具设计人员必须熟悉相应的制造方法。

就目前的情况看，模具的加工方法可以分为三大类，即铸造方法、切削加工方法和特种加工方法。表 1-2 为各种加工方法的工艺特点。

表 1-2　各种模具加工方法的工艺特点

加工方法		适用于模具种类	加工精度	加工技术要求	后续工序
铸造方法	锌合金铸造 低熔点合金铸造 铍铜合金铸造 合成树脂浇注	冲压 塑料、橡胶 压铸、塑料 塑料	一般	型腔制作	不需要
切削加工方法	普通切削机床 精密切削机床 仿形铣床 雕刻机加工 数控机床	全部	一般 精密 精密 一般 精密	仿型模型 仿型模型 加工指令	手工精加工 不需要 手工精加工 手工精加工 手工精加工
特种加工方法	冷挤压 超声波 电火花成型 电火花线切割 电解磨削 电铸 腐蚀加工	塑料、橡胶 冲压 锻模型腔 冲模、切边模 全部 塑料、玻璃 塑料	精密 精密 精密 精密 精密 精密 一般	冷挤压冲头 悬挂模型 电极设计制作 切割轨迹指令 成型模型 模型 图纸	不需要 手工精加工 手工精加工 手工精加工 不需要 不需要 不需要

应当指出，每种模具加工方法可以达到的加工精度不同，对模具设计和制造的技术人员来讲，了解不同制造工艺的加工精度尤其是经济精度是非常有意义的。

表 1-3 列出了几种常用模具加工方法可达到的精度和相应的经济精度，其中可达到的精度指的是该加工方法发挥到极致时的水平，此时的加工成本大大提高；经济精度则是指单位加工量成本最低时可达到的加工精度。

表1-3　几种加工方法的精度比较

加工方法	可达到的精度/mm	经济精度/mm
仿形铣	0.02	0.1
数控加工机床	0.01	0.02～0.03
仿形磨削	0.005	0.1
坐标镗	0.02	0.1
电火花成形	0.005	0.02～0.03
电火花线切割	0.005	0.01～0.02
电解成形	0.05	0.1～0.5
电解研磨	0.02	0.03～0.05
坐标磨	0.002	0.005～0.01

1.5　思考与练习题

1. 对模具进行科学分类的意义何在？简述我国模具的分类。

2. 简述模具加工的加工工艺。

3. 调查本地区模具制造单位所用的模具制造设备和可达到的加工精度。

第2章 冲压成形概述

2.1 冲压成形特点与分类

冲压是塑性加工的基本方法之一，它建立在金属塑性变形的基础上，利用模具和冲压设备对板料金属进行加工，以获得所需要的零件形状和尺寸。冲压工艺大致可区分为分离工序与成形工序两大类。分离工序又可分为落料、冲孔和切断等，如表2-1所示。

表 2-1 分离工序

工序名称	简 图	特点及应用范围
落料		用冲模沿封闭轮廓线冲切，冲下部分是零件
冲孔		用冲模沿封闭轮廓线冲切，冲下部分是废料
切断		沿不封闭轮廓线切断，多用于加工形状简单的平板零件
剖切		把冲压加工成形的半成品切成几个零件
切边		将成形零件的边缘切整齐

成形工序则可分为弯曲、拉深、翻孔、翻边、胀形、扩口、缩口等，如表2-2所示。根据产品零件的形状、尺寸精度和其他技术要求，可分别采用各种工序对板料毛坯进行加工。

表 2-2　成形工序

工序名称	简　图	特点及应用范围
弯曲		把板料在平面内弯成各种形状
扭曲		把冲裁件扭转一定的角度
卷圆		把板料端部卷成近圆形，用于加工类似铰链的零件
拉深		把平板毛坯加工成各种空心零件
变薄拉深		把拉深加工后的空心半成品进一步加工为侧壁厚度薄的零件
翻孔		在板料或预先冲孔的板料半成品上制出竖立的边缘
胀形		在两向拉应力作用下实现的变形，可以成形各种空间曲面的形状
翻边		把半成品的边缘按曲线或圆弧成形为竖立的边缘
扩口		在空心毛坯或管状毛坯的某个部位使其径向尺寸扩大的变形方法
缩口		在空心毛坯或管状毛坯的某个部位使其径向尺寸缩小的变形方法
起伏		在板料毛坯或零件的表面上用局部成形的方法制成各种形状的突起与凹陷
校形		提高已成形零件尺寸精度的加工方法

2.2　冲压模具设计与制造的内容

冲压模具设计与制造包括冲压工艺设计、模具设计与模具制造三部分基本工作。

冲压工艺设计是冲模设计的基础和依据。

冲模设计的目的是保证实现冲压工艺。

冲模制造则是模具设计过程的延续，目的是使设计图样通过原材料的加工和装配转变为具有使用功能和使用价值的模具实体。

冲模设计与制造必须有系统观点，必须考虑企业实际情况和产品生产批量，在保证产品质量的前提下，寻求最佳的技术经济性。片面追求生产效率、模具精度和使用寿命必然导致成本的增加，只顾降低成本和缩短制造周期而忽视模具精度则必然导致质量的下降。

2.3　冲压常用材料

冲压所用的材料，在满足产品设计要求的同时，还应满足冲压工艺的要求。

1. 冲压工艺对冲压材料的要求

① 具有良好的冲压成形性能。板料的冲压成形性能是指板料对各种冲压加工方法的适应能力。对于成形工序，要求材料应具有均匀延伸率 δ 大、屈强比 σ_s/σ_b 小、屈弹比 σ_s/E 小、硬化指数 n 小、板厚方向性系数 r 大、板平面方向性 Δr 小。

对于分离工序，要求材料应具有一定的塑性，其他指标不作严格的要求。

② 具有较高的表面质量。材料表面应光洁平整，无氧化皮、锈斑、划伤、分层等缺陷。成形工序所用材料的表面质量越好，则制件越不易破裂，也不易擦伤模具工作部分的表面。

③ 材料厚度公差应符合国家标准。因为一定的模具间隙适用于一定厚度的材料。如材料厚度公差变动大，不仅影响制件的质量，还可能导致模具和设备的损坏。

④ 价格低廉、来源方便。

2. 常用冷冲压材料

① 黑色金属。普通碳素钢板、优质碳素结构钢板、普通低合金钢板、电工硅钢板、不锈钢板等。

对 4 mm 以下的轧制薄钢板，钢板的厚度精度可分为 A（高级精度）、B（较高级精度）、C（普通级精度）。

对优质碳素结构钢钢板按表面质量可以分为 I、II、III、IV 组。在 I、II、III 组中各组按拉深级别又分为 Z、S、P 级，而 IV 组仅分为 S、P 级。

Ⅰ组——特别高级的精整表面；

Ⅱ组——高级的精整表面；

Ⅲ组——较高级的精整表面；

Ⅳ组——普通级精整表面；

Z级——最深拉深；

S级——深拉深；

P级——普通拉深。

② 有色金属。紫铜板、黄铜板、青铜板、铝板、钛合金板、镁合金板等。

③ 非金属。纸胶版、布胶版、皮革、塑料板、橡胶板、纤维板、云母板等。

常用金属材料的机械性能如表2-3所示。

表2-3　常用金属材料的机械性能

序　号	牌　号	抗拉强度/MPa	伸长率/（%）	序　号	牌　号	抗拉强度/MPa	伸长率/（%）
		不小于				不小于	
1	08F	315	34	13	45	600	17
2	08	325	33	14	50	625	16
3	10F	325	32	15	55	645	13
4	10	335	32	16	60	675	12
5	15F	355	30	17	65	695	10
6	15	370	30	18	70	715	9
7	20F	380	27	19	20Mn	450	24
8	20	410	28	20	25Mn	490	22
9	25	450	24	21	30Mn	540	20
10	30	490	22	22	40Mn	590	17
11	35	530	20	23	50Mn	650	13
12	40	570	19	24	60Mn	695	11

2.4　冲压设备简介

在冲压生产中，为了适应不同的冲压工艺，要采用不同类型的压力机。压力机的类型很多，按传动方式来分，主要有机械压力机和液压压力机两大类，其中机械压力机的应用最广泛。一般冲压车间常用的机械压力机有曲柄压力机和摩擦压力机两种，其中曲柄压力机最为常见。

2.4.1　曲柄压力机

1. 曲柄压力机的工作原理

曲柄压力机虽然机身结构形状和吨位大小有很大差别，但是都由传动系统、工作机构和机身 3 个基本部分组成。

传动系统由电机、皮带轮、皮带、齿轮、传动轴等组成。它的作用是将电机的能量和运动传递给工作机构。为了控制压力机的工作，传动系统中装有离合器和制动器。

工作机构主要由曲柄、连杆和滑块等组成。它的作用是将曲柄的旋转运动变为滑块的往复运动，实现曲柄压力机的动作要求。

机身把压力机所有部分联结成一个整体，传动系统和工作机构都安装在机身上。

除此之外，为了保护人身和机器的安全，还有人身安全装置和过载保护装置。为了满足工艺要求，一些压力机还设有顶出和压边用的装置。

通用压力机按机身形式可分为开式和闭式两种。开式压力机床身的前面、左面和右面 3 个方向都是敞开的，操作和安装模具都很方便，也便于自动送料。但是由于床身呈 C 形，刚度较差。当冲压力大时，床身易变形，影响模具寿命和制件精度。因此只适用于中、小型压力机，一般在 1 000 kN 以下。图 2-1 是 J23 普通型开式可倾压力机。闭式压力机床身两侧封闭，只能前后送料，操作不如开式压力机方便，但是床身刚度大，能承受较大的压力，适用于精度要求高的轻型压力机和一般要求的大、中型压力机。图 2-2 是 JC31 闭式单点单动机械压力机。

图 2-1　J23 普通型开式可倾压力机　　　图 2-2　JC31 闭式单点单动机械压力机

图 2-3 是曲柄压力机传动系统示意图，其工作原理为：电机 1 驱动皮带轮 2，通过齿轮 3、齿轮 4 和离合器 5 使曲轴旋转，通过连杆 6 带动滑块上下运动。曲柄压力机滑

块行程为曲柄长度的 2 倍。生产所需要模具的上半部分就装在滑块下面，而下半部分装在工作台上。滑块的往复运动完成冲压生产所需要的操作。

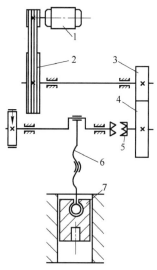

图 2-3　曲柄压力机传动系统示意图
1—电机；2—皮带轮；3、4—齿轮；5—离合器；6—连杆；7—滑块

2．曲柄压力机的选用

人们所设计的模具都是要装在一定的设备上来执行生产任务的，因此在进行模具设计之前，必须十分清楚模具将在什么设备上进行工作，因为不同的设备模具的安装方式各异。由于曲柄压力机是最常见的冲压设备，因此本节仅介绍该类设备的选用。

压力机的选用应该根据冲压工序的性质、生产批量的大小、模具的外形尺寸以及现有设备等情况进行选择。压力机的选用包括选择压力机类型和压力机规格两项内容。

（1）压力机类型的选择。

① 中、小型冲压件，选用开式机械压力机。

② 大、中型冲压件，选用双柱闭式机械压力机。

③ 大量生产的冲压件，选用高速压力机或多工位自动压力机。

④ 薄板冲裁、精密冲裁，选用刚度高的精密压力机。

⑤ 大型、形状复杂的拉深件，选用双动或三动压力机。

（2）压力机规格的选择。

① 公称压力。曲柄压力机的公称压力是滑块离开下死点前某一距离或曲柄旋转到下死点前某一个特定角度（此角度称为公称压力角）时，滑块上所容许的最大作用力。滑块上的作用力随曲柄旋转的角度（即压力机滑块的行程）而变化，滑块在下死点处的作用力为无穷大，但作用时间相当短，因此压力机的主要零部件均按照公称压力来进行强度设计，由此也就确定了压力机的许用压力曲线（图 2-4 中曲线 1）。

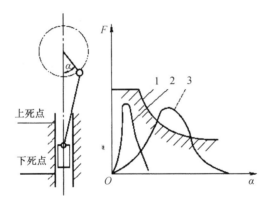

图 2-4　压力机的许用压力曲线

1—压力机许用压力曲线；2—冲裁工艺冲裁力实际变化曲线；3—拉深工艺拉深力实际变化曲线

　　冲压生产中所需冲压力的大小也是随凸模（即压力机滑块）的行程而变化的。在图 2-4 中，曲线 2 和曲线 3 分别表示冲裁和拉深的实际冲压力曲线。从图中可以看出 3 种压力曲线不同步。在冲压过程中，凸模在整个行程的任何位置所需的冲压力均应小于压力机在该位置所提供的冲压力。图 2-4 中的曲线 3，最大拉深力虽然小于压力机的最大公称压力，但拉深冲压力曲线不全在压力机许用压力曲线范围内。故应选用比图中曲线 1 所示压力更大吨位的压力机。因此为保证冲压力足够，一般冲裁、弯曲时压力机的吨位应比计算的冲压力大 30% 左右。拉深时压力机吨位应比计算出的拉深力大 60%～100%。

　　② 滑块行程。滑块行程长度是指曲柄旋转一周滑块所移动的距离，其值为曲柄半径的两倍。选择压力机时，滑块行程长度应保证毛坯能顺利地放入模具和冲压件能顺利地从模具中取出。特别是拉深件和弯曲件应使滑块行程长度大于制件高度的 2.5～3.0 倍。

　　③ 行程次数。行程次数即滑块每分钟打击次数，应根据材料的变形要求和生产率来考虑。

　　④ 工作台面尺寸。工作台面长、宽尺寸应大于模具下模座尺寸，并每边留出 60～100 mm，以便于安装固定模具用的螺栓、垫铁和压板。当制件或废料需下落时，工作台面孔尺寸必须大于下落件的尺寸。对有弹性顶出装置的模具，工作台面孔尺寸还应大于下弹顶装置的外形尺寸。

　　⑤ 滑块模柄孔尺寸。模柄孔直径要与模柄直径相符，模柄孔的深度应大于模柄的长度。

　　⑥ 闭合高度。压力机的闭合高度是指滑块在下死点时，滑块底面到工作台上平面（即垫板下平面）之间的距离。

　　压力机的闭合高度可通过连杆丝杠在一定范围内调节。当连杆调至最短，且滑块位于下死点时，滑块底面到工作台上平面之间的距离，为压力机的最大闭合高度；当连杆调至最长，滑块处于下死点，滑块底面至工作台上平面之间的距离，为压力机的最小闭合高度。

压力机的装模高度指压力机的闭合高度去掉垫板厚度后的高度。没有垫板的压力机，其装模高度就等于压力机的闭合高度。

模具的闭合高度是指冲模在最低工作位置时，上模座上平面至下模座下平面之间的距离。

模具闭合高度（mm）与压力机装模高度（mm）的关系，如图 2-5 所示。也可用公式表达：

$$H_{min} - H_1 \leqslant H \leqslant H_{max} - H_1 \tag{2-1}$$

或者

$$H_{min} - M - H_1 + 10 \leqslant H \leqslant H_{max} - H_1 - 5(mm) \tag{2-2}$$

式中　H——模具闭合高度；

　　　H_{min}——压力机的最小闭合高度；

　　　H_{max}——压力机的最大闭合高度；

　　　H_1——垫板厚度；

　　　M——连杆调节量；

　　　$H_{min} - H_1$——压力机的最小装模高度；

　　　$H_{max} - H_1$——压力机的最大装模高度。

由于缩短连杆对其刚度有利，同时在修模后，模具的闭合高度可能会减小。因此一般模具的闭合高度接近压力机的最大装模高度。

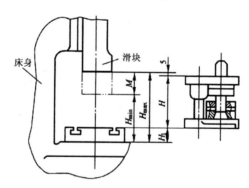

图 2-5　模具闭合高度与压力机装模高度的关系

所以在实际生产中选

$$H_{min} - H_1 + 10 \leqslant H \leqslant H_{max} - H_1 - 5 \tag{2-3}$$

⑦ 电动机功率的选择。必须保证压力机的电动机功率大于冲压时所需要的功率。

常用曲柄压力机的技术参数如表 2-4、表 2-5 和表 2-6 所示。

表 2-4　开式固定台压力机参数

型　号	公称压力/kN	滑块行程/mm	行程次数/次/分	最大闭合高度/mm	连杆调节长度/mm	工作台尺寸（前后×左右）/mm	模柄孔尺寸（直径×深度）/mm	电机功率/kW
J21-40	400	80	80	330	70	460×700		5.5
J21-63	630	100	45	400	80	480×710		5.5
JB21-63	630	0	65	320	70	480×710		5.5
J21-80	800	130	45	380	90	540×800		7.5
J21-80A	800	14-130	45	380	90	540×800	30×50	7.5
JA21-100	1000	130	38	480	100	710×1080		7.5
JB21-100	1000	60-100	70	390	85	600×850		7.5
J21-160	1600	160	40	450	100	710×710		13
J29-160	1600	117	40	480	80	650×1000		10
J21-400	4000	200	25	550	150	900×1400	50×70	30

表 2-5　JC31 闭式单点单动机械压力机技术参数

技术参数名称　　型号	JC31-160D	JC31-200D	JC31-250D	JC31-315D	JC31-400D
公称力/kN	1600	2000	2500	3150	4000
公称力行程/mm	8	8	11	11	13
滑块行程长度/mm	200	200	315	315	400
滑块行程次数/min^{-1}	40	28	20	20	25
最大装模高度/mm	430	450	500	500	500
装模高度调节量/mm	130	150	200	200	250
立柱间的距离/mm	760	760	805	910	995
工作台板尺寸（前后×左右）/mm	900×980	900×950	950×1000	1100×1100	1200×1200
滑块底面尺寸（前后×左右）/mm	700×700	750×900	850×960	960×1050	1000×1200
气垫　数量/个	1	1	1	1	1
气垫　力/kN	160	200	250	300	400
气垫　行程/mm	160	100	125	160	200
主电动机功率/kW	18.5	22	30	30	45

表2-6　J23普通型开式可倾压力机相关技术参数

技术参数名称 \ 型号	JC23-6.3	J23-10B	J23-16	J23-16B	J23-25A	JG23-35A	J23-40A	J23-63A	J23-80A	JD23-80A	J23-100B
公称力/kN	63	100	160	160	250	350	400	630	800	800	1000
公称力行程/mm	2	2	2	2	2.5	3	4	4	5	5	6
滑块行程/mm	35	60	55	70	80	100	120	120	130	130	16–140
行程次数/min^{-1}	170	145	125	125	60	53	55	50	45	45	45
最大装模高度/mm	110	130	160	170	180	180	220	270	290	290	290
装模高度调节量/mm	30	35	45	45	70	75	80	80	100	100	100
滑块中心至机身距离/mm	120	130	160	170	210	200	250	260	300	300	320
工作台板尺寸（前后×左右）/mm	200×310	240×360	300×450	320×480	400×600	380×610	480×710	480×710	580×860	580×860	600×900
工作台板厚度/mm	40	50	40	60	70	70	80	90	100	100	110
滑块底面尺寸（前后×左右）/mm	120×140	150×170	180×200	180×200	210×250	210×250	270×320	280×320	280×380	280×380	350×540
模柄孔尺寸（直径×深度）/mm	φ30×55	φ30×55	φ40×60	φ40×60	φ40×70	φ40×60	φ50×70	φ50×80	φ60×75	φ60×75	φ60×80
机身最大可倾角度	30°	25°	25°	25°	25°	25°	25°	25°	20°	20°	30°
立柱间的距离/mm	150	180	220	220	260	300	300	350	410	410	420
电动机型号	Y90S-6	Y90L-6	Y100L-6	Y100L-6	Y100L1-4	Y100L2-4	Y132M1-6	Y132M2-6	Y160M-6	Y160M-6	Y132M-4
电动机功率/kW	0.75	1.1	1.5	1.5	2.2	3	4	5.5	7.5	7.5	7.5

2.4.2　摩擦压力机

1. 摩擦压力机的外形与构造

图 2-6 为 J53-300 双盘摩擦压力机外形，图 2-7 为该压力机的传动系统简图。飞轮

6 是靠两个摩擦盘（3 和 5）来传动的。两个摩擦盘装在传动轴 4 上，轴的左端设有三角皮带轮，由电机 1 通过传送带 2 直接带动传动轴和摩擦盘转动；轴的右端有拨叉，压下操作手柄 13，通过连杆 7 和连杆 10 可把传动轴拉向左或拉向右，从而使左摩擦盘压紧飞轮，或右摩擦盘压紧飞轮，或者两摩擦盘均与飞轮脱离接触。当滑块和飞轮位于行程最高点时，压下手柄 13，传动轴右移，左摩擦盘 3 压紧飞轮 6，通过螺母 8 和螺杆 9 间的传动，驱动滑块 12 向下运动。随着飞轮向下运动，摩擦盘与飞轮接触点的半径也逐渐增大，使飞轮不断加速，从而积聚大量的旋转动能，在滑块将接触锻件时，滑块上的限程板与挡块 11 相碰，从而使传动轴左移，飞轮此时与两个摩擦盘均不接触。当滑

图 2-6　J53-300 双盘摩擦压力机
（摩擦螺旋压力机）

块接触锻件后，飞轮在所积蓄的动能作用下，继续旋转，并且通过螺旋副对锻件产生巨大的压力，使锻件变形，直至飞轮的旋转动能消耗殆尽。

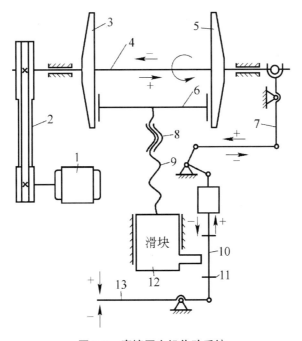

滑块

图 2-7　摩擦压力机传动系统

1—电机；2—传送带；3、5—摩擦盘；4—传动轴；6—飞轮；

7、10—连杆；8—螺母；9—螺杆；11—挡块；12—滑块；13—手柄

在打击终了后，由于螺旋副是不自锁的，滑块在锻件和机身弹性恢复力的作用下产生回弹，并促使飞轮反转。此时，抬起手柄，操纵系统把传动轴拉向左边，右摩擦盘压紧飞轮，摩擦力使飞轮反转，并带动滑块向上。当滑块接近行程最高点时，固定在滑块上的限程板将与上挡块相碰，通过操纵机构使传动轴右移，两个摩擦盘均不与飞轮接触，飞轮在惯性的作用下继续带动滑块上行，螺杆下端处的制动器（图中未画出）吸收飞轮的剩余旋转动能，迫使滑块停止在行程最高点。

摩擦压力机可以作单次打击，也可作连续打击。

2. 摩擦压力机在动作过程中的明显特征

① 它是靠预先积蓄于飞轮的能量进行工作的，与锻锤的工作特性相同，可通过多次打击实现小设备干大活。

② 它为螺旋副传动，因而在飞轮动能转变为制件塑性变形功的过程中，在滑块和工作台之间产生巨大的压力，框式机架将这一对作用力形成封闭的力系，所以又具有压力机的工作特性，对地基没有特殊的要求。

摩擦压力机兼有锻锤和压力机双重工作特性，就决定了它具有良好的工艺适应性，可以完成各种热模锻、冲压和切边等工艺；此外由于摩擦压力机一般都具有下顶料装置，因而又适宜完成挤压、顶镦、无飞边模锻等工艺。

摩擦压力机还有一个很大的特点，就是压力机的滑块行程不是固定的，即没有固定的下死点，因此特别适用于精整、精压、校正、校平等工序。

摩擦压力机除了工艺适应性好外，还有设备制造和使用成本低，模具结构简单、安装调整方便、操作简单、维修简便、劳动条件好等优点。而摩擦压力机的缺点则是生产率不高、传动效率较低、抗偏载能力差。

2.4.3　液压机

液压机是利用水的压力传递原理（帕斯卡原理），以水或油作为工作介质，使工作横梁上下往复运动的成形机械。液压机的种类很多，公称压力的规格从几十千牛（kN）到几十万千牛不等，但是其基本结构均为三梁四柱，图 2-8 是 Y-72 系列油压机外形图。

液压机是靠静压使工件变形，与曲柄压力机和摩擦压力机相比，具有容易获得大压力、大工作行程、大工作空间的优点，而且调速和调节压力方便，因此广泛应用于薄板拉深、翻边、挤压等工艺，也可用于塑料压制、粉末冶金压制等。液压机的主要缺点是采用高压液体做工作介质，因此对液压元件的精度要求高，结构比较复杂，维修比较困难。另外，液体的泄漏还在所难免，对工作环境有污染，特别是在热加工工艺中，漏出的油有着火的危险。

图 2-8　Y-72 系列油压机外形图

2.5　思考与练习题

1. 冲压基本工序分几类？各类工序的变形特点是什么？
2. 冲压生产对所用的材料有哪些要求？
3. 常用的冲压设备有哪些？试述各种设备的适用范围。
4. 曲柄压力机的公称压力如何定义？如何选择压力机的公称压力？
5. 曲柄压力机的主要技术参数有哪些？
6. 何谓压力机的闭合高度？实地了解不同规格压力机调节闭合高度的方法。

第 3 章　冲裁工艺与冲裁模

使板料分离的工序称为冲裁。

冲裁工艺的种类很多，常见的有落料、冲孔、切边、切口、剖切等。冲裁是分离工序的总称，其中以落料、冲孔应用最多。从板料上冲下所需形状的工件（或毛坯）称为落料。在工件上冲出所需的孔（冲去的为废料）称为冲孔，落料和冲孔中变形性质完全相同，但在进行模具工作部分设计时，要分开加以考虑。

根据冲裁变形机理的不同，冲裁工艺可分为普通冲裁和精密冲裁两大类。所谓普通冲裁，是由凸凹模刃口之间的材料产生裂缝实现板料分离，而精密冲裁则是以塑性剪切的方式实现板料的分离。前者生产的工件断面比较粗糙，精度较低。后者生产的工件不但断面比较光洁而且精度也较高，但实现精密冲裁需要专门的精冲设备及精冲模具。本章主要讨论普通冲裁的有关问题。冲裁是冲压工艺的最基本的工序之一。它既可直接冲出成品零件，也可以作为弯曲、拉深和挤压等其他工序的坯料，还可以在已成形的工件上进行再加工（切口、切边、冲孔等）。

3.1　冲裁变形过程分析

冲裁由凸模和凹模配合来完成。凸模与凹模具有与工件轮廓一样的刃口。当刃口锋利和采用合理的凸、凹模间隙时，分离的过程一般经过弹性变形、塑性变形和断裂分离 3 个阶段。

1. 弹性变形阶段

如图 3-1（a）所示，在凸、凹模压力的作用下，使板料产生弹性压缩、拉伸和弯曲等变形。凸模下部略微挤入板料，凹模口部的材料略微挤入凹模口内。凹模上的材料上翘，凸模下的材料拱弯。材料越硬、间隙越大，上翘与拱弯越严重。该阶段的变形，材料内部的应力没有超过弹性极限，如果去掉压力，材料会立即恢复原状。

2. 塑性变形阶段

当凸模继续下压时，材料内的应力达到屈服极限，板料进入塑性变形阶段，如图 3-1（b）所示。材料产生塑性剪切变形的同时，因间隙存在，还伴有弯曲拉伸和侧向挤压变形。随着凸模的压入，材料的变形程度不断增加，变形区的材料加工硬化逐渐加剧，变形抗力不断上升，冲裁力也相应增大，直到应力集中的刃口附近出现剪裂纹。此时塑性变形基本结束。

3. 断裂分离阶段

如图 3-1 （c）、（d） 所示，当凸模继续压入时，金属板料内的应力达到剪切强度极限，剪裂纹不断地向板料内部扩展，当上、下裂纹相遇时，则板料被拉断分离，冲裁变形过程结束。

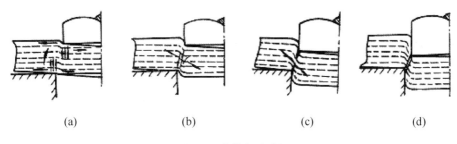

| (a) | (b) | (c) | (d) |

图 3-1　冲裁变形过程

3.2　冲裁模间隙

模具间隙是指凸、凹模刃口间缝隙的距离，用符号 C 表示，俗称单面间隙，如图 3-2 所示，而双面间隙用 Z 表示。

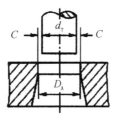

图 3-2　冲裁模间隙

当凹模尺寸大于凸模尺寸时，冲裁间隙为正，反之为负。冲裁模间隙值可为正，也可为负。但在普通冲裁中，均为正值。间隙对冲裁件质量、冲裁力、模具寿命的影响很大，是冲裁工艺与模具设计中的一个极其重要的参数。

$$C = \frac{(D_A - d_T)}{2} \tag{3-1}$$

$$Z = D_A - d_T \tag{3-2}$$

式中　d_T——凸模直径；

　　　D_A——凹模直径。

3.2.1　间隙对冲裁件质量的影响

冲裁件质量包括切断面质量、尺寸精度及形状误差。冲裁件切断面应平直、光洁，即无裂纹、撕裂、夹层、毛刺等缺陷；表面应尽可能平直，即拱弯小；尺寸应满足图纸规定的公差。影响冲裁件质量的因素有：凸、凹模间隙大小及分布的均匀性，模具刃口状态、模具结构与制造精度，材料性质等，其中间隙值大小与均匀程度是主要因素。

冲裁时，上下裂纹不一定从两刃口同时发生，二者是否重合与凸、凹模间隙值的大小密切相关。当把凸、凹模间隙控制在一定的合理值范围内时，由凸、凹模刃口沿最大剪应力方向产生的裂纹将重合，此时冲出的制件（或孔）断面虽有一定斜度，但比较平直、光洁，毛刺很小，且所需冲裁力小，如图3-3所示。

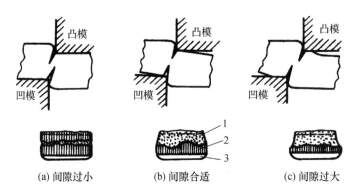

(a) 间隙过小　　　　(b) 间隙合适　　　　(c) 间隙过大

图 3-3　冲裁模间隙与冲裁件断面质量

1—撕裂带；2—光亮带；3—圆角带

间隙过小时，由凹模刃口处产生的裂纹进入凸模下面后停止发展。当凸模继续下压时，在上下裂纹中间将产生二次剪切，制件断面的中部留下撕裂面，两头为光亮带，在端面出现挤长的毛刺。毛刺虽有所增长，但易去除，且制件拱弯小，断面垂直，故只要中间撕裂不是很深，仍可应用。

间隙过大时，材料的弯曲与拉伸增大，拉应力增大，材料易被撕裂，且裂纹在离开刃口稍远的侧面上产生，致使制件光亮带减小，塌角（圆角带）与断裂斜度都增大，毛刺大而厚且难以去除。间隙 Z 在一定范围内随材料厚度 t 变化 $[Z=(14\%\sim24\%)t]$ 时，毛刺高度小，且变化不大，这称为毛刺稳定区，可供选择合理间隙值时参考。

普通冲裁件的外形与内孔的尺寸公差如表3-1所示。如果冲裁件的精度要求高，则在冲裁后通过整修或采用精密冲裁来实现。

表 3-1　冲裁件外形与内孔的尺寸公差

料厚/mm	类型	一般公差等级的冲裁件				较高公差等级的冲裁件			
		冲裁件尺寸/mm							
		<10	10～50	50～150	150～300	<10	10～50	50～150	150～300
0.2～0.5	外形	0.08	0.10	0.14	0.20	0.025	0.03	0.05	0.08
	内孔	0.05	0.08	0.12	0.20	0.02	0.04	0.08	0.08

续表

料厚/mm	类型	一般公差等级的冲裁件				较高公差等级的冲裁件			
		冲裁件尺寸/mm							
		<10	10～50	50～150	150～300	<10	10～50	50～150	150～300
0.5～1	外形	0.12	0.16	0.22	0.30	0.03	0.04	0.06	0.10
	内孔	0.05	0.08	0.12	.030	0.02	0.04	0.08	0.10
1～2	外形	0.18	0.22	0.30	0.50	0.04	0.05	0.06	0.12
	内孔	0.06	0.10	0.16	0.50	0.03	0.06	0.08	0.12
2～4	外形	0.24	0.28	0.40	0.70	0.06	0.08	0.10	0.15
	内孔	0.08	0.12	0.20	0.70	0.04	0.08	0.12	0.15
4～6	外形	0.30	0.31	0.50	1.00	0.10	0.12	0.15	0.20
	内孔	0.10	0.15	0.25	1.00	0.08	0.10	0.15	0.20

注：一般公差等级的冲裁件用公差等级为 IT7～IT8 的冲裁模生产，较高公差等级的冲裁件用公差等级为 IT6～IT7 的冲裁模生产。

3.2.2 间隙对冲裁力的影响

冲裁间隙值对冲裁力和模具寿命也有很大影响。

试验表明，间隙对冲裁力和卸料力有较明显的影响，特别是对卸料力的影响更为明显，如图 3-4 与图 3-5 所示。随着间隙的增大，材料所受的拉应力增大，容易断裂分离，因此冲裁力减小。但若继续增大间隙，因裂纹不重合，冲裁力下降缓慢。

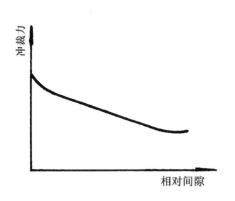

图 3-4 冲裁力与冲裁间隙的关系

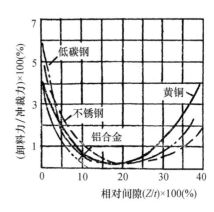

图 3-5 间隙对卸料力的影响

由于间隙增大，使剪切带变窄。同时由于材料的弹性变形，使落料件尺寸小于凹模刃口尺寸，冲孔尺寸大于凸模尺寸，因而使卸料力、推件力或顶件力随之减小。间隙继续增大时，因为毛刺增大，又会引起卸料力、顶件力、推件力迅速增大。

3.2.3　间隙对模具寿命的影响

模具失效的原因一般有磨损、变形、崩刃、折断和胀裂。

冲裁过程中凸、凹模刃口受着极大的垂直压力与侧压力的作用，高压使刃口与被冲材料接触面之间产生局部附着现象，当接触面相对滑动时，附着部分就产生剪切而引起磨损。这种附着磨损是冲模磨损的主要形式。接触压力越大，相对滑动距离越大，模具材料越软，则磨损量越大。而冲裁中的接触压力，即垂直力、侧压力、摩擦力均随间隙的减小而增大，且当间隙小时，光亮带变宽，摩擦距离增大，摩擦发热严重，所以小间隙将使磨损增加，甚至发生粘连。虽然润滑条件、模具制造精度与粗糙度等也会影响刃口磨损，但间隙却是影响模具寿命的一个主要因素。

为了提高模具寿命，一般需要选用较大间隙。若采用小间隙，就必须提高模具硬度、精度，减小模具粗糙度，良好润滑，以减小磨损。

3.2.4　凸、凹模间隙值的确定

由以上分析可知，凸、凹模间隙对冲裁件质量、冲裁力、模具寿命都有很大的影响。因此，设计模具时一定要选择一个合理的间隙，使冲裁件的断面质量较好、所需冲裁力较小、模具寿命较高。但分别从质量、精度、冲裁力等方面的要求各自确定的合理间隙值并不相同，考虑到模具制造中的偏差及使用中的磨损，生产中通常是选择一个适当的范围作为合理间隙。这个范围的最小值称为最小合理间隙 $C_{\min}$，最大值称为最大合理间隙 $C_{\max}$，考虑到模具在使用过程中的磨损使间隙增大，故设计与制造中采用最小合理间隙值 $C_{\min}$。确定合理间隙的方法有理论确定法和经验确定法。

1. 理论确定法

理论确定法的主要依据是保证裂纹重合，以便获得良好的断面。图 3-6 所示为冲裁过程中开始产生裂纹的瞬时状态，据此可计算合理冲裁间隙的理论值。

$$C = (t - h_0)\tan\beta = t\left(1 - \frac{h_0}{t}\right)\tan\beta \tag{3-3}$$

式中　C——理论计算出的单面间隙（mm）；

　　　t——板料厚度（mm）；

　　　h_0——初始裂纹出现时凸模的挤入深度（mm）；

　　　β——裂纹方向角。

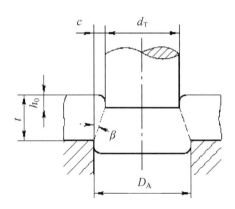

图 3-6 合理间隙的理论确定法

从式（3-3）可看出，合理间隙 C 与材料厚度 t、凸模相对挤入材料深度 h_0/t、裂纹角方向 β 有关，而 h_0/t 又与材料塑性有关，如表 3-2 所示。因此，影响间隙值的主要因素是材料性质和厚度。材料厚度越大，塑性越低的硬脆材料，则所需间隙 C 值就越大；材料厚度越薄，塑性越好的材料，则所需间隙 C 值就越小。

表 3-2 不同材料的 h_0/t 与 β

材　　料	h_0/t		β	
	退火	硬化	退火	硬化
软钢、紫铜、软黄铜	0.5	0.35	6°	5°
中硬钢、硬黄铜	0.3	0.2	5°	4°
硬钢、硬青铜	0.2	0.1	4°	4°

2. 经验确定法

由于对不同的材料 h_0/t 的值差别很大，需要进行试验来测定，因此理论计算法在生产中使用不方便，故目前广泛采用的是经验数据。

$$Z = Kt \tag{3-4}$$

式中　Z——双面间隙（mm）；

　　　K——间隙系数，实际生产中，系数 K 的取值为 0.08～0.35，如表 3-3 所示；

　　　t——材料厚度（mm）。

表 3-3 冲裁模初始双面间隙系数 K

材　　料	厚度/mm					
	<1	1～2	2～3	3～5	5～7	>7～10
纸胶版，布胶版	0.03～0.05	0.04～0.06	0.04～0.06			
软铝	0.04～0.06	0.05～0.07	0.06～0.08	0.07～0.09	0.08～0.10	0.09～0.11

材　　料	厚度/mm					
	<1	1～2	2～3	3～5	5～7	>7～10
紫铜、软钢 (0.08%～0.02%)C	0.05～0.07	0.06～0.08	0.07～0.09	0.08～0.10	0.09～0.11	0.10～0.12
中硬钢 (0.3%～0.4%)C	0.06～0.08	0.07～0.09	0.08～0.09	0.09～0.11	0.10～0.12	0.11～0.13
硬钢 (0.5%～0.7%)C	0.07～0.09	0.08～0.10	0.09～0.10	0.10～0.12	0.11～0.13	0.12～0.14

对于公差等级要求不高即低于 IT14 级的冲裁件，其冲裁间隙可常用表 3-4 中的大间隙来确定。

表 3-4　冲裁模初始双面间隙值 Z(mm)

厚度/mm	T8,45,65Mn		A2,A3，青铜		08,10,15,紫铜		软　铝		纸胶版,布胶版		纸，皮革	
	Z_{min}	Z_{max}	Z_{min}	Z_{max}	Z_{min}	Z_{max}	Z_{min}	Z_{max}	Z_{min}	Z_{max}	Z_{min}	Z_{max}
0.35	0.03	0.05	0.03	0.05	0.01	0.03						
0.5	0.05	0.10	0.0	0.07	0.03	0.05	0.02	0.03	0.01	0.02	0.005	0.015
0.8	0.12	0.15	0.10	0.13	0.05	0.07	0.03	0.05	0.015	0.03	0.005	0.015
1.0	0.16	0.20	0.12	0.16	0.08	0.12	0.04	0.06	0.02	0.04	0.01	0.02
1.2	0.22	0.26	0.16	0.20	0.11	0.15	0.06	0.08	0.03	0.055	0.015	0.03
1.5	0.31	0.35	0.22	0.26	0.14	0.18	0.08	0.11	0.035	0.07	0.015	0.035
1.8	0.37	0.42	0.28	0.32	0.18	0.24	0.09	0.13	0.05	0.09	0.02	0.04
2.0	0.42	0.48	0.33	0.39	0.21	0.27	0.10	0.14	0.06	0.10	0.025	0.045
2.5	0.53	0.59	0.43	0.49	0.28	0.34	0.15	0.20	0.07	0.13	0.03	0.05
3.0	0.64	0.70	0.54	0.60	0.34	0.40	0.18	0.24	0.10	0.15	0.035	0.06
3.5	0.74	0.82	0.65	0.72	0.44	0.52	0.25	0.32	0.12	0.18	0.04	0.07
4.0	0.86	0.94	0.77	0.85	0.52	0.60	0.28	0.36	0.14	0.20		
4.5	0.98	1.06	0.88	0.96	0.65	0.73	0.32	0.41	0.16	0.22		
5.0	1.08	1.18	1.00	1.10	0.76	0.86	0.35	0.45	0.18	0.26		
6.0	1.30	1.40	1.23	1.33	0.98	1.08	0.50	0.60	0.24	0.32		
8.0	1.80	1.90	1.70	1.80	1.20	1.40	0.72	0.82	0.35	0.45		
10.0	2.30	2.50	2.20	2.40	1.70	1.80	0.90	1.00	0.48	0.58		

需要指出的是：当模具采用线切割加工时，若直接从凹模中制取凸模，则此时凸、

凹模间隙决定于电极丝直径、放电间隙和研磨量，但其总和不能超过最大单面初始间隙值。

3.2.5　凸、凹模刃口尺寸的计算

1. 尺寸计算原则

模具刃口尺寸精度是影响冲裁件尺寸精度的首要因素，模具的合理间隙值也要靠模具刃口尺寸及其公差来保证。因此，正确确定凸、凹模刃口尺寸和公差，是冲裁模设计中的重要工作。

（1）凸、凹模尺寸的特点。

① 由于凸、凹模之间存在间隙，使落下的料或冲出的孔都是带有锥度的，且落料件的大端尺寸等于凹模尺寸，冲孔件的小端尺寸等于凸模尺寸。

② 在测量与使用中，落料件是以大端尺寸为基准，冲孔孔径是以小端尺寸为基准。这是因为落料件与其他零件发生配合连接时，大端尺寸为控制尺寸，而冲孔件的控制尺寸则为小端尺寸。

③ 冲裁过程中，凸、凹模要与冲裁零件或废料发生摩擦，凸模越磨越小，凹模越磨越大，其结果是间隙越用越大。

（2）落料和冲孔工序应遵循的原则。

由此在决定模具刃口尺寸及其制造公差时，确定凸、凹模刃口尺寸应首先区分落料和冲孔工序，并遵循如下原则。

① 设计落料模先确定凹模刃口尺寸，以凹模为基准，间隙取在凸模上，即冲裁间隙通过减小凸模刃口尺寸来取得。设计冲孔模先确定凸模刃口尺寸，以凸模为基准，间隙取在凹模上，冲裁间隙通过增大凹模刃口尺寸来取得。

② 根据冲模在使用过程中的磨损规律，设计落料模时，凹模基本尺寸应取接近或等于工件的最小极限尺寸；设计冲孔模时，凸模基本尺寸则取接近或等于工件孔的最大极限尺寸。这样，凸、凹模在磨损到一定程度时，仍能冲出合格的零件。

2. 尺寸计算方法

由于冲模加工方法不同，刃口尺寸的计算方法也不同。冲模加工方法基本上可分为两类：凸、凹模分别加工和凸、凹模配合加工。

（1）凸、凹模分别加工。

凸、凹模分别加工法的优点是，凸、凹模具有互换性，制造周期短，便于成批制造。其缺点是，为了保证初始间隙在合理范围内，需要采用较小的凸、凹模具制造公差才能满足要求，模具制造成本相对较高。表 3-5 是规则形状冲裁时凸、凹模的制造偏差。这种方法主要适用于圆形或简单规则形状的工件，因冲裁此类工件的凸、凹模制造相对简单，精度容易保证。当采用凸、凹模分别加工时，需在图纸上分别标注凸

模和凹模刃口尺寸及制造公差。

冲模刃口与工件尺寸及公差分布情况如图 3-7 所示。

表 3-5　规则形状（圆形、方形）冲裁时凸、凹模的制造偏差

基本尺寸	凸模偏差	凹模偏差
≤18	0.020	0.020
>18～30	0.020	0.025
>30～80	0.020	0.030
>80～160	0.025	0.035
>120～180	0.030	0.040
>180～260	0.030	0.045
>260～360	0.035	0.050
>360～500	0.040	0.060
>500	0.050	0.070

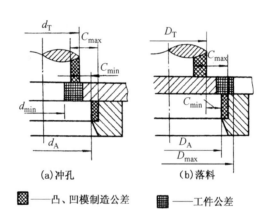

(a)冲孔　　　　　　　(b)落料

▨——凸、凹模制造公差　　▦——工件公差

图 3-7　冲模刃口与工件尺寸及公差分布情况

冲孔时以凸模为设计基准件。设冲孔尺寸为 $d_0^{+\Delta}$，首先确定凸模尺寸，使凸模的基本尺寸接近或等于工件孔的最大极限尺寸；将凸模尺寸增大最小合理间隙值即得到凹模尺寸。

$$d_T = (d_{min} + x \cdot \Delta)_{-\delta_T}^{0}$$

$$d_A = (d_T + Z_{min})_0^{+\delta_T} = (d_{min} + x \cdot \Delta + Z_{min})_0^{+\delta_A} \tag{3-5}$$

式中　d_T、d_A——冲孔凸、凹模直径（mm）；

　　　d_{min}——冲孔件内径的最小极限尺寸（mm）；

　　　Δ——冲裁件制造公差（mm）；

　　　Z_{min}——凸、凹模最小初始双面间隙（mm）。

落料时以凹模为设计基准件。设工件的尺寸为 $D_{-\Delta}^{0}$，首先确定凹模尺寸，使凹模

的基本尺寸接近或等于工件轮廓的最小极限尺寸；将凹模尺寸减小最小合理间隙值即得到凸模尺寸。

$$D_A = (D_{max} - x \cdot \Delta)^{+\delta_A}_0$$
$$D_T = (D_A - Z_{min})^0_{-\delta_T} = (D_{max} - x \cdot \Delta - Z_{min})^0_{-\delta_T} \quad (3\text{-}6)$$

式中　D_A、D_T——落料凹、凸模直径（mm）；

D_{max}——落料件外径的最大极限尺寸（mm）；

Δ——冲裁件制造公差（mm）；

Z_{min}——凸、凹模最小初始双面间隙（mm）；

δ_T、δ_A——凸模下偏差、凹模上偏差（mm）。可按 IT6～IT7 精度选取，或者取 $(1/4 \sim 1/6) \Delta$；

x——在模具设计中考虑磨损所取的系数，为了使冲裁件的实际尺寸尽量接近冲裁件公差带的中间尺寸。x 的值为 $0.5 \sim 1.0$，与工件制造精度有关，可查表 3-6 选取。

表 3-6　磨损系数 x

材料厚度 t/mm	非圆形			圆　　形	
	1	0.75	0.5	0.75	0.5
	工件公差 Δ/mm				
<1	<0.16	0.17～0.35	≥0.36	<0.16	≥0.16
1～2	<0.20	0.21～0.41	≥0.42	<0.20	≥0.20
2～4	<0.24	0.25～0.49	≥0.50	<0.24	≥0.24
>4	<0.30	0.31～0.59	≥0.60	<0.30	≥0.30

为了保证间隙值，模具加工偏差和模具间隙之间还应该满足下列条件：

$$\delta_T + \delta_A \leq Z_{max} - Z_{min} \quad (3\text{-}7)$$

或取：

$$\delta_T = 0.4(Z_{max} - Z_{min})$$
$$\delta_A = 0.6(Z_{max} - Z_{min}) \quad (3\text{-}8)$$

【例 3-1】　如图 3-8 所示的垫片零件图，材料为 A3 钢，料厚 $t = 2$ mm。试计算冲裁凸、凹模刃口尺寸及公差。

【解】　该垫片的外圆由落料制成、内圆由冲孔制成，需要分别计算落料和冲孔两道工序所用模具的工作部分尺寸。查表 3-1，知该垫片为一般冲裁件。可按表 3-4 来选取初始单面间隙，查出

$$Z_{min} = 0.33 \text{ mm}, \quad Z_{max} = 0.39 \text{ mm}$$

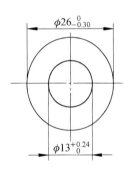

图 3-8　垫片零件图

由表 3-5 查出凸、凹模制造公差：

落料部分：

$$直径为 26\,mm$$

$$\delta_T = 0.02\,mm,$$

$$\delta_A = 0.025\,mm$$

校核：$\delta_T + \delta_A = 0.045 < Z_{max} - Z_{min}$

由表 3-6 查出：$x = 0.5$

因此，落料部分：

$$D_A = (D_{max} - x \cdot \Delta)_0^{+\delta_A} = (26 - 0.5 \times 0.30)_0^{+0.02}\,mm = 25.85_0^{+0.02}\,mm$$

$$D_T = (D_A - Z_{min})_{-\delta_T}^0 = (25.85 - 0.33)_{-0.02}^0\,mm = 25.52_{-0.02}^0\,mm$$

冲孔部分：

$$直径为 13\,mm$$

$$\delta_T = 0.02\,mm,$$

$$\delta_A = 0.02\,mm$$

校核：$\delta_T + \delta_A = 0.04 < Z_{max} - Z_{min}$

冲孔部分：

$$d_T = (d_{min} - x \cdot \Delta)_{-\delta_T}^0 = (13 + 0.5 \times 0.24)_{-0.02}^0\,mm = 13.12_{-0.02}^0\,mm$$

$$d_A = (d_T - Z_{min})_0^{+\delta_T} = (13.12 + 0.33)_0^{+0.02}\,mm = 13.45_0^{+0.02}\,mm$$

（2）凸、凹模配合加工。

对于形状复杂或料薄的工件，为了保证凸、凹模之间的间隙值，必须采用配合加工。所谓配合加工，就是先做好其中的一件为基准件，然后以此基准件来加工另外一件，使它们之间保持一定的间隙。因此只是在基准件上标注尺寸和制造公差，另一件仅标注基本尺寸并注明配作的间隙值。模具制造公差将不受间隙限制，一般可取为制件制造公差的 1/4。这种加工方法不仅容易保证凸、凹模间隙很小，还可以放大基准件的制造公差，使制造容易，故目前一般工厂都采用此方法加工模具。对落料件来讲，应该选凹模为基准件；对冲孔件来讲，则应该选凸模为基准件。

模具在工作过程中会发生磨损，对于一个形状复杂的工件，模具工作部分在工作过程中的磨损情况不同，基准件的刃口尺寸要根据磨损趋势分别进行考虑。根据模具磨损后尺寸的变化趋势，可以把尺寸分为三类：A 类，磨损后尺寸增加；B 类，磨损后尺寸减小；C 类，磨损后尺寸不变。图 3-9 是一个落料件凹模尺寸分类示意图，图 3-10 是一个冲孔件凸模尺寸分类示意图。

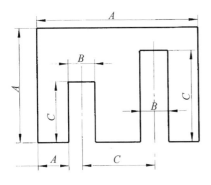

图 3-9　落料件凹模尺寸分类示意图

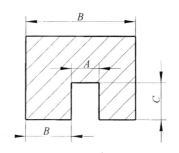

图 3-10　冲孔件凸模尺寸分类示意图

对于复杂形状的落料件和冲孔件，其基准件的刃口尺寸可按下面的公式进行计算：

$$A = (A_{\max} - x \cdot \Delta)^{+\delta}_{0}$$
$$B = (B_{\min} - x \cdot \Delta)^{0}_{-\delta} \qquad (3\text{-}9)$$
$$C = (C_{\min} - x \cdot \Delta)^{+\delta}_{-\delta}$$

式中　A、B、C——基准件尺寸（mm）；

　　　$A_{\max}$、$B_{\min}$、$C_{\min}$——基准件相应部位的极限尺寸（mm）；

　　　Δ——冲裁件公差（mm）；

　　　δ——基准件制造偏差（mm），对 A、B 类尺寸可取 $\delta = \Delta/4$，对 C 类尺寸，$\delta = \Delta/8$。

【例 3-2】　某厂生产变压器硅钢片，料厚为 0.35 mm，零件图如图 3-11 所示。试计算冲裁凸、凹模刃口尺寸及公差。

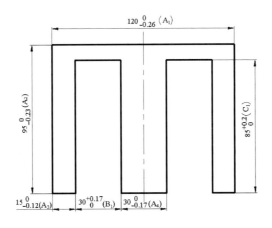

图 3-11　硅钢片零件图

【解】这是一个落料件，选凹模为基准件，因此在计算中用角标 A 来表示标注凹模尺寸，根据凹模磨损趋势，分别将尺寸分为 A、B、C 三类。

对 A 类尺寸（mm），由表 3-6 查出：x_1、x_2、$x_4 = 0.75$，$x_3 = 1.0$，根据式（3-9），得

$$A_{1A} = (120 - 0.75 \times 0.26)^{+0.26/4}_{0} = 119.81^{+0.07}_{0}$$

$$A_{2A} = (95 - 0.75 \times 0.23)^{+0.23/4}_{0} = 94.83^{+0.06}_{0}$$

$$A_{3A} = (15 - 1.00 \times 0.12)^{+0.12/4}_{0} = 14.88^{+0.03}_{0}$$

$$A_{4A} = (30 - 0.75 \times 0.17)^{+0.17/4}_{0} = 29.87^{+0.04}_{0}$$

对 B 类尺寸（mm），由表 3-6 查出：$x = 0.75$，根据式（3-9），得

$$B_{1A} = (30 + 0.75 \times 0.17)^{0}_{-0.17/4} = 30.13^{0}_{-0.04}$$

对 C 类尺寸（mm），根据式（3-9），得

$$C_{1A} = (85 + 0.5 \times 0.20)^{+0.20/8}_{-0.20/8} = 85.10^{+0.03}_{-0.03}$$

该零件凸模刃口各部分尺寸按上述凹模的相应部分尺寸配制，保证双面间隙为 0.03～0.05 mm（由表 3-4 查得）。

3.3　冲裁工艺中的力学计算

3.3.1　冲裁力的计算

冲裁力是选择压力机公称吨位和进行模具设计的依据。压力机的吨位必须大于冲裁所需要的载荷。在冲裁过程中，冲裁力随凸模行程不断发生变化，准确地计算冲裁力并非易事。但是可以认为是在冲裁件沿周边撕裂的情况来做计算。

用普通平刃口模具冲裁时，其冲裁力 F 一般按下式计算：

$$F = kLt\tau_b \tag{3-10}$$

式中　F——冲裁力（N）；

　　　L——冲裁件周边长度（mm）；

　　　t——材料厚度（mm）；

　　　τ_b——材料抗剪强度（MPa）；

　　　k——考虑到实际生产中，模具间隙值的波动和不均匀、刃口的磨损、板料力学性能和厚度波动等因素的影响而给出的修正系数，一般取 $k = 1.3$。

由于大多数金属材料的抗剪强度 τ_b 约为抗拉强度 σ_b 的 1/2，如果取 $k = 2$，则冲裁力的计算也可用下面的公式近似计算：

$$F = Lt\sigma_b \tag{3-11}$$

3.3.2　卸料力、推件力和顶件力的计算

在冲裁结束时，由于材料的弹性回复及摩擦的存在，会使落料梗塞在凹模内，而

冲裁剩下的材料则紧箍在凸模上。为使冲裁工作继续进行，必须将箍在凸模上的料卸下，将卡在凹模内的料推出。从凸模上卸下箍着的料所需要的力称卸料力；将梗塞在凹模内的料顺冲裁方向推出所需要的力称推件力；逆冲裁方向将料从凹模内顶出所需要的力称顶件力，如图 3-12 所示。

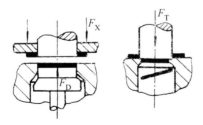

图 3-12　卸料力、推件力和顶件力

影响这些力的因素较多，主要有材料的力学性能、材料的厚度、模具间隙、凹模洞口的结构、搭边大小、润滑情况、制件的形状和尺寸等。大间隙冲裁时，由于板料变形区的静压力较小，因此弹性回复较小，故这几种力都有所降低。要准确地计算这些力非常困难，生产中常用下列经验公式计算。

卸料力：
$$F_X = K_X F \tag{3-12}$$

推件力：
$$F_T = n K_T F \tag{3-13}$$

顶件力：
$$F_D = K_D F \tag{3-14}$$

式中　F——冲裁力；

K_X、K_T、K_D——卸料力、推件力、顶件力系数，如表 3-7 所示；

n——同时卡在凹模内的落料件（或废料）数。$n = h/t$，h 为凹模洞口的直刃壁高度；t 为板料厚度。

表 3-7　卸料力、推件力、顶件力系数

材料厚度/mm		K_X	K_T	K_D
钢	≤0.1	0.065～0.075	0.1	0.14
	0.1～0.5	0.045～0.055	0.063	00.08
	0.5～2.5	0.04～0.05	0.055	0.06
	2.5～6.5	0.03～0.04	0.045	0.05
	>6.5	0.02～0.03	0.025	0.03
铝、铝合金		0.025～0.08	0.03～0.07	
紫铜、黄铜		0.02～0.06	0.03～0.09	

注：卸料力系数 K_X，在冲多孔、大搭边和轮廓复杂的制件时取上限值。

卸料力、推件力和顶件力是由压力机和模具卸料装置或顶件装置传递的，在计算冲裁过程所需的总变形力 F_Z 时，是否应该加上这些力，要根据模具结构区别对待。

采用弹性卸料装置和下出料方式的冲裁模时

$$F_Z = F + F_T + F_X \tag{3-15}$$

采用弹性卸料装置和上出料方式的冲裁模时

$$F_Z = F + F_D + F_X \tag{3-16}$$

采用刚性卸料装置和下出料方式的冲裁模时

$$F_Z = F + F_T \tag{3-17}$$

3.3.3　冲裁模压力中心

冲裁模的压力中心就是冲裁过程中冲裁力系合力的作用点。为了保证压力机和模具的正常工作，应尽量使模具的压力中心与压力机滑块的中心线相重合。否则，冲压时滑块就会承受偏心载荷，导致滑块导轨和模具导向部分不正常的磨损，还会影响间隙的分布，从而影响制件质量和降低模具寿命甚至损坏模具。

对于小型压力机来说，由于模柄是装在滑块中心位置的，因此模柄中心就是滑块中心，即冲裁模的压力中心应该与模柄中心重合。

对称冲裁件的压力中心均位于制件的几何中心。非对称冲裁件，特别是当冲裁件轮廓由复杂曲线组成时，其压力中心位置的准确计算很困难，可以用悬挂法来确定。其具体做法是：用匀质细金属丝沿冲裁轮廓弯制成封闭圈，然后随意选一点用细线把该圈悬吊起来，并从吊点作铅垂线；再选圈的另一点，以同样的方法作另一铅垂线，两垂线的交点即为压力中心。

随着计算机辅助设计软件的使用，近年来有学者根据压力中心的理论求解公式，提出了利用 AutoCAD 面域的逻辑运算求解压力中心的办法。其结果与理论计算结果相比，绝对误差和相对误差都很小。

3.4　冲裁件的工艺性分析

冲裁件的工艺性是指冲裁件对冲裁工艺的适应性。因此，冲裁件的结构形状、尺寸大小、精度等级、材料及厚度等是否符合冲裁的工艺要求，对冲裁件质量、模具寿命和生产效率有很大影响。

冲裁件应该满足如下要求。

① 冲裁件的形状。冲裁件的形状应力求简单、对称，有利于材料的合理利用。

② 冲裁件内形及外形的转角。冲裁件内形及外形的转角处要尽量避免尖角，应以圆弧过渡，如图 3-13 所示，以便于模具加工，减少热处理开裂，减少冲裁时尖角处的崩刃和过快磨损。圆角半径 R 的最小值，参照表 3-8 选取（t—料厚）。

③ 冲裁件上凸出的悬臂和凹槽。尽量避免冲裁件上过长的凸出悬臂和凹槽，悬臂和凹槽宽度也不宜过小，其许可值 B 应不小于 $1.5t$（t—料厚）；切口 L 与 B 的关系为 $L \leqslant 5B$，如图 3-14（a）所示。

④ 冲裁件的最小孔径。冲裁件孔径太小时，凸模容易折断。冲孔的最小尺寸取决于材料的机械性能、孔的形状及模具结构。如果对冲头采用导向套保护，则可以提高冲头的稳定性，最小冲孔尺寸还可以减小，如表 3-9 所示（t—料厚）。

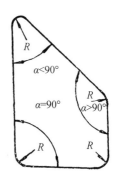

图 3-13　冲裁件的圆角

表 3-8　冲裁件最小圆角半径 R（t—料厚）

冲裁件类型			黄铜、铝	合金钢	软　钢	备　注
落料	α	$\geqslant 90°$	$0.18t$	$0.35t$	$0.25t$	$\geqslant 0.25\,\mathrm{mm}$
		$< 90°$	$0.35t$	$0.70t$	$0.50t$	$\geqslant 0.50\,\mathrm{mm}$
冲孔	α	$\geqslant 90°$	$0.20t$	$0.45t$	$0.30t$	$\geqslant 0.30\,\mathrm{mm}$
		$< 90°$	$0.40t$	$0.90t$	$0.60t$	$\geqslant 0.60\,\mathrm{mm}$

表 3-9　冲裁件最小孔径

材料种类	冲头无保护套		冲头有保护套	
	圆孔直径	矩形孔最小边长	圆孔直径	矩形孔最小边长
硬钢	$\geqslant (1.3 \sim 1.5)t$	$\geqslant (1.2 \sim 1.35)t$	$0.5t$	$0.4t$
软钢及黄铜	$\geqslant (0.9 \sim 1.0)t$	$\geqslant (0.8 \sim 0.9)t$	$0.35t$	$0.3t$
铝、布胶版、纸胶版	$0.8t$	$0.7t$	$0.3t$	$0.28t$

⑤ 孔边距与孔间距为避免工件变形和保证模具强度，孔边距和孔间距不能过小否则会产生孔间材料的扭曲，或者使边缘材料变形。其最小许可值 a 一般不小于 $1.5t$，如图 3-14（b）所示。

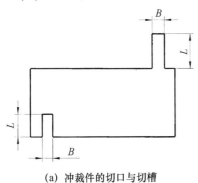

(a) 冲裁件的切口与切槽　　　　　　　(b) 冲裁件的孔边距与孔间距

图 3-14　冲裁件的工艺设计

3.5　冲裁模典型结构简介

冲裁可分为单工序冲裁、复合冲裁和级进冲裁，所使用的模具对应为单工序模、复合模和级进模。单工序冲裁就是在压力机的一次行程中仅完成一个冲裁工序。复合冲裁则是在压力机的一次行程中，在模具的同一位置完成两个或两个以上的冲裁工序。级进冲裁是把完成一个制件的几个工序都顺序安排在一套模具上，冲裁过程中条料在模具中依次在相应的位置完成既定的工序。

3.5.1　单工序模

1. 无导向单工序落料模

图 3-15 是无导向简单落料模。工作零件为凸模 2 和凹模 5，定位零件为两个导料板 4 和定位板 7，导料板 4 对条料送进起导向作用，定位板 7 是限制条料的送进距离，卸料零件为两个固定卸料板 3，支承零件为上模座（带模柄）1 和下模座 6，此外还有紧固螺钉等。上、下模之间没有直接导向关系。分离后的冲件靠凸模直接从凹模洞口依次推出。箍在凸模上的废料由固定卸料板 3 刮下。

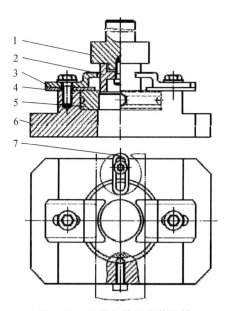

图 3-15　无导向单工序落料模

1—上模座；2—凸模；3—卸料板；4—导料板；5—凹模；6—下模座；7—定位板

该模具具有一定的通用性，通过更换凸模和凹模，调整导料板、定位板、卸料板位置，可以冲裁不同冲件。另外，改变定位零件和卸料零件的结构，还可成为冲孔模。

无导向冲裁模的特点是结构简单、制造容易、成本低；但安装和调整凸、凹模之间的间隙较麻烦，冲裁件质量差，模具寿命低，操作不够安全。因而，无导向简单冲裁模适用于冲裁精度要求不高、形状简单、批量小的冲裁件。

2．导板式单工序落料模

图 3-16 是导板式单工序落料模，其结构与无导向简单冲裁模基本相似。上部分主要由模柄 1、上模板 2、垫板 3、凸模固定板 4、凸模 5 组成；下部分主要由下模板 9、凹模 8、导尺 14、导板 7、活动挡料销 6、托料板 13 组成。这种模具的特点是模具上、下两部分依靠凸模与导板的动配合导向。导板兼作卸料板。工作时凸模始终不脱离导板，以保证模具导向，一般凸模刃磨时也不应该脱开导板。为便于拆卸安装，固定导板的螺钉 12 与销钉 11 之间的位置（见俯视图）应该大于上模板轮廓尺寸。要求使用的设备行程不大于导板厚度（可用行程较小而可以调整的偏心式冲床）。

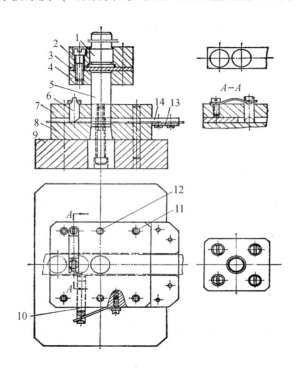

图 3-16　导板式单工序落料模

1—模柄；2—上模板；3—垫板；4—凸模固定板；5—凸模；6—活动挡料销；7—导板；8—凹模；
9—下模板；10—临时挡料销；11—销钉；12—螺钉；13—托料板；14—导尺

这种模具的动作是条料沿托料板、导尺从右向左送进，搭边越过活动挡料销后，再反向向后拉拽条料，使挡料销后端面抵住条料搭边定位，凸模下行实现冲裁。由于挡料销对第一次冲裁起不到定位作用，为此采用了临时挡料销 10。在冲第一件前用手推出临时挡料销限定条料位置，在以后的各次冲裁工作中，临时挡料销被弹簧弹出，不再起挡料作用。

导板模比无导向模具的精度高、寿命长、使用安装容易、操作安全，但制造比较复杂。一般适用于形状较简单、尺寸不大的冲裁件。

3．导柱式单工序落料模

图 3-17 是导柱式单工序落料模。这种冲模的上、下模正确位置利用导柱 14 和导套 13 的导向来保证。凸、凹模在进行冲裁之前，导柱已进入导套，从而保证了在冲裁过程中凸模 12 和凹模 16 之间间隙的均匀性。上、下模座和导套、导柱装配组成的部件为模架。凹模 16 用内六角螺钉和销钉与下模座 18 紧固并定位。凸模 12 用凸模固定板 5、螺钉、销钉与上模座紧固并定位，凸模背面垫上垫板 8。压入式模柄 7 装入上模座并以止动销 9 防止其转动。条料沿导料螺钉 2 送至挡料销 3 定位后进行落料。箍在凸模上的边料靠弹压卸料装置进行卸料，弹压卸料装置由卸料板 15、卸料螺钉 10 和弹簧 4 组成。在凸、凹模进行冲裁工作之前，由于弹簧力的作用，卸料板先压住条料，上模继续下压时进行冲裁分离，此时弹簧被压缩（如图 3-17 左半边所示）。上模回程时，弹簧恢复推动卸料板把箍在凸模上的边料卸下。

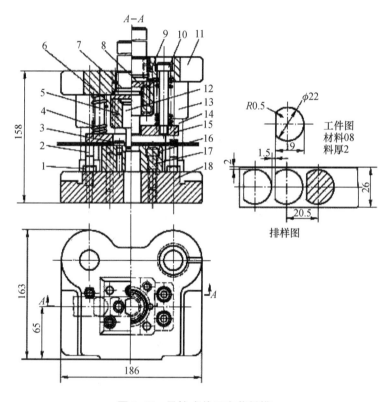

图 3-17　导柱式单工序落料模

1—螺栓；2—导料螺钉；3—挡料销；4—弹簧；5—凸模固定板；6—销钉；7—模柄；8—垫板；9—止动销；
10—卸料螺钉；11—上模座；12—凸模；13—导套；14—导柱；15—卸料板；16—凹模；17—内六角螺钉；18—下模座

导柱式冲裁模的导向比导板模的导向可靠、精度高、寿命长，使用安装方便，但轮廓尺寸较大，模具较重、制造工艺复杂、成本较高。它用于生产批量大、精度要求高的冲裁件。

3.5.2　复合模

图 3-18 为冲制垫圈的复合模。上部分主要由凸模 1、凹模 2、上模固定板 3、垫板 4、上模板 5、模柄 6 组成；下部分主要由凸凹模 14、下模固定板 15、垫板 16、下模板 17、卸料板 13 组成。上、下两部分通过导柱、导套的滑动配合来导向。

利用复合模能够在模具的同一工位上同时完成制件的落料和冲孔工序，从而保证冲裁件的内孔与外缘的相对位置精度，生产效率高，而且条料的定位精度的要求比连续模低，模具轮廓尺寸也比连续模小。但是，模具结构复杂，成本高，适合于大批量生产。上模采用刚性推件装置，通过推杆 7、推块 8、推销 9 推动顶件块 10，顶出制件。这套模具利用两个固定挡料销 12 和一个活动挡料销 18 完成导向，控制条料的送进方向。利用活动挡料销 11 定位，控制条料送进距离。

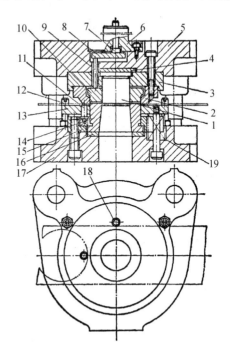

图 3-18　冲制垫圈的复合模

1—凸模；2—凹模；3—上模固定板；4—垫板；5—上模板；6—模柄；7—推杆；8—推块；9—推销；10—顶件块；11、18—活动挡料销；12—固定挡料销；13—卸料板；14—凸凹模；15—下模固定板；16—垫板；17—下模板；19—弹簧

3.5.3　级进模

级进模是一种多工序模。它的主要特点是生产效率高，为高速自动冲压提供了有利条件。因为级进模的工位数多，所以必须解决好条料或带料准确定位问题，才可能保证冲压件质量。根据定位零件的特征，将级进模分类。这里只介绍两种常用的典型结构。

1. 固定挡料销和导正销定位的级进模

图 3-19 是冲垫圈的冲孔、落料级进模。冲模的工作零件有冲孔凸模 3、落料凸模 4、凹模 7，定位零件有导料板 5（与导板成一体）、始用挡料块 10、挡料销 8、导正销 6。工作时以始用挡料块限定条料的初始位置，进行冲孔。始用挡料块复位后，条料送进一个步距，以固定挡料销初定位，以装在落料凸模端面上的导正销进行精定位，保证垫圈的孔与外圆的相对位置精度。落料的同时，在冲孔工位上又冲出孔，如此级进冲裁直至条料冲完为止。

该模具是以导板与凸模间隙配合进行导向，同时导板兼起卸料板的作用。

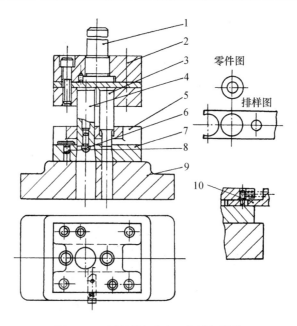

图 3-19　冲垫圈的冲孔、落料级进模

1—模柄；2—上模座；3—冲孔凸模；4—落料凸模；5—导板兼卸料板；6—导正销；

7—凹模；8—挡料销；9—下模座；10—始用挡料块

2. 侧刃定距的级进模

图 3-20 是双侧刃定距的冲孔、落料级进模，其特点是装有控制条料送进的侧刃。

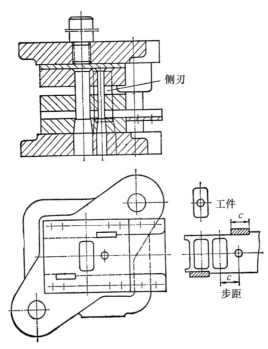

图 3-20　双侧刃定距的冲孔、落料级进模

　　侧刃是特殊功用的凸模,其作用是在压力机每次行程中,沿条料边缘切下一块长度等于送进步距的料边。侧刃前后导料板的间距不等,只有切去料边的部分才能通过。对工位多的级进模,为了减少料尾损失,可采用两个侧刃对角排列。

　　带侧刃的级进模定位准确、生产效率高、操作方便,但是材料的消耗增加,冲裁力增大。

3.6　冲裁模零部件结构设计

　　组成模具的零件,根据其作用可分为两大类:工艺零件和结构零件。工艺零件直接参与完成工艺过程并和坯料发生作用,包括工作零件(直接对毛坯进行加工的零件)、定位零件,以及压料、卸料及出件零件。结构零件不直接参与完成工艺过程,也不和坯料直接发生作用,只对模具完成工艺过程起保证作用或对模具的功能起完善作用,包括导向零件(保证上、下模之间的正确位置)、固定零件(用以承装模具零件或将模具安装固定到压力机上)、紧固零件及其他零件。冲模零件的分类如表3-10所示。

表 3-10　冲模零件的分类

冲模零部件	工艺零件	工作零件	凸模
			凹模
			凸凹模
		定位零件	挡料销、导正销
			导料板
			定位板
			侧压板
			侧刃
		压料、卸料及出件零件	卸料板
			压边圈
			顶件器
			推件器
	结构零件	导向零件	导柱
			导套
			导板
			导筒
		固定零件	上、下模座
			模柄
			凸、凹模固定板
			垫板
			限位支承装置
		紧固件及其他零件	螺钉
			销钉
			键
			其他零件

为了促进技术交流，简化模具设计，缩短生产周期，国家标准总局制定了 GB 2875—1981 冷冲模典型组合技术条件国家标准。该标准根据模具类型、导向方式、送料方式、凹模形状等不同，规定了 14 种典型组合形式。每一种典型组合形式中，又规定多种凹模周界尺寸（长×宽）以及相配合的凹模厚度、凸模高度、模架类型和尺寸及固定板、卸料板、垫板、导料板等的具体尺寸，还规定了选用标准件的种类、规格、数量、位置及有关的尺寸。这样在进行模具设计时，仅需要设计直接与冲压件有关的工艺零件，其余结构零件都可以从标准中选取。因而大大简化了模具设计工作，也为运用计算机辅助设计奠定了基础。

3.6.1　工作零件

一般的凸模组件结构如图 3-21 所示。其中包括凸模 3 和 4、凸模固定板 2、垫板 1、防转销 5 等，并用螺钉销钉固定在上模座 6 上。

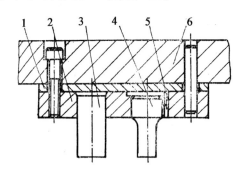

图 3-21　凸模结构

1—垫板；2—凸模固定板；3、4—凸模；5—防转销；6—上模座

1. 凸模组件

（1）凸模。

凸模有两种基本类型。一种是直通式凸模，其工作部分和固定部分的形状与尺寸做成一样，如图 3-21 中的凸模 3。这类凸模可以采用成型磨削、线切割等方法进行加工，加工容易，但固定板型孔的加工较复杂。这种凸模的工作端应进行淬火，淬火长度约为全长的 1/3。另一端处于软状态，便于与固定板铆接，其总长度应增加 1 mm。直通式凸模常用于非圆形断面的凸模。另一种是台阶式凸模，如图 3-21 中的凸模 4。工作部分和固定部分的形状与尺寸不同。固定部分多做成圆形或矩形（如图 3-22 所示）。这时凸模固定板的型孔为标准尺寸孔，加工容易。工作部分可采用车削、磨削（对于圆形）或采用仿形刨加工，最后用钳工进行精修（对于非圆形）。对于圆形凸模，广泛采用这种台阶式结构，冷冲模国家标准中（GB 2863.4—1981）制定了这类凸模的标准结构形式与尺寸规格。对于非圆形凸模，若其固定部分采用了圆形结构［如图 3-22（a）所示］，则其与固定板配合时必须采用防转的结构，使其在圆周方向有可靠定位。

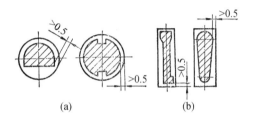

图 3-22 非圆形凸模的台阶式结构

凸模长度一般是根据结构上的需要确定的。如图 3-23 所示的结构，使用固定卸料板时凸模的长度用下式计算：

$$L = h_1 + h_2 + h_3 + y \qquad (3-18)$$

式中 h_1——凸模固定板的厚度；

h_2——卸料板的厚度；

h_3——导料板的厚度；

y——附加的长度，包括凸模的修磨量，凸模进入凹模的深度，凸模固定板与卸料板的安全距离等。

模具刃口要有高的耐磨性，并能承受冲裁时的冲击力。因此应有高的硬度与适当的韧性。形状简单的凸模

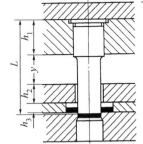

图 3-23 凸模长度的确定

常选用 T8A、T10A 等制造。形状复杂、淬火变形大，特别是用线切割方法加工时，应选用合金工具钢，如 Cr12、9Mn2V、CrWMn、Cr6WV 等制造。其热处理硬度取 58～62HRC。

凸模一般不必进行强度核算。只有当板料很厚、强度很大、凸模很小、细长比大时才进行核算。核算内容为根据凸模承受的压力（即冲裁力）核算凸模最小断面尺寸和凸模因失稳产生纵向弯曲时最小直径处允许的最大长度。

（2）凸模固定板。

凸模固定板（简称固定板），用于固定凸模。固定板的外形尺寸一般与凹模大小一样，可由标准 GB 2858.1—1981 到 GB 2858.6—1981 中查得。固定凸模用的型孔与凸模固定部分相适应。型孔位置应与凹模型孔位置协调一致。凸模固定板内凸模的固定方法通常是将凸模压入固定板内，其配合为台阶式凸模用 H7/M6，直通式凸模用 N7/h6、P7/H6。对于大尺寸的凸模，也可直接用螺钉、销钉固定到模座上而不用固定板，如图 3-24 所示。

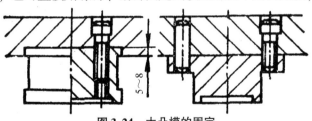

图 3-24 大凸模的固定

对于大型冲模中冲小孔的易损凸模还可采用快换凸模的固定方法，以便于修理与更换，如图 3-25 所示。

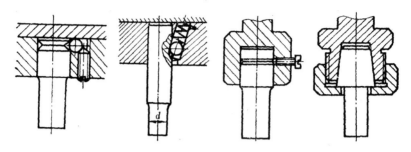

图 3-25　快换式凸模固定方法

（3）垫板。

垫板装在固定板与上模座之间，如图 3-21 中的件 1。它的作用是防止冲裁时凸模压坏上模座。垫板的尺寸可在标准中查得。垫板材料选用 45 钢或 T8A 进行淬火。对于大型凸模则可省略垫板。

2. 凹模

凹模洞口形状是指凹模型孔的轴向断面形状，如图 3-26 所示。其基本形式有如下几种。

（1）直壁式。

如图 3-26（a）、（b）、（c）所示，其孔壁垂直于顶面，刃口尺寸不随修磨刃口而增大。故冲件精度较高，刃口强度也较好。直壁式刃口冲裁时磨损大，洞口磨损后会形成倒锥形，因此每次刃磨的刃磨量大，总寿命低。冲裁时，工件易在孔内积聚，严重时会使凹模胀裂。主要用于带顶料装置的上出件模具、形状复杂或精度较高的冲裁件或冲裁件直径 $d < 5$ mm 的冲裁。

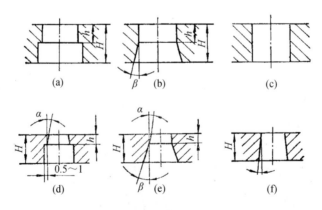

图 3-26　凹模洞口形式

（2）斜壁式。

如图 3-26（d）、（e）、（f）所示，其特点与直壁式相反，在一般的零件或废料向下落的模具中应用广泛。

　　凹模的外形一般有矩形与圆形两种。凹模的外形尺寸应保证有足够的强度与刚度。凹模的厚度还应考虑修磨量。凹模的外形尺寸一般是根据被冲材料的厚度和冲裁件的最大外形来确定的。

　　凹模一般采用螺钉和销钉固定在下模座上。螺钉与销钉的数量、规格和它们的位置尺寸均可在标准中查得，也可根据结构需要作适当调整。

　　凹模的型孔轴线与顶面应保持垂直，凹模的底面与顶面应保持平行。为了提高模具寿命与冲裁件精度，凹模的顶面和型孔的孔壁应光滑，表面粗糙度为 $Ra = 0.4 \sim 0.8 \, \mu m$。

　　凹模的材料与凸模一样。其热处理硬度应略高于凸模，达到 $60 \sim 64HRC$。

3.6.2　定位零件

　　冲模的定位零件的作用是控制条料的正确送进以及单个毛坯在冲模中的正确位置。条料的控制就是控制送料方向及送料步距。

　　1. 送料方向的控制

　　条料的送料方向一般都是靠着导料板或导料销一侧导向送进，以免送偏。用导料销控制送料方向时，一般用两个，导料销的结构与挡料销相同。

　　标准导料板结构如图 3-27 所示。从右向左送料时，与条料相靠的基准导料板（销）装在后侧，从前向后送料时，基准导料板装在左侧。导料板可以制成分离式或整体式两种结构，如图 3-28 所示。

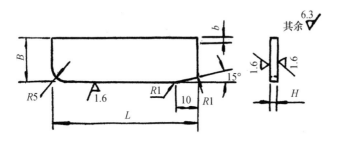

图 3-27　标准导料板结构（GB 2865.5—1981）

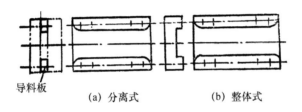

图 3-28　导料板

　　为保证条料紧靠导料板一侧正确送进，常采用侧压装置。其结构形式如图3-29所示。簧片式的侧压力较小，常用于料厚小于1mm的薄料冲裁，如图3-29（a）所示。弹簧压块式的侧压力较大，可用于冲裁厚料，如图3-29（b）、（c）所示。簧片式与弹簧压块式的侧压装置一般设置2～3个。弹簧压板式的侧压力大而且均匀，使用可靠，一般装于进料口，常用于用侧刃定距的连续模中，如图3-29（d）所示。

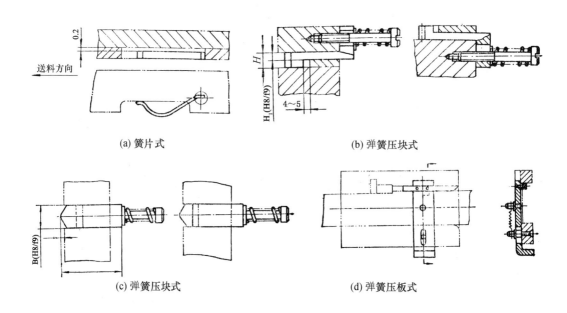

　　　　　　(a) 簧片式　　　　　　　　　　　　　　　　(b) 弹簧压块式

　　　　　　(c) 弹簧压块式　　　　　　　　　　　　　　(d) 弹簧压板式

图 3-29　侧压装置

　　2. 送料步距的控制

　　（1）挡料销。

　　① 固定挡料销。分圆形与钩形两种。一般装在凹模上。圆形挡料销结构简单，制造容易，但销孔离凹模刃口较近，会削弱凹模强度。钩形挡料销则可离凹模刃口远一些。固定挡料销的标准结构如图3-30所示。

　　② 始用挡料销。在连续模中当条料首次冲压时用。其标准结构如图3-31所示。用时往里压工件，挡住条料而定位，第一次冲裁后不再使用。

　　③ 活动挡料销。其标准结构如图3-32所示。常用于倒装复合模中，装于卸料板上可以伸缩。其中图3-32（d）为回带式挡料销，送料、定位要两个动作，先送后拉，常用于刚性卸料板的冲裁模中。

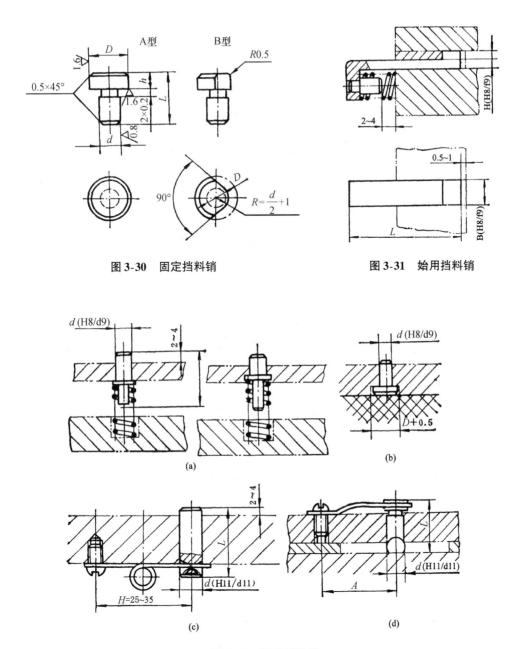

图 3-30 固定挡料销   图 3-31 始用挡料销

图 3-32 活动挡料销

（2）侧刃。

侧刃常用于连续模中控制送料步距。其标准结构如图 3-33 所示。

按侧刃的断面形状分为矩形侧刃与成形侧刃两类。图中 C 型为矩形侧刃，其结构与制造较简单，但当刃口尖角磨损后，在条料被冲去的一边会产生毛刺，影响正常送进。

A、B 型为成形侧刃，产生的毛刺位于条料侧边凹进处，所以不会影响送料。但制造难度增加，冲裁废料也增多。

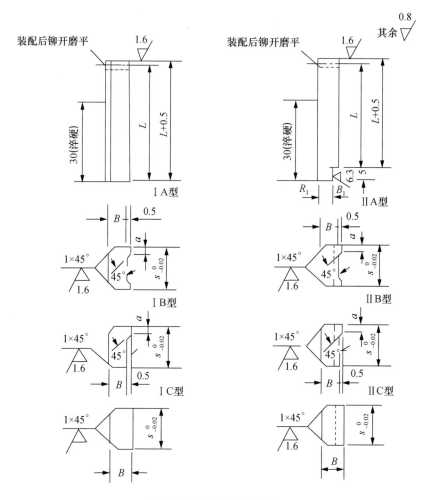

图 3-33　侧刃的标准结构

按侧刃的工作端面的形状分为平直型的（Ⅰ型）和台阶型的（Ⅱ型）两种。Ⅱ型多用于冲裁 1 mm 以上较厚的料，冲裁前凸出部分先进入凹模导向，以改善侧刃在单边受力时的工作条件。

侧刃可以用一个或两个。两个侧刃可安置在同一侧、两侧对称或两侧对角处，前者用于提高冲裁件的精度或直接形成冲裁件的外形，后者可保证料尾的充分利用。

（3）导正销。

导正销用于连续模的精确定位。

导正销的结构形式如图 3-34 所示。根据孔的尺寸选用。导正销由导入和定位两部分组成。导入部分一般用圆弧或圆锥过渡，定位部分为圆柱面。为保证导正销能顺利地插入孔中，应保持导正销直径与孔之间有一定间隙。导正销的直径按基孔制间隙配合 h6，考虑到冲孔后弹性变形收缩，因此导正销直径的基本尺寸应比冲孔凸模直径小，其值可在有关设计手册中查取。

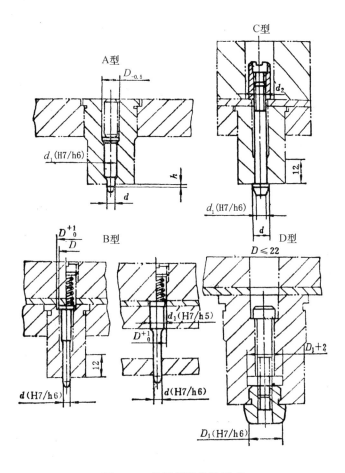

图 3-34　导正销的结构形式

图 3-34 中 A 型用于导正直径 $\phi3\sim12$ mm 的孔。B 型用于导正直径 $\leqslant10$ mm 的孔，既可用于工件孔的导正，也可用于工艺孔导正（B 型的右图）。采用弹簧压紧结构可避免误送料时损坏模具。C 型用于导正直径 $\phi4\sim12$ mm 的孔，D 型用于导正直径 $\phi12\sim50$ mm 的孔。这两种结构装拆方便，模具刃磨后导正销长度可相应调节。

3．定位板和定位钉

定位板或定位钉用作单个毛坯的定位，以保证前后工序相对位置精度或对工件内孔与外缘的位置精度的要求。

图 3-35 所示为以毛坯外缘定位用的定位板和定位钉。图 3-35（a）为矩形毛坯定位，图 3-35（b）为圆形毛坯定位，图 3-35（c）为定位钉定位。

图 3-36 所示为以毛坯内孔定位用的定位板和定位钉。图 3-36（a）为 $D<10$ mm 用的定位钉，图 3-36（b）为 $D=10\sim30$ mm 用的定位钉，图 3-36（c）为 $D>30$ mm 用的定位板，图 3-36（d）为大型非圆孔用的定位板。

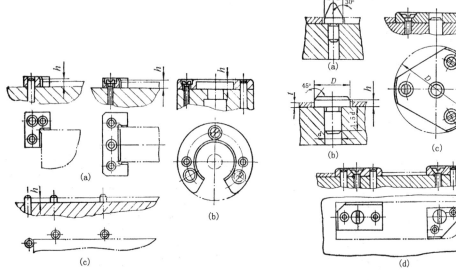

图 3-35　定位板与定位钉（以毛坯外缘定位）　　**图 3-36　定位板与定位钉（以毛坯内孔定位）**

3.6.3　卸料与推件装置

1. 卸料装置

卸料装置分为刚性卸料装置、弹性卸料装置和废料切刀等。

刚性卸料装置（如图 3-37 所示）结构简单，卸料力大，常用于较硬、较厚且精度要求不太高的工件冲裁。卸料板与凸模之间的单边间隙取（0.1～0.5）t。

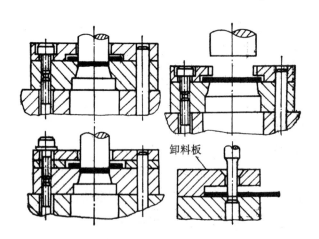

图 3-37　刚性卸料装置

弹性卸料装置一般由卸料板、弹性元件（弹簧或橡皮）和卸料螺钉组成，如图 3-38 所示，常用于冲裁料厚小于 1.5 mm 的板料。由于有压料作用，冲裁件平整，广泛用于复合模中。卸料板与凸模之间的单边间隙取（0.1～0.2）t。对于大、中型零件冲裁或成形件切边时，还常采用废料切刀的形式，将废料切断，达到卸料目的，如图3-39所示。

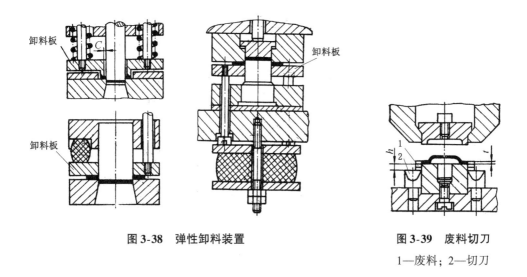

图 3-38　弹性卸料装置　　　　　图 3-39　废料切刀

1—废料；2—切刀

2. 推件装置

推件装置也分刚性和弹性两种。刚性推件装置常用于倒装复合模中的推件，装于上模部分，如图3-40所示。推件力是由压力机的横杆通过打杆、推板、推杆传给推件板。推件力大且可靠，推杆长短要一致、分布要均匀，推板一般装在上模座的孔内。为了保证凸模的支承刚度和强度，放推板的孔不能全挖空，推板的形状按被推下的工件形状来设计，如图3-41所示。

弹性推件装置一般都装在下模上，常用于正装复合模或冲裁薄板料的落料模中，因为它对冲裁件也有直接的压平作用，故冲裁件质量好，其结构如图3-42所示。

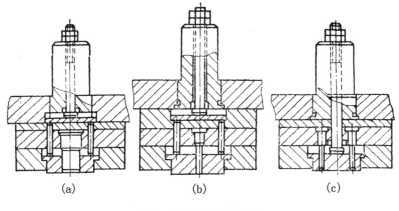

(a)　　　　　(b)　　　　　(c)

图 3-40　刚性推件装置

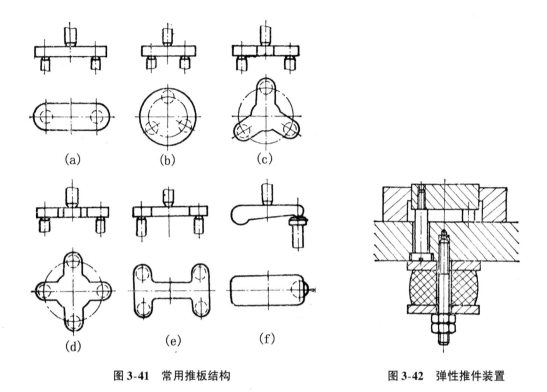

图 3-41　常用推板结构　　　　　　　　图 3-42　弹性推件装置

3．弹簧与橡胶的选用

弹性卸料与顶件装置中的弹性元件常使用弹簧与橡皮。在选用时都必须同时满足冲裁工艺（包括力和行程）和冲模结构的要求。

（1）弹簧的选用。

普通圆柱螺旋压缩弹簧的国标代号为 GB/T 2086—2009，其主要技术参数是可承受的最大载荷与最大的压缩量。设计模具时，根据模具结构和尺寸确定装置弹簧的数目，计算单个弹簧的卸料或顶件载荷，计算弹簧工作时所需的最大行程，然后从标准中选择弹簧型号。

当所需卸料力较大时，可采用蝶形弹簧。但蝶形弹簧的压缩量小，对于行程大的模具不宜采用。

（2）橡胶的选用。

冷冲模中所用橡胶一般为聚氨酯橡胶。橡胶允许承受的载荷较弹簧大，并且安装调整方便，所以在冲裁模中应用很广。

橡胶在压缩后所产生的压力随材料牌号、应变量和形状系数（指橡胶承压面积与自由膨胀面积的比值）而变化。模具上安装橡胶的块数、大小大多凭经验，必要时可参考有关橡胶资料进行核算。在模具装配、调整、试冲时，增减橡胶都很方便，直至试冲证明好用为止。

聚氨酯橡胶的总压缩量一般≤35%，对于冲裁模，其预压量一般取 10%～15%。

橡胶的高度 H 与其直径 D 应有适当比例。一般应保持如下关系：

$$H = (0.5 \sim 1.5)D$$

如 H 过小（ $< 0.5D$ 时），可适当放大预压量再重新计算；如 H 过大（ $> 1.5D$ 时），则应将橡胶分成若干段后在其间加以钢垫圈，以免失稳弯曲。

3.6.4　模架

模架是由上、下模座、模柄及导向装置（最常用的是导柱、导套）组成的。

模具的全部零件都固定在模架的上面，并且承受冲压过程中的全部载荷。模架的上模座通过模柄与压力机滑块相连，下模座用螺钉压板固定在压力机工作台面上。上、下模之间靠模架的导向装置来保持其精确位置，以引导凸模的运动，保证冲裁过程中间隙均匀。模架已列入国家标准，设计模具时，应正确选用。

1. 对模架的基本要求

① 足够的强度与刚度。

② 足够的精度（如上、下模座要平行，导柱、导套中心与上、下模座垂直，模柄要与上模座垂直等）。

③ 上、下模之间的导向要精确（导向件之间的间隙要很小，上、下模之间的移动平稳）。

2. 模架形式

标准模架中，应用最广的是用导柱、导套作为导向装置的模架。根据导柱、导套配置的不同有以下 4 种基本形式，如图 3-43 所示。

① 后侧导柱模架。后侧导柱模架送料方便，可以纵向、横向送料。但是冲压时的偏心易使导柱、导套单边磨损，不能用于模柄与上模座浮动连接的模具。

② 中间导柱模架。两个导柱左、右对称分布，受力均衡，所以导柱、导套磨损均匀。但是只能一个方向送料。

③ 对角导柱模架。导柱的布置也是对称的（对称于中心），而且纵、横都能送料。从安全角度考虑，在操作者右手一边的那个导柱应设置在后面。对角导柱模架的两个导柱间距离较远，在导柱、导套间同样间隙的条件下，这种模架的导向精度较高。

④ 四导柱模架。其导向的精度与刚度都较好，用于大型冲模。

模架大小的规格可直接由凹模的周界尺寸从标准中选取。

3. 导柱与导套

导柱与导套的结构与尺寸都可直接由国家标准 GB/T 2861.1—1990 ～ GB/T 2861.8—1990 中选用。

在选用时注意导柱的长度应保证冲模在最低工作位置时，导柱上端面与上模座顶面的距离不小于 10～15 mm，而下模座底面与导柱底面的距离应为 0.5～1 mm。

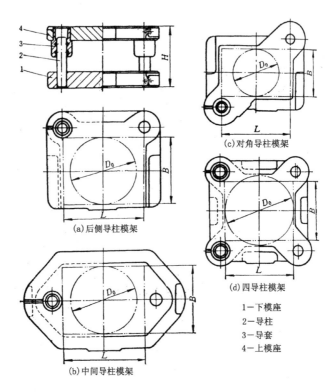

(c)对角导柱模架

(a)后侧导柱模架

(d)四导柱模架

1—下模座
2—导柱
3—导套
4—上模座

(b)中间导柱模架

图 3-43　模架的基本形式

导柱与导套之间的配合根据冲裁模的间隙大小选用。当冲裁板厚在 0.8 mm 以下的间隙模具时，选用 H6/h5 配合的 I 级精度模架。当冲裁板厚为 0.8～4 mm 时，选用 H7/h6 配合的 II 级精度模架。

4. 模柄

中小型模具都是通过模柄固定在压力机滑块上的。对于大型模具则可用螺钉、压板直接将上模座固定在滑块上。

模柄有刚性与浮动两大类。所谓刚性模柄，是指模柄与上模座是刚性连接，不能发生相对运动。所谓浮动模柄，是指模柄相对于上模座能做微小的摆动。采用浮动模柄后，压力机滑块的运动误差不会影响上、下模的导向。用了浮动模柄后，导柱与导套不能脱离。

常用的刚性模柄有 4 种形式 [如图 3-44 （a）、（b）、（c）、（d）所示]，其中图 3-44 （a）是与上模座做成整体的形式，用于小型模具；图 3-44 （b）为压入式模柄，应用较广；图 3-44 （c）为旋入式模柄，当模具刃口要修磨时装拆方便；图 3-44 （d）为带凸缘的模柄，用于较大的模具。

常用的浮动模柄有两种形式 [如图 3-44 （e）、（f）所示]，图 3-44 （e）用于大型模具，图 3-44 （f）用于小型模具。

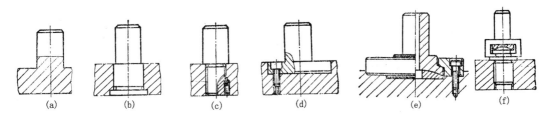

图 3-44　常用的模柄结构形式

3.7　冲裁工艺设计与模具设计要点

冲压设计包括冲裁工艺设计（即制订冲裁件的工艺方案）和模具设计两方面。

3.7.1　冲裁件工艺设计

1. 分析冲裁的工艺性

在接到设计任务时，首先要根据零件图纸及技术要求、生产批量，对其进行工艺分析，确定其冲裁的可能性。若需要改善工艺性涉及修改图纸时，则可向产品设计人员提出建议，共同协商解决。

2. 拟订冲裁件的工艺方案

在冲裁件工艺分析的基础上，一般可拟订出几种不同的工艺方案。再根据零件的尺寸大小、公差要求、断面质量、材料性能、生产批量、冲压设备、模具加工条件等多方面的因素，进行全面的分析比较后，确定一个最佳工艺方案。

合理的冲裁工艺方案应该表现在以下 4 个方面。

① 能满足生产批量要求。因为模具费用在冲裁件的成本中占很大比重，所以冲裁件的生产批量在很大程度上决定着冲裁工艺方案。一般来说，小批量与试制生产采用简易模或单工序冲裁模；中批与大批量生产采用复合模或级进模甚至自动模。

② 冲裁工序顺序安排要合理。对多工序冲裁和连续冲裁的工序安排，必须做到定位可靠，工艺稳定，先冲部分为后冲部分提供可靠的定位，后冲部分不影响先冲部分的质量。对多工序在几副模具上冲裁时，要考虑定位基准的一致性，以减少定位误差。冲裁大小不同，相距较近的孔时，为了减少孔的变形，应先冲大孔和一般精度的孔，后冲小孔和精度较高的孔。

③ 模具强度要足够，制模容易。如采用复合模冲裁，要考虑凸凹模壁厚强度问题，采用级进模冲裁就应考虑排样与凹模强度、模具装配与调整方面的关系等。

④ 冲裁操作方便、安全。例如，很小的多工序冲裁件采用单工序冲裁，操作就不方便。

3. 工艺计算

根据所定的工艺方案，计算并确定各中间工序的工序件形状和尺寸，绘出各种工序的工序简图，确定出合理的排样形式、裁板方法，并计算材料的利用率。

4. 设备选择

计算各工序压力，确定压力中心，初选压力机。计算各工序所需压力时，要使其最大压力不超过压力机允许的压力曲线。必要时，还要审核压力机的电机功率。

5. 填写工艺过程卡片

根据上述工艺设计，将所要的工序及原材料、使用的设备，模具等项内容填入一定格式的工艺卡中。它既是指导生产的工艺文件，也是模具设计的依据。

3.7.2 模具设计要点

1. 确定模具结构

模具结构的确定与冲压工艺方案的确定是密切相关的。它以合理的冲压工艺方案为基础，又是实现冲压工艺方案的关键。模具结构的确定包括以下内容。

① 确定模具类型。模具类型必须以合理的冲压工艺方案为基础，再根据生产批量、零件形状和尺寸、零件质量要求、材料性质和厚度、冲压设备和制模条件、操作等因素来确定是选单工序模、复合模还是级进模。

② 确定操作方式。根据生产批量确定操作方式（手工操作、半自动化或自动化操作）。

③ 确定送料和出件方式。根据坯料或工件的形状和冲裁件精度要求等确定送料方式、定位方式和整理零件的方法。

④ 确定压料和卸料方式。根据板料厚度和冲裁件精度要求，确定压料或不压料，用弹性卸料或刚性卸料。

⑤ 确定模具精度。根据冲裁件的特点，确定适当的模具公差等级，选取适当的导向方式及公差等级。

⑥ 其他方面的考虑。模具结构应便于维修和调整，应便于刃磨，尽量做到不拆卸即可修磨工作零件。易损工作零件最好做成快换结构的形式，易损部位最好采用局部镶拼结构，必要时设计成可以调整和补偿由磨损造成尺寸变化的结构，需要经常修磨和调整的部件尽量放在下模。模具结构还应便于操作和保证操作的安全。

2. 冲裁模零部件的选用和设计计算

模具中的各种零件，要尽量选用标准件。若无标准可选时，再进行设计，相应的计算包括凹模轮廓尺寸，凸、凹模工作部分尺寸及公差的确定等。

3. 冲裁模草图的绘制

模具设计与工艺设计应相互照应。在绘制冲裁模草图时应与工艺计算工作联合进行，如果发现模具不能保证工艺的实现时，则必须更改工艺设计。

4．冲裁模闭合高度和压力机有关参数的校核

5．冲裁模总装图和非标准零件工作图的绘制

冲裁模总装图和零件图都应有足够投影图及必要的剖面图、剖视图，且应严格贯彻制图标准。在实际生产中，结合模具的工作特点、安装和调整的需要，模具总装图的图面布置及技术条件的表达等方面，已经形成一定的习惯，可以延用执行（详见《冲模图册》[①]）。

3.8　思考与练习题

1．冲裁过程分为哪 3 个阶段？冲裁件的断面分为几个带？每个带有什么特征？

2．什么是冲裁模的合理间隙？影响合理间隙的主要因素是什么？

3．冲裁件工艺设计主要包括哪些内容？

4．简述冲裁模具设计的要点。

5．在确定冲孔模刃口尺寸时，基准件是冲头还是凹模？为什么？

6．在确定落料模刃口尺寸时，基准件是冲头还是凹模？为什么？

7．什么是单工序模？简述其特点和适用范围。

8．什么是复合模？简述其特点和适用范围。

9．什么是级进模？简述其特点和适用范围。

---

① 李天佑. 冲模图册 [M]. 北京：机械工业出版社，2011.

第4章 弯曲工艺与弯曲模

弯曲是将板料、型材、管材或棒料等按设计要求弯成一定的角度和一定的曲率，形成所需形状零件的冲压工序。它属于成形工序，是冲压基本工序之一。在生产中，弯曲件的形状很多，如 V 形件、U 形件及其他形状的零件。这些零件可以在压力机上用模具弯曲，也可用专用弯曲机进行折弯或滚弯，如图 4-1 所示。

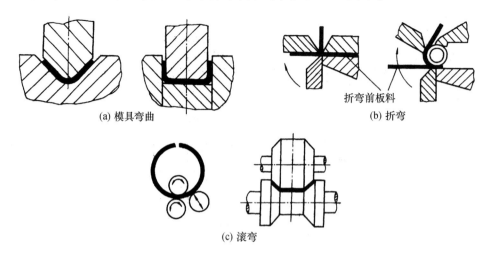

(a) 模具弯曲   (b) 折弯

折弯前板料

(c) 滚弯

图 4-1　弯曲件的加工形式

本章主要介绍板料在压力机上用模具的弯曲工艺及其模具设计，其基本内容也适于弯曲机压弯或棒料、管料和型材的弯曲。

4.1　弯曲变形过程分析

弯曲时毛坯上曲率发生变化的部分是变形区（图 4-2 中的 ABCD 部分），弯曲变形的主要工艺参数都和变形区的应力与应变的性质和数值有关。

当在毛坯上施加的弯曲力矩达到一定值时，毛坯就会发生弯曲。弯曲变形时毛坯变形区向外凸出一侧（以后称外层）的金属在拉压力的作用下产生伸长变形；毛坯变形区向内凹进一侧（以后称内层）的金属在压应力的作用下产生压缩变形。图 4-2 给出了板料弯曲时应力沿截面的分布。在弯曲变形的初始阶段，弯曲力矩的数值不大，在毛坯变形区的内外层上的应力值均小于材料的屈服强度，仅发生弹性变形，此时截面上的应力分布为线性的，如图 4-2（a）所示，此阶段称为弹性弯曲阶段。当弯曲力矩的数值继续增大，毛坯变形区的外层和内层首先进入塑性状态，随后塑性区不断向中心部分扩展，此时截面上的应力分布如图 4-2（b）所示，此阶段称为弹—塑性弯曲阶段。继续加大弯矩，则会进入纯塑性弯曲阶段，截面上的应力分布如图 4-2（c）所示。

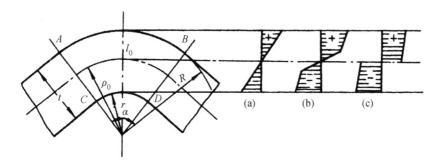

图 4-2　弯曲时坯料截面上的应力分布

弯曲变形时毛坯断面上的应力由外层的拉应力过渡到内层的压应力，中间必有一层金属，其应力为零，称为应力中性层，其半径用 ρ_0 表示（如图 4-2 所示）。类似地，弯曲毛坯外层伸长，内层缩短，中间必有一层金属的应变为零，称为应变中性层 ρ。在弹性弯曲或变形程度较小时，应力中性层和应变中性层是重合的，位于板厚的中间。当变形程度较大时，两个中性层均从板厚的中心层向内移动，而且应力中性层的位移大于应变中性层的位移。

4.2　最小相对弯曲半径

弯曲变形时，以中性层为界，外层纤维受拉伸长，内层纤维受压缩短，距中性层为 y 处的纤维，其应变为

$$\varepsilon = \frac{(\rho + y)\alpha - \rho\alpha}{\rho\alpha} = \frac{y}{\rho} \tag{4-1}$$

式中　ε——应变；

　　　ρ——中性层半径；

　　　α——弯曲带中心角。

设中性层位置在板料截面的中间，且弯曲后坯料厚度保持不变，则

$$\rho = r + \frac{t}{2} \tag{4-2}$$

1. 最大应变和最小相对弯曲半径

最大应变出现在最外层纤维，即 $y = t/2$ 处纤维的应变为

$$\varepsilon_{max} = \frac{1}{2\dfrac{r}{t} + 1} \tag{4-3}$$

式中　r/t ——相对弯曲半径。

　　从式（4-3）可看出：当相对弯曲半径减小时，ε_{max} 将增加。如果当 r/t 减小到使 ε_{max} 超过材料许可的应变时，就会产生拉裂现象。为了防止外层纤维出现拉裂和保证弯曲质量，相对弯曲半径 r/t 应有一定的限制。外层纤维不拉裂的极限弯曲半径称为最小相对弯曲半径 r_{min}/t。

　　2. 影响 r_{min}/t 的因素

　　① 材料的力学性能。材料的塑性越好，其 r_{min}/t 越小。

　　② 弯曲件角度 α。弯曲件角度 α 越大，r_{min}/t 越小。这是因为在弯曲过程中，由于材料的相互牵连，直边部分的坯料也会参与变形，这将能分散圆角部分的弯曲应变，使 r_{min}/t 减小，α 越大，这种分散就明显，因此 r_{min}/t 就越小。

　　③ 板料宽度的影响。窄板弯曲时，宽度方向的材料可以自由流动，能够缓解弯曲外层的拉应力状态，可减小 r_{min}/t。

　　④ 板料的热处理状态。经退火的板料塑性好，r_{min}/t 小些。经冷作硬化的板料塑性低，r_{min}/t 会增大。

　　⑤ 板料的边缘及表面状态。毛坯表面的缺陷在弯曲时会成为裂纹生长源，从而增大 r_{min}/t。为了防止弯裂，可将板料上的大毛刺除去，小毛刺放在弯曲件内层。

　　⑥ 折弯方向。经过轧制的钢板具有各向异性，沿纤维方向力学性能较好，不易出现开裂。因此，当弯曲线（图4-3中虚线）与纤维组织垂直时，可减小 r_{min}/t。在双向弯曲时，应使弯曲线与纤维方向成一定角度。

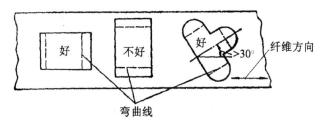

图 4-3　板料纤维方向与 r_{min}/t

　　由于影响最小相对弯曲半径的因素很多，生产中常按经验选取。表4-1是板料最小相对弯曲半径的经验值。

表 4-1　最小相对弯曲半径经验值

材　　料	退火或正火状态		冷作硬化状态	
	弯曲线位置			
	与轧纹垂直	与轧纹平行	与轧纹垂直	与轧纹平行
08、10	0.1	0.4	0.4	0.8
15、20	0.1	0.5	0.5	1.0
25、30	0.2	0.6	0.6	1.2
35、40	0.3	0.8	0.8	1.5
45、50	0.5	1.0	1.0	1.7
55、60	0.7	1.3	1.3	2.0
65Mn、T7	1.0	2.0	2.0	3.0
Cr18Ni9	1.0	2.0	3.0	4.0
软黄铜	0.1	0.35	0.35	0.8
紫铜	0.1	0.35	1.0	2.0
铝	0.1	0.35	0.5	1.0
镁合金 MB1	加热到 300~400℃		冷作硬化状态	
	2	3	6	8
钛合金 BT5	加热到 300~400℃		冷作硬化状态	
	3	4	5	6

4.3　弯曲件展开长度的计算

根据弯曲变形过程的分析可知，应变中性层的长度是不变的。因此，弯曲件工艺设计时，可以根据中性层（如图 4-4 所示）来确定弯曲件毛坯的长度。中性层的位置变化与相对弯曲半径有如下的规律。

$$\rho = r + xt \tag{4-4}$$

式中　ρ——中性层半径；

　　　r——弯曲件的内侧弯曲半径；

　　　t——板料厚度；

　　　x——中性层位移系数，详见表 4-2。

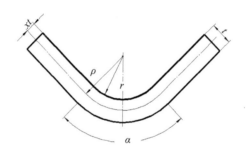

图 4-4　中性层的位置

中性层系数 x 的值如表 4-2 所示。

表 4-2　中性层系数 x

r/t	0.1	0.2	0.3	0.4	0.5	0.6	0.7	0.8	1	1.2
x	0.21	0.22	0.23	0.24	0.25	0.26	0.28	0.30	0.32	0.33
r/t	1.3	1.5	2	2.5	3	4	5	6	7	≥8
x	0.34	0.36	0.38	0.39	0.4	0.42	0.44	0.46	0.48	0.5

中性层位置确定后，对于形状比较简单、尺寸精度要求不高的弯曲件，可直接采用下面的方法计算中性层展开长度，其中 α 的单位为度（°）。

$$A = \pi(r + xt)\frac{\alpha}{180} \tag{4-5}$$

式中　　α——弯曲角。

而对于形状比较复杂或精度要求高的弯曲件，在利用下述公式初步计算坯料长度后，还需反复试弯不断修正，才能最后确定坯料的形状及尺寸。

4.4　弯曲力计算

弯曲力是设计冲压工艺过程和选择设备时的重要依据之一，特别是在弯曲板料较厚、弯曲线较长、相对弯曲半径较小其计算机更为重要。但由于弯曲力受材料性能、形状，弯曲方法、模具结构等多种因素的影响，因此很难用理论分析的方法进行准确的计算。在生产中经常采用表 4-3 中的经验公式进行弯曲力的概略计算，校形所需的单位压力如表 4-4 所示。

表 4-3　计算弯曲力 P 的经验公式

弯曲方式	工艺简图	计算公式	备注
V 形自由弯曲		$p = \dfrac{Kbt\sigma}{2L}$	b——弯曲件宽度； t——板料厚度； σ——板料的抗拉强度； $2L$——支点间距离； K——安全系数，取 $K=1.3$

续表

弯曲方式	工艺简图	计算公式	备　注
V 形接触弯曲	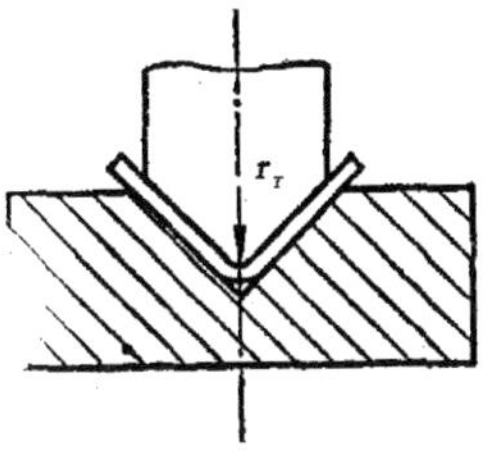	$p = \dfrac{0.6Kbt\sigma}{r+t}$	r——凸模圆角半径（弯曲半径）； 其余同上
U 形自由弯曲	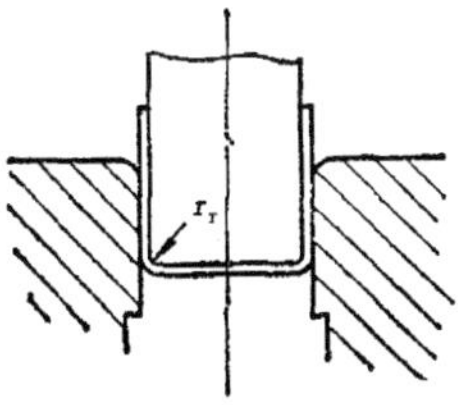	$P = cbt\sigma$	c——系数，取 $c = 0.3 \sim 0.6$； 其余同上
U 形接触弯曲	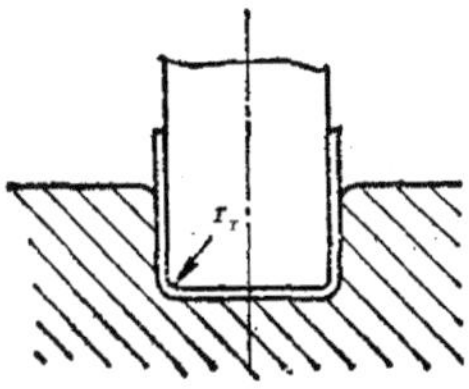	$p = \dfrac{0.7Kbt\sigma}{r+t}$	同上
校正弯曲		$p = Aq$	A——校形部分投影面积； q——校形所需单位压力，见表4-4

表 4-4　校形所需的单位压力 q

材　料	板料厚度 t/mm	
	≈ 3	$3 \sim 10$
铝	$30 \sim 40$	$50 \sim 60$
黄铜	$60 \sim 80$	$80 \sim 100$
10～20 号钢	$80 \sim 100$	$100 \sim 120$
25～35 号钢	$100 \sim 120$	$120 \sim 150$
钛合金 BT1	$160 \sim 180$	$180 \sim 210$
钛合金 BT2	$160 \sim 200$	$200 \sim 260$

4.5　弯曲件的回弹

在弯曲变形结束后，弯曲件从模具中顶出，弯曲件不再受模具的约束。和其他塑性变形一样，当外载荷去除后，毛坯的塑性变形保留下来，而弹性变形会消失。由于弹性回复，弯曲件的角度、弯曲半径与模具的尺寸形状不一致，这种现象称为回弹。

由于弯曲时内、外区切向应力方向不一致，因而弹性回复方向也相反，即外区弹性缩短而内区弹性伸长，这种反向的弹性回复加剧了工件形状和尺寸的改变。所以与其他变形工序相比，弯曲过程的回弹现象是一个影响弯曲件精度的重要问题，弯曲工艺与弯曲模设计时应认真考虑。

1. 弯曲回弹的表现形式

弯曲回弹的表现形式有以下两个方面，如图 4-5 所示。

① 弯曲半径增大。卸载前板料的内半径为 r_T，卸载后增加至 r；

② 弯曲角增大。卸载前板料的弯曲角度为 α_T，卸载后增加至 α。

2. 影响回弹的因素

① 材料的机械性能。角度回弹量和曲率回弹量与材料的屈服强度 σ_b 成正比，与弹性模数 E 成反比。

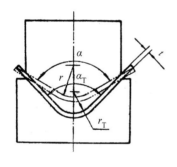

图 4-5　弯曲件的回弹

② 相对弯曲半径 r/t。当其他条件相同时，角度回弹量随 r/t 值增大而增大，曲率回弹量随 r/t 值增大而减小。

③ 弯曲角 α。弯曲角 α 越小，表面变形区域就越小，角度回弹量也越小。而曲率回弹量与弯曲角度 α 的大小几乎无关。

④ 弯曲件的形状。一般而言，形状复杂的弯曲件，一次弯曲成形角越大，回弹量就越小，弯曲 U 形件比弯曲 V 形件的回弹量要小。

⑤ 模具间隙。在弯曲 U 形件时，凸、凹模之间的间隙越小，材料被挤压得越厉害，回弹量也越小。单面间隙大于材料厚度时，材料处于松动状态，回弹大。有时为了减小回弹，可以适当减小间隙，使材料有挤薄现象，这种现象称为深挤弯曲。

3. 回弹值的大小

由于影响弯曲回弹的因素很多，而且各因素又相互影响，因此计算回弹角比较复杂，也不准确。一般生产中是按经验计算出回弹值，再经过试模来修正。

当 $r/t<5$ 时，弯曲半径的回弹值不大，因此可仅考虑角度的回弹，其值可查阅有关手册。

当 $r/t > 10$ 时，因相对弯曲半径较大，此时工件不仅角度有回弹，弯曲半径也有较大的变化。这时，回弹值可按下式进行计算，然后在生产中根据试模进行修正。

$$r_T = \frac{r}{1 + 3 \times \dfrac{\sigma_s}{E} \cdot \dfrac{r}{t}} \tag{4-6}$$

$$\alpha_T = a - (180° - \alpha)\left(\frac{r}{r_T - 1}\right) \tag{4-7}$$

式中　　r_T——凸模的圆角半径（mm）；

r——工件的圆角半径（mm）；

α_T——凸模弯曲角度（°）；

α——工件弯曲角度（°）；

t——板料厚度（mm）；

E——弯曲材料的弹性模量（MPa）；

σ_s——弯曲材料的屈服强度（MPa）。

应该指出，上述公式的计算值是近似的。根据工厂生产经验，修磨凸模时，"放大" 弯曲半径比 "收小" 弯曲半径容易。因此，对于 r/t 值较大的弯曲件，试制凸模时先选较小的弯曲半径，以便能够比较容易地修正。

　4. 控制回弹的措施

弯曲时因为回弹产生模具尺寸与制件尺寸不一致，很难得到希望的制件尺寸。生产中必须采取措施来控制或减小回弹。控制弯曲件回弹的措施有以下几种。

（1）改进弯曲件的设计。

在弯曲件弯曲变形区压制加强筋或成形边翼，以提高弯曲件的刚性和成形边翼的变形程度，可以减小回弹，如图 4-6 所示。

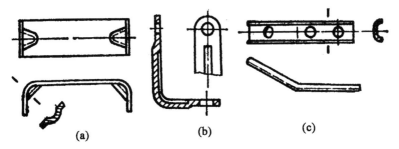

图 4-6　改进弯曲件的设计减小回弹

（2）从工艺上采取措施。

采用校正弯曲代替自由弯曲，对冷作硬化的材料须先退火，使其屈服点降低，减小回弹，弯曲后再淬硬。对回弹较大的材料，必要时可采用加热弯曲。

用拉弯法代替一般弯曲方法。拉弯特点是在弯曲之前先使坯料承受一定的拉伸应力，其数值使坯料截面内的应力稍大于材料的屈服强度，随后在拉力作用的同时进行弯曲（如图4-7所示）。图4-8为工件在拉弯过程中应力沿截面高度的分布。拉弯卸载时坯料内、外区弹性回复方向一致，故可大大减小工件的回弹。拉弯主要用于长度和曲率半径都比较大的零件。

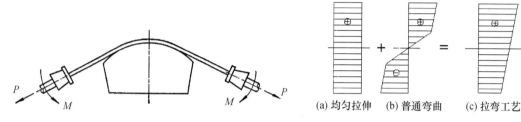

图4-7　拉弯工艺示意图　　　　　　图4-8　拉弯过程板料截面应力分布

（3）从模具设计上考虑。

弯曲板料厚度大于0.8 mm，材料塑性较好时，可将凸模设计成如图4-9所示的形状，使凸模力集中在弯曲变形区，加大变形区的变形程度，改变弯曲变形外拉内压的应力状态，使其成为三向压应力状态，从而减小回弹。

对于较硬材料（如表4-1中所示的45、50等），可改变模具形状，补偿回弹，如图4-10所示。

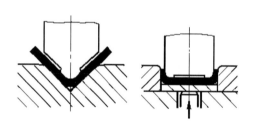
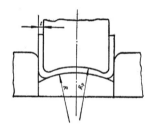

图4-9　改变凸模形状减小回弹　　　　图4-10　补偿回弹的方法

在弯曲件的端部加压，不仅可以获得精确的弯边高度，并且改变变形区的应力状态，使弯曲变形区从内到外都处于压应力状态，从而减小回弹，如图4-11所示。

采用橡胶凹模（或凸模），使毛坯紧贴凸模（或凹模），以减小非变形区对回弹的影响，如图4-12所示。

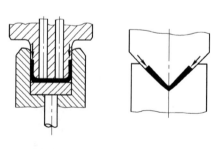
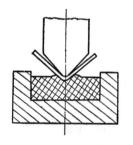

图4-11　端部加压减小回弹　　　　　图4-12　采用橡胶凹模减小回弹

4.6　弯曲模结构

设计弯曲模结构时，应该考虑以下几点。

① 毛坯要有可靠的定位。在弯曲之前，毛坯应定位可靠。为了防止弯曲过程中毛坯可能产生的偏移，某些模具结构除了有放置毛坯的定位板（销）外，还需利用制件上的孔定位。若制件上无定位孔时，可考虑采用工艺孔，或采用压板来压紧毛坯。

② 不应使毛坯产生严重的局部变薄。模具结构应使毛坯的变形尽可能是无变薄的纯弯曲变形，以免产生较大的局部变薄。

③ 作用在毛坯上的外力，应尽量对称，避免毛坯产生错移。

④ 弯曲变形区能得到校正。

⑤ 有补偿回弹量的可能。

4.6.1　V 形件弯曲模

V 形件（单角弯曲件）形状简单，弯曲变形容易，因此模具结构也较简单。对称 V 形件采用如图 4-13 所示弯曲模弯曲。毛坯由挡料销 10 和凹模 4 定位，凸模 3 下行进行弯曲，弯曲成形后由顶杆 9 顶出制件，顶杆 9 还兼起压料作用，以防止毛坯偏移。

对生产批量较小、精度要求不高的复杂形状的弯曲件，也可用简单的 V 形模经过多次冲压得到。

图 4-14 是经过数次 V 形弯曲之后得到的复杂零件。采用这种方法进行弯曲时，要特别注意选择弯曲顺序。

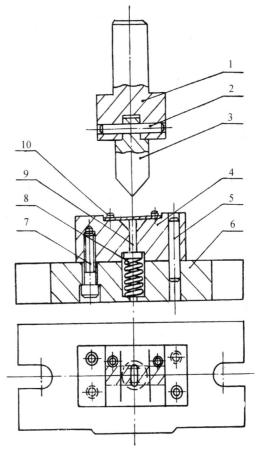

图 4-13　V 形件弯曲模

1—模柄；2—销；3—凸模；4—凹模；
5—定位销；6—底板；7—内六角螺钉；
8—弹簧；9—顶杆；10—挡料销

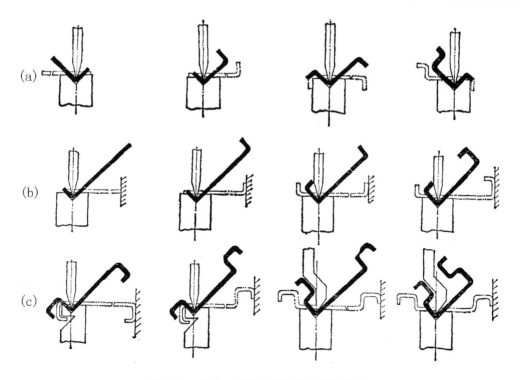

图 4-14　数次 V 形弯曲制造复杂零件举例

4.6.2　U 形件弯曲模

图 4-15 所示为一般 U 形件弯曲模。这种弯曲模在凸模的一次行程中能将两个角同时弯曲。冲压时，毛坯放在定位块 2 之间，被凸模 1 和压料板 4 上下压住逐渐下降，两端未被压住的材料沿凹模圆角滑动并弯曲，进入凸、凹模间隙。凸模回升时，压料板将工件顶出。由于材料的弹性，材料一般不会包在凸模上。

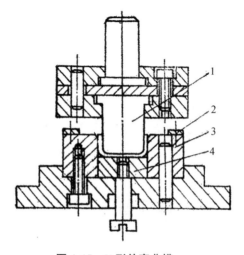

图 4-15　U 形件弯曲模
1—凸模；2—定位块；3—凹模；4—压料板

4.7　弯曲模工作部分参数的设计

1. 弯曲凸模的圆角半径

当弯曲件的相对弯曲半径较小时，凸模圆角半径等于弯曲件的弯曲半径，但必须大于最小弯曲圆角半径。若 r/t 小于最小相对弯曲半径，则可先弯成较大的圆角半径，然后再采用整形工序进行整形。

若弯曲件的相对弯曲半径 r/t 较大，精度要求较高时，凸模圆角半径应根据回弹值作相应的修正。

2. 弯曲凹模的圆角半径及其工作部分的深度

图 4-16 所示为弯曲模的结构尺寸。凹模圆角半径 r_A 不能过小，否则弯矩的力臂减小，毛坯沿凹模圆角滑进时阻力增大，从而增加弯曲力，并使毛坯表面擦伤。对称压弯件两边的凹模圆角半径 r_A 应一致，否则压弯时毛坯产生偏移。

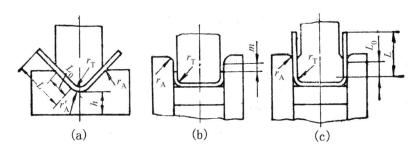

$$(a) \qquad\qquad (b) \qquad\qquad (c)$$

图 4-16　弯曲模结构尺寸

生产中，按材料的厚度决定凹模圆角半径：

$t \leqslant 2\,\text{mm}$	$r_A = (3 \sim 6)t$
$t = 2 \sim 4\,\text{mm}$	$r_A = (2 \sim 3)t$
$t > 4\,\text{mm}$	$r_A = 2t$

对于 V 形件凹模，其底部可开槽，或 $r_A' = (0.6 \sim 0.8)(r_T + t)$。

弯曲凹模深度 L_0 要适当，若过小。则工件两端的自由部分较长，弯曲零件回弹大，不平直；若过大，则浪费模具材料，且需较大的压力机行程。

弯曲 V 形件时，凹模深度及底部最小厚度可查表 4-5。

表 4-5　弯曲 V 形件的凹模深度 L_0 及底部最小厚度值 h　　　　单位：mm

弯曲件边长 L	材料厚度 t					
	≤2		2～4		>4	
	h	L_0	h	L_0	h	L_0
>10～25	20	10～15	22	15		
>25～50	22	15～20	27	25	32	30
>50～75	27	20～25	32	30	37	35
>75～100	32	25～30	37	35	42	40
>100～150	37	30～35	42	40	47	50

　　弯曲 U 形件时，若弯边高度不大，或要求两边平直，则凹模深度应大于零件高度，如图 4-16（b）所示，图中 m 值如表 4-6 所示。

表 4-6　弯曲 U 形件凹模的 m 值　　　　单位：mm

材料厚度 t	≤1	1～2	2～3	3～4	4～5	5～6	6～7	7～8	8～10
m	3	4	5	6	8	10	15	20	25

　　如果弯曲件边长较大，而对平直度要求不高时，可采用图 4-16（c）所示凹模形式。凹模深度 L_0 值如表 4-7 所示。

表 4-7　弯曲 U 形件凹模深度 L_0 值　　　　单位：mm

弯曲件边长 L	不同材料厚度 t 时的 L_0				
	>6～10	<1	1～2	>2～4	>4～6
<50	15	20	25	30	35
50～75	20	25	30	35	40
75～100	25	30	35	40	40
100～150	30	35	40	50	50
150～200	40	45	55	65	65

　　3. 弯曲凸、凹模之间的间隙

　　对于 V 形弯曲件，凸、凹模之间的间隙是由调节压力机的装模高度来控制的。对于 U 形弯曲件，凸、凹模之间的间隙值对弯曲件回弹、表面质量和弯曲力均有很大的影响。间隙过大，回弹增大，工件的误差增大；间隙过小，则会使零件边部壁厚减薄，同时会降低凹模寿命。凸凹模单边间隙 C（如图 4-17 所示）一般可按下式计算：

$$C = t_{max} + kt = t + \Delta + kt \qquad (4-8)$$

式中　C——弯曲模凸、凹模的单边间隙；

　　　　t——材料厚度基本尺寸；

Δ——材料厚度的上偏差;

K——间隙系数,可查表4-8。

当工件精度要求较高时,其间隙值应适当减小,取 $C = t$。

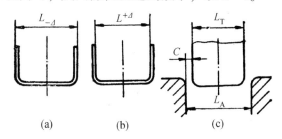

(a)　　　　(b)　　　　(c)

图 4-17　工件的标注及模具尺寸

表 4-8　U 形件弯曲的间隙系数 C 值　　　　　　单位: mm

弯曲件高度 H	材料厚度 t								
	$b/H \leqslant 2$				$b/H > 2$				
	<0.5	0.6~2	2.1~4	4.1~5	<0.5	0.6~2	2.1~4	4.1~7.5	7.6~12
10	0.05	0.05	0.04		0.10	0.10	0.08		
20	0.05	0.05	0.04	0.03	0.10	0.10	0.08	0.06	0.06
35	0.07	0.05	0.04	0.03	0.15	0.10	0.08	0.06	0.06
50	0.10	0.07	0.04	0.04	0.20	0.15	0.10	0.06	0.06
70	0.10	0.07	0.05	0.05	0.20	0.15	0.10	0.10	0.08
100		0.07	0.05	0.05		0.15	0.10	0.10	0.08
150		0.10	0.07	0.05		0.20	0.15	0.10	0.10
200		0.10	0.07	0.07		0.20	0.15	0.15	0.10

4. 弯曲凸、凹模宽度尺寸的计算

弯曲凸、凹模宽度尺寸的计算与工件尺寸的标注有关。标注的一般原则是,当工件标注外形尺寸 [如图 4-17 (a) 所示] 时,则模具以凹模为基准件,间隙取在凸模上;反之,工件标注内形尺寸 [如图 4-17 (b) 所示] 时,则以凸模为基准件,间隙取在凹模上。

当工件标注外形时,则

$$L_A = (L_{max} - 0.75\Delta)^{+\delta_A}_{0}$$
$$L_T = (L_A - 2Z)^{0}_{-\delta_T} \tag{4-9}$$

当工件标注内形时,则

$$L_T = (L_{min} + 0.75\Delta)^{0}_{-\delta_T}$$
$$L_A = (L_T + 2Z)^{+\delta_A}_{0} \tag{4-10}$$

式中　L_{max}——弯曲件宽度的最大尺寸;

　　　L_{min}——弯曲件宽度的最小尺寸;

L_T——凸模宽度；

L_A——凹模宽度；

Δ——弯曲件宽度的尺寸公差；

δ_T、δ_A——凸、凹模的制造偏差，一般按 IT9 级选用。

4.8　思考与练习题

1. 影响弯曲变形回弹的因素有哪些？应采取什么措施减小回弹？
2. 弯曲件展开长度的计算依据是什么？计算公式是什么？
3. 弯曲的极限变形程度用什么指标表示？该指标与哪些因素有关？
4. 弯曲模结构设计应考虑哪些要点？

第 5 章　拉深工艺与拉深模

拉深（又称拉延）是在压力机的压力作用下，利用拉深模将平板坯料或空心工序件制成开口空心零件的加工方法。它是冲压基本工序之一，广泛应用于汽车、电子、日用品、仪表、航空和航天等各种工业部门的产品生产中，不仅可以加工旋转体零件［如图 5-1（a）所示］，还可加工对称盒形零件［如图 5-1（b）所示］及其他形状复杂的薄壁零件［如图 5-1（c）所示］。

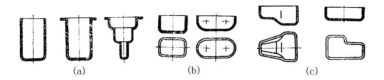

(a)　　　　　　　(b)　　　　　　　(c)

图 5-1　拉深件的分类

拉深可分为不变薄拉深和变薄拉深。前者拉深成形后的零件，其各部分的壁厚与拉深前的坯料相比基本不变；后者拉深成形后的零件，其壁厚与拉深前的坯料相比有明显的变薄，这种变薄是产品要求的，零件呈现是底厚、壁薄的特点。在实际生产中，应用较多的是不变薄拉深。本章重点介绍圆筒件不变薄拉深工艺与模具设计。

5.1　圆筒件拉深变形过程分析

5.1.1　拉深变形过程

圆筒形件的拉深过程如图 5-2 所示。直径为 D、厚度为 t 的圆形毛坯经拉深模拉深，得到具有外径为 d、高度为 h 的开口圆筒形工件。拉深凸、凹模与冲裁模不同的是其工作部分没有锋利的刃口，而是分别有一定圆角半径 r_T 与 r_A，并且其单面间隙稍大于板料厚度。毛坯在这样的条件下冲压时，在凸模的压力作用下，被拉进凸、凹模之间的间隙里形成了筒形件的直壁部分。

拉深过程中出现质量问题主要是凸缘变形区的起皱和筒壁传力区的拉裂。凸缘区起皱是由于切向压应力引起板料失稳；传力区的拉裂是由于拉应力超过抗拉强度引起板料断裂。同时，拉深变形区板料有所增厚，而传力区板料有所变薄。这些现象

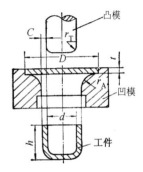

图 5-2　圆筒件的拉深

表明，在拉深过程中，坯料内各区的应力、应变状态是不同的，因而出现的问题也不同。为了更好地解决上述问题，有必要研究拉深过程中坯料内各区的应力与应变状态。

5.1.2 拉深过程中材料的应力与应变

图 5-3 是拉深过程中某一瞬间坯料的应力与应变状态示意图。根据应力与应变状态不同，可将坯料划分为 5 个部分。

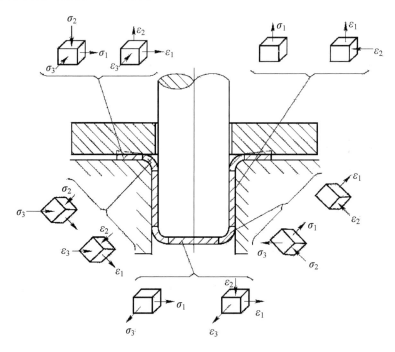

图 5-3 拉深过程中坯料的应力与应变状态示意图

1. 凸缘部分

这是拉深的主要变形区，材料在径向拉应力和切向压应力的共同作用下产生切向压缩与径向伸长变形而逐渐被拉入凹模。力学分析可证明，在凹模入口处，凸缘上径向拉应力的值最大，切向压应力值最小；在凸缘的外边缘，切向压应力的值最大，径向拉应力为零。

在厚度方向，由于压边圈的作用，产生压应力，通常径向拉应力和切向压应力的绝对值比板厚方向的压应力大得多。厚度方向上材料的变形情况取决于径向拉应力和切向压应力之间比例关系，在靠近外缘的地方，板料增厚。如果不压边或压边力较小，这时板料增厚比较大。当拉深变形程度较大，板料又比较薄时，则在坯料的凸缘部分，特别是外缘部分，在切向压应力作用下可能失稳而拱起，产生起皱现象。

2. 凹模圆角部分

此部分是凸缘和筒壁的过渡区，材料变形复杂。切向受压应力而压缩，径向受拉应力而伸长，厚度方向受到凹模圆角弯曲作用产生压应力。由于该部分径向拉应力的绝对值最大，所以绝对值最大的主应变为拉应变。

3. 筒壁部分

这部分是凸缘部分材料经塑性变形后形成的筒壁，它将凸模的作用力传递给凸缘变形区，因此是传力区。该部分受单向拉应力作用，发生少量的纵向伸长和厚度变薄。

4. 凸模圆角部分

此部分是筒壁和圆筒底部的过渡区。拉深过程一直承受径向拉应力和切向拉应力的作用，同时厚度方向受到凸模圆角的压力和弯曲作用，形成较大的压应力，因此这部分材料变薄严重，尤其是与筒壁相切的部位，此处最容易出现拉裂，是拉深的"危险断面"。原因是：此处传递拉深力的截面积较小，因此产生的拉应力较大。同时，该处所需要转移的材料较少，故该处材料的变形程度很小，材料硬化程度较低，材料的屈服极限也就较低。而与凸模圆角部分相比，该处又不像凸模圆角处那样，存在较大的摩擦阻力。因此在拉深过程中，此处变薄便最为严重，是整个零件强度最薄弱的地方，易出现变薄超差甚至拉裂。

5. 筒底部分

这部分材料与凸模底面接触，直接把凸模施加的拉深力传递到筒壁，是传力区。该处材料在拉深开始时即被拉入凹模，并在拉深的整个过程中保持其平面形状。它受到径向和切向双向拉应力作用，变形为径向和切向伸长、厚度变薄，但变形量很小。

从拉深过程坯料的应力应变的分析中可见：坯料各区的应力与应变是很不均匀的。即使在凸缘变形区内也是这样，越靠近外缘，变形程度越大，板料增厚也越多。壁部与圆角相切处变薄严重。由于坯料各处变形程度不同，加工硬化程度也不同，表现为拉深件各部分硬度不一样，越接近凸模外缘，硬度越大。

5.1.3　拉深缺陷及其防止

起皱和拉裂是拉深过程中产生的主要缺陷。

1. 起皱

从拉深过程的应力分析得知：凸缘部分是拉深过程中的主要变形区。当切向压应力较大而板料又较薄时，凸缘部分材料便会失稳，在凸缘的整个周围产生波浪形的连续弯曲，这就是拉深时的起皱现象，如图5-4（a）所示。

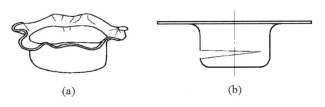

(a)　　　　　　　(b)

图 5-4　拉深过程中的缺陷

凸缘部分材料的失稳与细杆两端受压失稳相似。凸缘区是否起皱，主要决定于两个方面。

① 切向压应力的大小，越大越容易失稳起皱。因为拉深过程中，材料有硬化，所以切向压应力的数值在增大，即失稳的因素在增加。

② 凸缘区板料本身的抵抗失稳的能力，凸缘宽度越大，厚度越薄，材料弹性模量和硬化模量越小，抵抗失稳能力越小。在拉深过程中，抵抗失稳能力是随着拉深的进行而增加的，凸缘宽度变小，即凸缘变形区的相对厚度在增大。

这说明拉深过程中失稳起皱的因素在增加，而抗失稳起皱的能力也在增加，这两方面的因素共同起作用。实验证明：凸缘最容易失稳的时刻是在凸缘宽度减小到一半左右的位置，即

$$D_t - d \approx 0.5(D - d) \tag{5-1}$$

式中　D_t——拉深过程中凸缘瞬时外径；

　　　d——拉深件直径；

　　　D——拉深件毛坯直径。

为了防止起皱，在生产实践中通常采用压边圈。是否采用压边圈，可按表 5-1 确定。

表 5-1　采用或不采用压边圈的条件

拉深方法	首次拉深		第 n 次拉深	
	$(t/D) \times 100$	$m_1^{①}$	$(t/d_{n-1}) \times 100$	$m_n^{①}$
用压边圈	<1.8	<0.5	<1	<0.8
可用可不用	1.5～2.0	0.6	1～1.5	0.8
不用压边圈	>2.0	>0.6	>1.5	>0.8

①m_n 为第 n 次拉深系数，具体计算详见 5.2 节。

2. 拉裂

筒壁部分在拉深过程中受单向拉应力作用，发生少量的纵向伸长和厚度变薄。筒壁所受的拉应力除了与径向拉应力有关之外，还与由于压料力引起的摩擦阻力、坯料在凹模圆角表面滑动所产生的摩擦阻力和弯曲变形所形成的阻力有关。

当筒壁拉应力超过筒壁材料的抗拉强度时，拉深件就会在底部圆角与筒壁相切处——"危险断面"产生破裂，如图 5-4（b）所示。圆筒件拉深时产生破裂的原因，可能是由于凸缘起皱，坯料不能通过凸、凹模间隙，使径向拉应力升高；也可能是由于压边力过大，使拉应力升高；或者是变形程度太大。

要防止筒壁的拉裂，一方面要通过改善材料的力学性能，提高筒壁抗拉强度；另一方面是通过正确制定拉深工艺和设计模具，合理确定拉深变形程度、凹模圆角半径、改善凹模与板料间的润滑等，以降低筒壁传力区中的拉应力。同时增加凸模表面的粗

糙度即增大凸模与板料间的摩擦，可以减小筒壁变薄。

在一般情况下，起皱总可以通过使用压边圈来加以解决，因而拉裂就成为拉深时的主要破坏形式。拉深时，极限变形程度的确定就是以不拉裂为前提的。

5.2　拉深工艺计算

5.2.1　圆筒件拉深零件毛坯尺寸的计算

圆筒件采用圆形毛坯，其直径按面积相等的原则计算（不考虑板料的厚度变化），计算毛坯尺寸时，先将零件划分为若干便于计算的简单几何体，分别求出其面积后相加，最后求出零件总面积 $\sum A$，则毛坯直径可由下式计算：

$$D = \sqrt{\frac{4}{\pi} \sum A} \qquad (5\text{-}2)$$

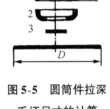

例如，图 5-5 所示的圆筒件，可划分为直筒壁 1、圆角 2 和筒底 3 三部分，每部分面积可按下面的公式进行计算：

$$A_1 = \pi d(h_1 - r) \qquad (5\text{-}3)$$

$$A_2 = \frac{\pi}{4}\left[2\pi r(d - 2r) + 8r^2\right] \qquad (5\text{-}4)$$

图 5-5　圆筒件拉深
毛坯尺寸的计算

1—直筒壁；2—圆角；3—筒底

$$A_3 = \frac{\pi}{4}(d - 2r)^2 \qquad (5\text{-}5)$$

计算 $\sum A = A_1 + A_2 + A_3$，代入式（5-2），得毛坯直径为

$$D = \sqrt{(d - 2r)^2 + 2\pi r(d - 2r) + 8r^2 + 4d(h_1 - r)} \qquad (5\text{-}6)$$

由于板料的各向异性和模具间隙不均等因素的影响，拉深后零件的边缘不整齐，需在拉深后进行修边。因此，计算毛坯直径时需要增加修边余量。表 5-2 给出了圆筒件拉深的修边余量 Δh。当拉深次数多或板料方向性较大时，取表中较大值。当零件的相对高度很小时，也可不进行修边。

表 5-2　圆筒件拉深的修边余量 Δh 　　　　　　　单位：mm

零件高度 h	修边余量 Δh	零件高度 h	修边余量 Δh
10～50	1～4	100～200	3～10
50～100	2～6	200～300	5～12

5.2.2　拉深系数的计算和拉深次数的决定

圆筒件的拉深系数 m 为

$$m = \frac{d}{D} \tag{5-7}$$

式中　D——平面毛坯直径；

　　　d——拉深后的圆筒直径。

圆筒件第 n 次拉深系数为 $m_n = \dfrac{d_n}{d_{n-1}}$，$d_n$ 为第 n 次拉深后圆筒件的直径。

制定拉深工艺时，为了减少拉深次数，希望采用小的拉深系数。但根据力学分析可知，拉深系数过小，将会在危险断面产生破裂。因此，要保证拉深顺利进行，每次拉深系数应大于极限拉深系数。极限拉深系数 m 与板料成形性能、毛坯相对厚度、凸凹模间隙及其圆角半径等有关。它与毛坯相对厚度 t/D 的关系如表5-3所示。表中数值由实验得出，m_1、m_2 分别表示第一、第二次拉深工序的极限拉深系数。

表5-3　极限拉深系数 m 值

拉深系数	毛坯相对厚度　(t/D) $\times 100$					
	0.08～0.15	0.15～0.30	0.30～0.60	0.60～1.0	1.0～1.5	1.5～2.0
m_1	0.63	0.60	0.58	0.55	0.53	0.50
m_2	0.82	0.80	0.79	0.78	0.76	0.75
m_3	0.84	0.82	0.81	0.80	0.79	0.78
m_4	0.86	0.85	0.83	0.82	0.81	0.80
m_5	0.88	0.87	0.86	0.85	0.84	0.82

工艺设计时，按表5-3决定每次极限拉深系数后，就可根据圆筒件直径和平板毛坯尺寸，从第一次拉深开始依次向后推算，便能得出所需拉深次数和各中间工序尺寸。

当零件要求较高时，为了防止毛坯在凸模圆角处过分变薄，一般采用比极限拉深系数稍大的值。

当计算出圆筒件的拉深系数 $m \geqslant m_1$ 时，则可一次拉深成形。若 $m < m_1$，则需要的拉深次数 n 为

$$m_1 m_2 \cdots m_n \leqslant m \tag{5-8}$$

式中　n——拉深次数。

5.2.3　拉深压力机的选择

1.　拉深力的计算

拉深力的确定是以危险断面处的拉应力必须小于该断面的抗拉强度为依据。由于

影响因素很复杂，在实际生产中，一般采用经验公式确定。

$$F = K\pi dt\sigma_b \tag{5-9}$$

式中　F——拉深力（N）；

　　　d——拉深件直径（mm）；

　　　t——板厚（mm）；

　　　σ_b——材料的抗拉强度（MPa）；

　　　K——修正系数，如表 5-4 所示。首次拉深时用 K_1 计算，以后各次用 K_2 计算。

表 5-4　修正系数 K_1 和 K_2

m_1	0.55	0.57	0.60	0.62	0.65	0.67	0.70	0.72	0.75	0.77	0.80
K_1	1.00	0.93	0.86	0.79	0.72	0.66	0.60	0.55	0.50	0.45	0.40
$m_2 \sim m_n$	0.70	0.72	0.75	0.77	0.80	0.85	0.90	0.95			
K_2	1.00	0.95	0.90	0.85	0.80	0.70	0.60	0.50			

2．压边力的计算

压边力的选择是在零件不起皱的条件下取最小值。压边力可按下式计算：

$$Q = Ap \tag{5-10}$$

式中　Q——压边力（N）；

　　　A——压边面积（mm^2）；

　　　p——单位面积上的压边力（MPa），由表 5-5 查取。

表 5-5　单位压边力 p

材料名称		单位压边力 p/MPa
铝		0.8～1.2
紫铜、硬铝（退火状态）		1.2～1.8
黄铜		1.5～2.0
软钢	$t < 0.5$ mm	2.5～3.0
	$t > 0.5$ mm	2.0～2.5
镀锡钢板		2.5～3.0
高合金钢、高锰钢、不锈钢		3.0～4.5
耐热钢（软化状态）		2.8～3.5

3．拉深压力机吨位的选择

拉深时，如果采用单动压力机用弹性压边装置，则压边力也是由压力机的主传动机构提供，计算总拉深力 $F_总$ 时应该包括压边力，即

$$F_总 = F + Q \tag{5-11}$$

选择压力机必须注意，当拉深行程较大时，应该使 $F_总$ 的曲线位于压力机的许用载荷曲线之下，否则会使压力机超载而损坏。

实际生产中，可按下式选压力机的公称压力。

浅拉深： 压力机公称吨位 $\geq (1.6 \sim 1.8) F_{总}$

深拉深： 压力机公称吨位 $\geq (1.8 \sim 2.0) F_{总}$

4. 拉深功的计算

拉深所需的拉深功率应小于所选择压力机的电机功率。

拉深功按下式计算：

$$W = \frac{(0.6 \sim 0.8) F_{总} h}{1\,000} \tag{5-12}$$

式中　W——拉深功（J）；

　　　$F_{总}$——总拉深力（N）；

　　　h——拉深深度（mm）。

拉深功率则按下式计算：

$$P = \frac{Wn}{60 \times 1\,000} \tag{5-13}$$

式中　P——拉深功率（kW）；

　　　n——压力机每分钟行程次数。

压力机的电动机所需功率应该在式（5-13）的基础上再考虑电动机的工作效率、压力机的工作不平衡系数和效率等。

5.3　拉深模具结构

拉深所使用的模具称为拉深模。

根据拉深模使用的压力机类型不同，拉深模可分为单动压力机用拉深模和双动压力机用拉深模；根据拉深顺序可分为首次拉深模和后续拉深模；根据工序组合可分为单工序拉深模、复合工序拉深模和连续工序拉深模；根据压料情况可分为有压边装置拉深模和无压边装置拉深模。

1. 无压边的首次简单拉深模

这种模具结构简单，上模往往是整体的，如图 5-6 所示。当拉深凸模 3 直径过小时，则还应加上模座，以增加上模部分与压力机滑块的接触面积，下模部分有定位板 1、下模座 2 与拉深凹模 4。为使工件在拉深后不至于紧贴在凸模上难以取下，在拉深凸模 3 上应有直径 $\phi 3$ mm 以上的通气孔。拉深完成后，冲压件靠凹模下部的脱料颈刮下。这种模具适用于拉深材料厚度较大（$t > 2$ mm）及深度较小的零件。

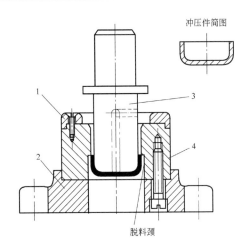

图 5-6 无压边的首次拉深模

1—定位板；2—下模板；3—拉深凸模；4—拉深凹模

2. 有压边装置的拉深模

图 5-7 为有压边圈的首次拉深模的结构图，平板坯料放入定位板 6 内，当上模下行时，首先由压边圈 5 和凹模 7 将平板坯料压住，随后凸模 10 将坯料逐渐拉入凹模孔内形成直壁圆筒。成形后，当上模回升时，弹簧 4 恢复，利用压边圈 5 将拉深件从凸模 10 上卸下，为了便于成形和卸料，在凸模 10 上开有通气孔。压边圈在这副模具中，既起压边作用，又起卸料作用。

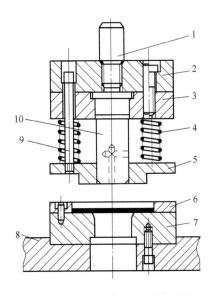

图 5-7 有压边的首次拉深模结构图

1—模柄；2—上模座；3—凸模固定板；4—弹簧；5—压边圈；6—定位板；7—凹模；8—下模座；9—卸料螺钉；10—凸模

3．压边装置

目前在生产实际中常用的压边装置有弹性压边装置和刚性压边装置两大类。

（1）弹性压边装置。

这种装置多用于普通的单动压力机上。通常有橡皮压边装置、弹簧压边装置、气垫式压边装置 3 种，如图 5-8 所示。这 3 种压边装置压边力的变化曲线如图 5-9 所示。

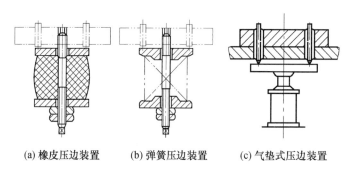

(a) 橡皮压边装置　　　　(b) 弹簧压边装置　　　　(c) 气垫式压边装置

图 5-8　弹性压边装置

随着拉深深度的增加，凸缘变形区的材料不断减少，需要的压边力也逐渐减少。而橡皮与弹簧压边装置所产生的压边力恰与此相反，随着拉深深度增加而不断增加，尤以橡皮压边装置更为严重。这种工作情况使筒壁的拉应力不断增加，从而导致零件拉裂，因此橡皮及弹簧结构通常只适用于浅拉深。气垫式压边装置的压边效果比较好，但其结构、制造、使用与维修都比较复杂。

在普通单动的中、小型压力机上，由于橡皮、弹簧使用十分方便，因此被广泛使用。这就要正确选择弹簧规格及橡皮的牌号与尺寸，尽量减少其不利方面。如弹簧，则应选用总压缩量大、压边力随压缩量增加缓慢的弹簧；而橡皮则应选用较软橡皮。为使其相对压缩量不致过大，应选取橡皮的总厚度不小于拉深行程的 5 倍。

（2）刚性压边装置。

这种装置用于双动压力机上，双动压力机有内外两个滑块。刚性压边装置的动作原理如图 5-10 所示。曲轴 1 旋转时，首先通过凸轮 2 带动外滑块 3 使压边圈 6 将毛坯压在凹模 7 上，随后由内滑块 4 带动凸模 5 对毛坯进行拉深。在拉深过程中，外滑块保持不动。刚性压边圈的压边作用，是靠直接调整压边力来保证的。考虑到毛坯凸缘变形区在拉深过程中板厚有增大现象，所以调整模具时，压边圈与凹模间的间隙 C 应略大于板厚 t。用刚性压边，压边力不随行程变化，拉深效果较好，且模具结构简单。

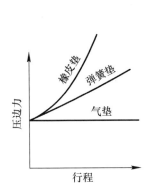

图 5-9 弹性压边装置的压边力曲线

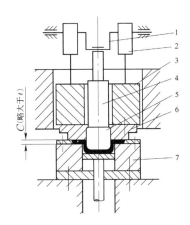

图 5-10 刚性压边装置动作原理图

1—曲轴；2—凸轮；3—外滑块；4—内滑块；

5—凸模；6—压过圈；7—凹模

5.4 拉深模工作部分设计

拉深模结构相对较简单，与冲裁模比较，工作部分有较大的圆角，表面质量要求高，凸、凹模间隙略大于板料厚度。拉深模工作部分的设计主要包括：确定凹模圆角半径、凸模圆角半径、拉深模间隙，凸、凹模工作部分的尺寸及公差。

1. 凹模圆角半径的确定

凹模圆角半径 r_A（如图 5-11 所示）对拉深过程有很大影响，如果凹模圆角选得小，会增加毛坯拉入凹模的阻力，不仅增加总的拉深力，而且易产生拉裂；如果圆角半径过大，则会削弱压边圈的作用。首次（包括只有一次）拉深凹模圆角半径按下式计算：

$$r_A = 0.8\sqrt{(D-d)t} \qquad (5\text{-}14)$$

式中 D——毛坯直径；

　　　d——拉深件直径；

　　　t——料厚。

也可由表 5-6 的经验数值查取。

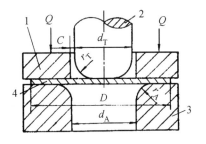

图 5-11 拉深模工作部分的尺寸

1—压边圈；2—凸模；3—凹模；4—板料

表 5-6　首次拉深凹模的圆角半径 r_{A_1}

拉深方式	毛坯的相对厚度 $(100t/D)$		
	$\leqslant 2.0 \sim 1.0$	$< 1.0 \sim 0.3$	$< 0.3 \sim 0.1^{*}$
无凸缘	$(4 \sim 6)t$	$(6 \sim 8)t$	$(8 \sim 12)t$
有凸缘	$(6 \sim 12)t$	$(10 \sim 15)t$	$(15 \sim 20)t$

注：1. 有 * 者最好用锥面压边圈。

　　2. 对有色金属和拉深钢板取偏小值；对其他黑色金属取偏大值。

以后各次拉深模一般可取：

$$r_{A_n} = (0.6 \sim 0.8) r_{A_{n-1}} \tag{5-15}$$

一般最后一道拉深工序的圆角半径应大于料厚的两倍，否则应该增加整形工序。

2. 凸模圆角半径的确定

凸模圆角半径对于单次拉深和最后一次拉深应符合零件的要求。其他各次拉深一般取在多次拉深中圆角半径应逐渐减小，且尽可能与凹模取得一致。凸模圆角半径不得小于板料厚度 t，否则需增加整形工序。

$$r_{T} = (0.7 \sim 1.0) r_{A} \tag{5-16}$$

3. 拉深模的间隙

拉深模的间隙是指凹模与凸模横向尺寸的差值，可用双边间隙 Z 表示，或用单边间隙 C 表示（如图 5-11 所示）：

$$Z = (d_{A} - d_{T}) \tag{5-17}$$

$$C = (d_{A} - d_{T})/2 \tag{5-18}$$

拉深模的凸、凹模之间间隙对拉深力、零件质量、模具寿命等都有影响。间隙小，拉深力大、模具磨损大，过小的间隙会使零件严重变薄甚至拉裂；但间隙小，冲件回弹小，精度高。间隙过大，坯料容易起皱，冲件锥度大，精度差。因此，生产中应根据板料厚度及公差、拉深过程板料的增厚情况、拉深次数、零件的形状及精度要求等，正确确定拉深模间隙。

（1）无压边圈的拉深模。

其间隙可取：

$$C = (1 \sim 1.1) t_{max} \tag{5-19}$$

（2）有压边圈的拉深模。

其间隙按表 5-7 进行选取。

表 5-7　有压边圈拉深模的单边间隙 C 值

总拉深次数	拉深工序	单边间隙 C
1	第 1 次	$(1\sim1.1)\,t$
2	第 1 次	$1.1t$
	第 2 次	$(1\sim1.05)t$
3	第 1 次	$1.2t$
	第 2 次	$1.1t$
	第 3 次	$(1\sim1.05)t$
4	第 1~2 次	$1.2t$
	第 3 次	$1.1t$
	第 4 次	$(1\sim1.05)t$
5	第 1~3 次	$1.2t$
	第 4 次	$1.1t$
	第 5 次	$(1\sim1.05)t$

对于精度要求高的拉深件，为了减小拉深后的回弹，降低零件表面的粗糙度，常采用间隙小于料厚的拉深，其间隙值取：

$$C = (0.9\sim0.95)t \tag{5-20}$$

4. 凸、凹模工作部分尺寸及其制造公差

对于最后一道工序的拉深模，其凸、凹模工作部分尺寸及公差应按零件的要求来确定。

当工件要求外形尺寸时 [如图 5-12 (a) 所示]，以凹模尺寸为基准进行计算，即

$$D_A = (D - 0.75\Delta)^{+\delta_A}_{0}$$
$$D_T = (D_A - 2C)^{0}_{-\delta_T} = (D - 0.75\Delta - 2C)^{0}_{-\delta_T} \tag{5-21}$$

当工件要求内形尺寸时 [如图 5-12 (b) 所示]，以凸模尺寸为基准进行计算，即

$$d_T = (d + 0.4\Delta)^{0}_{-\delta_T}$$
$$d_A = (d_T + 2C)^{+\delta_T}_{0} = (d + 0.4\Delta + 2C)^{+\delta_A}_{0} \tag{5-22}$$

中间各工序拉深模，由于各工序加工后的尺寸和公差没有严格要求，此时凸模和凹模的尺寸可取预期中间制件的尺寸。若以凹模为基准，则

$$D_A = D^{+\delta_A}_{0}$$
$$D_T = (D_A - 2C)^{0}_{-\delta_T} \tag{5-23}$$

凸、凹模的制造公差，对于圆筒拉深件，按 IT9~IT10 选取。也可按拉深件公差的 1/3~1/4 选取。

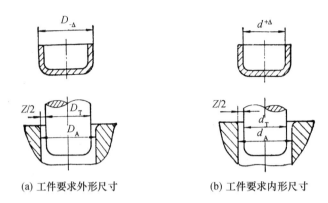

(a) 工件要求外形尺寸　　　　　　　(b) 工件要求内形尺寸

图 5-12　工件尺寸与模具尺寸

5.5　思考与练习题

1. 拉深过程中的主要缺陷是什么？如何防止这些缺陷的产生？

2. 拉深变形程度用什么来表示？

3. 拉深时为何要润滑？哪些部位需要润滑？

4. 常见的压边装置有哪些？各有什么特点？

5. 怎样确定拉深模间隙及凸、凹模工作部分的尺寸与公差？

第6章 注塑成型工艺及注塑模

6.1 概　　述

塑料注塑成型又称为注射成型，是目前塑料加工中最普遍采用的方法之一，除用于热塑性塑料成型外，近年来，也用于部分热固性塑料的成型加工。注塑成型生产效率高、易于实现机械化和自动化，并能制造外形复杂、尺寸精确的塑料制品，大约60%～70%的塑料制件用此方法生产。

6.1.1 塑件的结构工艺性

注塑成型塑件的结构工艺性就是塑件对注塑成型加工的适应性。塑件工艺性的优劣直接影响到塑件能否顺利成型以及成型模具结构是否经济合理等方面，因此在设计塑件时，不仅要满足使用要求，而且要符合成型工艺特点，并尽可能简化模具结构。具体来说可以考虑以下几个方面。

1. 形状设计

塑件的内外表面形状应设计得易于成型，避免复杂的瓣合分型和侧向抽芯，为此塑件要尽量避免旁侧凹陷部分。如图 6-1（a）所示的塑件有侧孔，如果将其改为图6-1（b）侧凹容器则成型时就不需要采用侧抽芯或瓣合分型的模具。

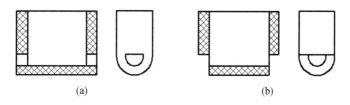

(a)　　　　　　　　　　　　　　(b)

图 6-1　形状设计

2. 斜度设计

为了便于从塑件中抽出型芯或从型腔中脱出塑件，在塑件的内外表面沿脱模方向应设计足够的斜度，在模具上称为脱模斜度，如图 6-2 所示。斜度大小取决于塑件的形状、壁厚及塑料的收缩率等。常用脱模斜度 α 为 1°～1.5°，也可小到 0.5°，对于高度不大的塑件，可不取脱模斜度，收缩率大的塑料制件应取较大的脱模斜度，对于大尺寸制件或尺寸精度要求高的制件，应采用较小的脱模斜度。

3．壁厚设计

制品壁厚取决于使用要求和工艺要求，塑件壁厚太薄，使充型时的流动阻力加大，大型复杂制品难以充满型腔；壁厚太厚，塑件易产生气泡、凹陷等缺陷，同时也会增加生产成本。在确定制件壁厚时应注意以下几点。

① 在满足使用要求的前提下，尽量减小壁厚。但最小壁厚应保证有足够的强度和刚度，脱模时能经受住脱模机构的冲击和振动，装配时能承受紧固力。

② 如图6-3（a）所示，塑件的壁厚应避免局部太厚或太薄，尽量均匀一致，以减小内应力和变形，也可避免厚壁处产生缩孔、气泡或凹陷等缺陷。图6-3（b）为合理的设计结构。

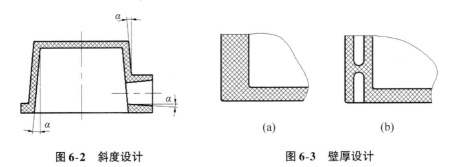

图6-2　斜度设计　　　　　　　图6-3　壁厚设计

4．加强筋及其他防变形的结构设计

加强筋的主要作用如下。

① 在不增加壁厚的情况下，增加塑件的强度和刚度，避免塑件翘曲变形。

② 沿料流方向的加强筋能降低塑料的充模阻力。如图6-4（a）所示的制品强度低，易变形，成型充模困难，而图6-4（b）增加了加强筋，改善了其缺点。加强筋的具体尺寸如图6-5所示。

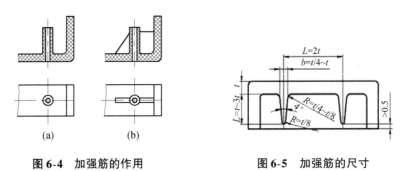

图6-4　加强筋的作用　　　　　　　图6-5　加强筋的尺寸

以塑件的整个底面作支撑面容易引起翘曲变形，为改善这种缺陷，通常以底脚（三点或四点）或凸边来作支撑面，如图6-6（a）所示；凸台是用来增强孔和装配附件的凸出部分的，设计时应避免台阶突然过渡和尺寸过小，如图6-6（b）所示；薄壳状的塑件可制成球面或拱曲面，这样也可以有效地增加刚性和减少变形，如图6-6（c）所示。

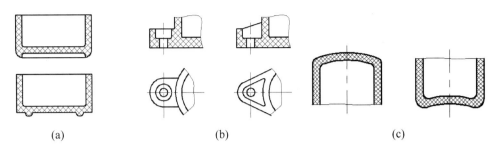

图 6-6　其他防变形结构

5. 圆角设计

除使用上要求尖角外，在塑件内外表面的交接转折处，加强筋的顶端及根部等处都应设计成圆角，通常内壁圆角半径应是壁厚的一半，而外壁圆角半径可为壁厚的 1.5 倍，而且圆角的半径不应小于 0.5 mm。采用圆角具有以下几个方面的优点。

① 避免应力集中，提高了塑件强度及美观。

② 模具在淬火和使用时不致因应力集中而开裂。

③ 圆角有利于充模和脱模。

6. 孔设计

塑件上的孔有通孔、盲孔，从横截面来看，有圆孔、矩形孔、异型孔、螺纹孔等。螺纹孔在塑件螺纹设计中介绍。塑件上的光孔及螺纹孔，无论是通孔还是盲孔都应当直接成型，尽量不要依靠后加工去完成。设计时应考虑以下几个方面。

① 孔径和孔深的设计。注塑法成型塑件时，孔的长度与孔径的比值，通孔小于 8，盲孔小于 4。

② 在一般情况下应把孔设置在塑件强度较大处，必要时可以采取一些增厚措施或使用凸台、凸边等结构增加其强度。

③ 为确保塑件的强度，在孔与孔之间和孔与边缘之间均应有足够的距离。表 6-1 是热固性塑件孔边距和孔间距的最小距离，热塑性塑件取表中所列数值的 75%。

表 6-1　热固性塑件孔边距与孔间距的最小距离　　　　　　单位：mm

孔　径	<1.5	1.5～3	3～6	6～10	10～18	18～30
孔边距与孔间距	1～2.5	1.5～2	2～3	3～4	4～5	5～7

④ 当塑件孔为异形孔时（斜孔或复杂形状孔），要考虑成形时模具结构，可采用拼合型芯的方法成型，以避免侧向抽芯结构，图 6-7 是几种复杂孔的成形方法。

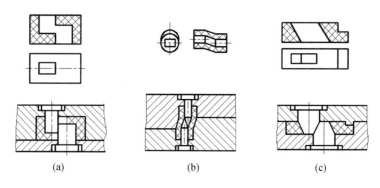

图 6-7　异形孔的成形方法

7. 塑件螺纹设计

塑件上的螺纹通常有标准公制螺纹、矩形螺纹、梯形螺纹、圆弧形螺纹、锯齿形螺纹、V 形螺纹 6 种。其中标准螺纹是最常用的连接螺纹。

直接模塑成型塑料螺纹时，螺纹设计应注意以下几个方面。

① 外螺纹的大径不宜小于 4 mm，内螺纹的小径不宜小于 2 mm，螺纹精度不能要求太高，应低于 3 级。

② 由于塑料成型时的收缩波动，塑料螺纹的配合长度不宜太长，一般不超过 7～8 牙或螺纹直径的 1.5 倍，且尽量选用较大的螺距。

③ 为防止塑件螺纹最外圈崩裂或变形，螺孔始端应有 0.2～0.8 mm 深的无螺纹台阶孔，螺纹末端与底面也应留有大于 0.5 mm 的无螺纹的光孔，螺纹的始端和末端应逐渐开始和结束，有一段过渡长度 L，如图 6-8 所示。

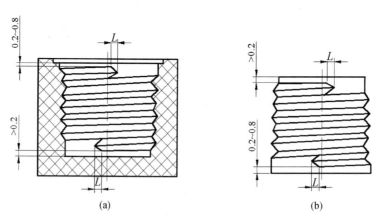

图 6-8　塑件螺纹设计

④ 塑件螺纹孔到边缘的距离应大于螺纹外径的 1.5 倍，同时应大于螺纹孔所在塑件壁厚的 1/2。螺纹孔间距离应大于螺纹外径的 3/4，同时应大于塑件壁厚的 1/2。

⑤ 同一塑件前后两段螺纹，应尽可能使其螺距相同、旋向相同，以简化脱模。

8．嵌件的设计

在塑料内嵌入金属零件或玻璃或已成型的塑件等，形成牢固不可拆卸的整体，则此嵌入塑件中的零件，称为嵌件。加入嵌件的目的如下。

① 为了提高塑件的力学性能或导电导磁性等。

② 提高塑件的尺寸稳定性和尺寸精度。

③ 起紧固、连接作用。由于用途不同，嵌件的形式不同，材料也不同。嵌件的材料有金属、合金、陶瓷、玻璃、塑料、木材等，使用最多的是各种金属嵌件。常见的嵌件形式有圆筒形嵌件、圆柱形嵌件、板形或片形嵌件等，如图6-9所示。

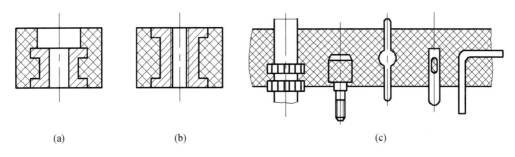

(a)　　　　　　　(b)　　　　　　　　　　　(c)

图6-9　嵌件的形式及固定

嵌件与塑件应牢固连接。在嵌件表面设计出适当的伏陷物，如菱形滚花、直纹滚花、六边形、切口、打孔、折弯、压扁等。金属嵌件周围应有足够壁厚，以防止塑料收缩时产生较大应力而开裂，热固性塑料金属嵌件周围的塑料层厚度如表6-2所示。热塑性塑料注塑成型时，应将大型嵌件预热到接近物料温度，以减小收缩差。金属嵌件嵌入部分的周边应有倒角，以减小应力集中。

表6-2　热固性塑料金属嵌件周围的塑料层厚度　　　　　　单位：mm

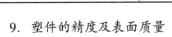

金属嵌件直径 D	塑料层最小厚度 C	顶部塑料层最小厚度 H
≈ 4	1.5	0.8
4～8	2.0	1.5
8～12	3.0	2.0
12～16	4.0	2.5
16～25	5.0	3.0

9．塑件的精度及表面质量

① 塑件的精度。塑料制品的尺寸精度一般是根据使用要求，同时要考虑塑料的性能及成形工艺条件确定的。目前，我国对塑料制品的尺寸公差，大多引用 SJ1372—1978 标准，该标准将塑料制品的精度分为 8 个等级。对于无尺寸公差要求的自由尺寸，可采用 8 级精度等级，1、2 级精度等级较高，很少使用。公差标注按即孔类尺寸的上偏差取"＋"号，下偏差为 0；轴类尺寸上偏差为 0，下偏差取"－"号；中心距尺寸

取表中数值之半，再冠以"±"号。塑料模塑件尺寸公差标准是 GB/T 14486—2008，它将塑件尺寸公差分成 7 个精度等级。具体使用时应根据实际情况查阅相关手册。

② 表面粗糙度。塑料制品的表面粗糙度主要由模具的表面粗糙度决定。一般模具成型表面的粗糙度比塑料制品的表面粗糙度低 1～2 级，因此塑料制品的表面粗糙度不宜过高，一般为 $Ra\,0.8～0.2\,\mu m$，否则会增加模具的制造费用。对于不透明的塑料制品，由于外观对外表面有一定要求，而内表面只要不影响使用，所以可比外表面粗糙度增大 1～2 级。对于透明的塑料制品，内外表面的粗糙度应相同，表面粗糙度需达 $Ra\,0.8～0.05\,\mu m$（镜面），因此需要经常抛光型腔表面。应指出的是塑件的光亮度并不完全取决于型腔的表面粗糙度，而和塑料品种有关，有时可在原料中加入光亮剂来提高光亮度。与此相反，有的塑件设计时有意增大塑件表面粗糙度，以达到闷光的效果，增加塑件高雅的质感。

6.1.2　注塑成型设备

1. 注塑成型设备的分类和结构组成

注塑成型设备主要是指注塑成型机，简称注塑机，也称为注射机。它是利用塑料成型模具将热塑性塑料或热固性塑料制成各种塑料制品的主要成型设备。

注塑机按其外形可分为立式、卧式、角式 3 种，立式注塑机的柱塞或螺杆与合模机构是垂直于地面安装的，而卧式注塑机是沿水平方向布置的，角式注塑机的注射柱塞或螺杆与合模机构运动方向相互垂直，因而又称为直角式注塑机。实际生产中应用较多的是卧式注塑机，如图 6-10 所示，这类注塑机重心低、稳定，加料、操作及维修都很方便，塑件推出后可自行脱落，便于实现自动化生产。

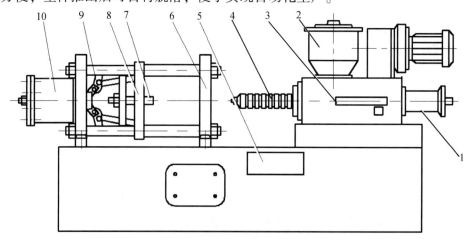

图 6-10　卧式注塑机结构

1—注塑油缸；2—料斗；3—定量供料装置；4—料筒及加料器；5—控制台
6—固定模板；7—顶杆；8—移动模板；9—锁模机构；10—锁模油缸

注塑机按注射方式分为柱塞式注塑机、螺杆式注塑机。柱塞式注射机结构比较简单，但存在塑料塑化不够均匀，塑化能力低，注射压力损失大，注射速度不稳定，料筒清洗困难等缺点。螺杆式注射机的应用已居主要地位。

各种注塑机尽管外形不同，但基本上都由下列三部分组成。

（1）注射系统。

由加料装置（料斗）2、定量供料装置3、料筒及加料器4、注塑油缸1等组成，其作用是使塑料塑化和均匀化，并提供一定的注射压力，通过柱塞或螺杆将塑料注射到模具型腔内。

（2）合模、锁模系统。

由固定模板6、移动模板8、顶杆7、锁模机构9和锁模油缸10等组成，其作用是将模具的定模部分固定在固定模板上，模具的动模部分固定在移动模板上，通过合模锁模机构提供足够的锁模力使模具闭合。完成注射后，打开模具顶出塑件。

（3）操作控制系统。

安装在注射机上的各种动力及传动装置都是通过电气系统和各种仪表控制的，操作者通过控制系统来控制各种工艺量（注射量、注射压力、温度、合模力、时间等）完成注射工作，较先进的注射机可用计算机控制，实现自动化操作。

注射机还设有电加热和水冷却系统用于调节模具温度，并有过载保护及安全门等附属装置。

2. 塑料注塑成型机主要技术参数

我国对普通型塑料注塑成型机，已按专业标准进行系列化（sz 系列）生产。采用注射量和锁模力来表示规格，如理论注射容量为 $60\,cm^3$，锁模力为400kN 的塑料注塑成型机型号是 sz-60/40。国产注塑机系列规格的注射容量为 $16cm^3$、$25cm^3$、$30cm^3$、$40cm^3$、$60cm^3$、$100cm^3$、$125cm^3$、$169cm^3$、$250cm^3$、$350cm^3$、$400cm^3$、$500cm^3$、$630cm^3$、$1\,000cm^3$、$1\,600cm^3$、$2\,000cm^3$、$2\,500cm^3$、$3\,000cm^3$、$4\,000cm^3$、$6\,000cm^3$、$6\,300cm^3$、$8\,000cm^3$、$22\,000cm^3$、$16\,000cm^3$、$24\,000cm^3$、$32\,000cm^3$、$48\,000cm^3$、$64\,000cm^3$ 等。

注塑机的主要技术参数有公称注射量、注射压力、锁模力、合模装置的基本尺寸等。

（1）公称注射量。

它是指在对空注射的条件下，注射螺杆或柱塞作一次最大注射行程时，注射装置所能达到的最大注射量。目前我国已统一规定用加工聚苯乙烯塑料时注射机一次所能注射出的公称容积（cm^3）来表示。为了保证正常的注塑成型，选择注塑机时，注塑机实际注射量（取公称注射量的80%）应大于塑件所需塑料的体积。

（2）额定注射压力。

为了克服塑料熔体流经喷嘴、流道和型腔时的流动阻力，螺杆或柱塞对塑料熔体必须施加足够的压力，将这种压力称为注射压力。注塑机的额定注射压力是指螺杆或柱塞施于塑料熔体单位面积上的压力。

（3）锁模力。

锁模力是指注塑机的合模机构对模具所能施加的最大夹紧力。注塑机的额定锁模力必须大于型腔内塑料熔体压力与塑件及浇注系统在分型面上的投影面积之和的乘积。

（4）合模装置的基本尺寸。

包括模板尺寸、模板间的最大开距、动模板的行程、模具最大厚度与最小厚度等。

注塑机系列标准规定以装模方向的拉杆中心距代表模板的尺寸，而轨道垂直方向拉杆之间的距离与水平方向拉杆之间的距离的乘积为拉杆间距。模具模板规格应不超出注塑机的模板尺寸，即模具长宽方向底面不得伸出工作台面。

模板间的最大开距是指动、定模板之间能达到的最大距离（包括调模行程在内）。动模板行程是指动模板行程的最大值。注塑机的开模行程应满足分开模具取出塑件的需要。

模具最大厚度和最小厚度是指动模板闭合后，达到规定锁模力时动模板和定模板间的最大和最小距离。模具的闭合厚度应在最大模具厚度和最小模具厚度之间。

另外，注塑机的固定模板和移动模板上通常布置有一定数量和规格的螺孔，以便安装固定模具。

6.2　注塑成型工艺及注塑模

6.2.1　注塑成型原理及工艺特点

1．注塑成型原理

如图6-11所示为注塑成型原理，首先将准备好的塑料加入注塑机的料斗，然后送进加热的料筒中，经过加热熔融塑化成粘流态塑料，在注塑机的柱塞或螺杆的高压推动下经喷嘴压入模具型腔，塑料充满型腔后，需要保压一定时间，使塑件在型腔中冷却、硬化、定型，压力撤销后开模，并利用注塑机的顶出机构使塑件脱模，最后取出塑件。这样就完成了一次注塑成型工作循环，以后是不断重复上述周期的生产过程。

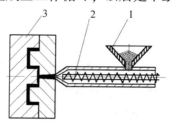

图6-11　注塑成型原理示意图
1—料斗；2—螺杆；3—注塑模具

2. 注塑成型工艺参数

注塑成型最重要的工艺参数是温度、压力和时间等。

（1）温度

在注塑成型时需控制的温度有料筒温度、喷嘴温度、模具温度等。

料筒温度应控制在塑料的黏流温度 T_f（对结晶型塑料为熔点 T_m）和热分解温度 T_d 之间。料筒温度直接影响到塑料熔体充模过程和塑件的质量。料筒温度高，有利于注射压力向模具型腔内传递，另外，使熔体黏度降低，提高流动性，从而改善成型性能，提高生产率，降低制品表面粗糙度。但料筒温度过高，塑料的热降解量增大，塑件的质量会受到很大影响。选择料筒温度时，应考虑以下几个方面的影响因素。

① 塑料的特性。热敏性塑料如聚甲醛、聚氯乙烯等要严格控制料筒的最高温度和在料筒中的停留时间；玻璃纤维增强的热塑性塑料由于流动性差而要适当提高料筒温度；对于热固性塑料，为防止熔体在料筒内发生早期硬化，料筒温度倾向于取小值。

② 注塑机类型。螺杆式注塑机由于螺杆转动时的剪切作用能获得较大的摩擦热，促进塑料的塑化，因而料筒温度选择比柱塞式注塑机低 10～20℃。

③ 塑件及模具结构特点。薄壁塑件的型腔比较狭窄，塑料熔体注入时的阻力大，冷却快。料筒温度应选择高一些，反之则低一些。对于形状复杂或带有嵌件的制件，或者熔体充模流程曲折较多或较长时，料筒温度也应选择高一些。

料筒温度并不是恒温的，而是从料斗一侧开始到喷嘴是逐步升高的，这样可使塑料温度平稳上升达到均匀塑化的目的。

选择喷嘴温度时，考虑到塑料熔体与喷孔之间的摩擦热能使熔体经过喷嘴后出现很高的温升，为防止熔体在直通式喷嘴可能发生的"流涎现象"，通常喷嘴温度略低于料筒的最高温度。但对于热固性塑料一般都将喷嘴温度的取值高于料筒温度，这样一方面使其自身具有良好的流动性，另一方面又能接近硬化温度的临界值，既保证了注射成型，又有利于硬化定型。

料筒温度和喷嘴温度主要影响塑料的塑化和流动，由于其影响因素很多，一般都在成型前通过"对空注射法"或"塑件的直观分析法"来进行调整，以便从中确定最佳的料筒和喷嘴温度。

模具温度主要影响塑料在型腔内的流动和冷却，它的高低决定于塑料的结晶性、塑件的尺寸与结构、性能要求以及其他工艺条件（熔料温度、注射压力及注射速度、成型周期等）。如熔体黏度高的非结晶型塑料应采用较高的模温；塑件壁厚大时模温一般要高，以减小内应力和防止塑件出现凹陷等缺陷。热固性塑料模具温度一般较高，通常控制在 150～220℃ 范围；另外，动模温度有时还需要比定模高出10～15℃，这样会更有利于塑件硬化定型。

模具温度根据不同塑料的成型条件，通过模具的冷却（或加热）系统控制。对于要求模具温度较低的塑料，如聚乙烯、聚苯乙烯、聚丙烯、ABS 塑料、聚氯乙烯等应在模具上设冷却装置；对模具温度要求较高的塑料，如聚碳酸酯、聚砜、聚甲醛、聚苯醚等应在模具上设加热系统。

（2）压力

注塑成型过程中的压力包括塑化压力和注射压力两种。

塑化压力又称为背压，是注射机螺杆顶部熔体在螺杆转动后退时受到的压力。增加塑化压力能提高熔体温度，并使温度分布均匀，但增加塑化压力会降低塑化速率、延长成型周期，甚至可能导致塑料的降解。一般操作中，塑化压力应在保证塑件质量的前提下越低越好，具体数值随所选用的塑料品种而变化，通常很少超过 6 MPa。如聚酰胺塑化压力必须较低，否则塑化速率将很快降低。注射热固性塑料时一般塑化压力都比热塑性塑料取得小，为 3.4～5.2 MPa，并在螺杆启动时可以接近零。但要注意的是，背压力如果过小，物料中易充入空气，使计量不准确，塑化不均匀。

注射压力的作用如下。

① 克服塑料熔体从料筒流向型腔时的阻力，保证一定的充模速率。

② 对塑料熔体进行压实。注射压力的大小，取决于塑料品种、注射机类型、模具的浇注系统结构尺寸、模具温度、塑件的壁厚及流程大小等多种因素，近年来，采用注塑流动模拟计算机软件，可对注射压力进行优化设计。

总体来说，确定注射压力的原则如下。

① 对于热塑性塑料，注射压力一般在 40～130 MPa 之间。熔体黏度高，冷却速度快的塑料以及成型薄壁和长流程的塑件，采用高压注射有利于充满型腔；成型玻璃纤维增强塑料时采用高压注射有利于塑件表面光洁。其他均应选用低压慢速注射为宜。但要提醒的是，如果注射压力过高，塑件易产生飞边使脱模困难，另外塑件产生较大的内应力，甚至成为废品；注射压力过低则易产生物料充不满型腔，甚至根本不能成型等现象。

② 对于热固性塑料，由于熔料中填料较多，黏度较大，且在注射过程中对熔体有温升要求，注射压力一般要选择大一些，常用范围为 100～170 MPa。

③ 在其他条件相同的情况下，柱塞式注塑机作用的注塑压力应比螺杆式注塑机作用的注塑压力大，因为塑料在柱塞式注塑机料筒内的压力损失比螺杆式注塑机料筒内的压力损失大。

为了保证塑件的质量，对注射速度（熔融塑料在喷嘴处的喷出速度）常有一定的要求。一般高压注射时注射速度高，低压注射时速度低。塑件的壁厚对注射速度取值的影响很大，一般厚壁塑件采用较低的注射速度，反之则相反。

型腔充满后，注射压力的作用在于对模内熔料的压实。在生产中，压实时的压力等于或小于注射时所用的注射压力。如果注射和压实的压力相等，往往可使塑件的收缩率减小，尺寸波动较小，但会造成脱模时的残余应力较大，成型周期过长。对结晶型塑料如聚甲醛，压实压力大可以提高塑料的熔点，使脱模提前进行，因而成型周期不一定增长；如压实压力小于注射压力，则塑件的性能及脱模与上述情况相反。

（3）时间（成型周期）

完成一次注塑过程所需的时间称为注塑成型周期，它包括注射时间和其他辅助时间。

注射时间包括充模时间、保压时间和合模冷却时间。其中保压时间和合模冷却时间合计为总的冷却时间。充模时间直接反比于充模速率，生产中充模时间一般为 3～5 s。保压时间就是对塑料的压实时间，在整个注射时间中所占比例较大，为 20～120 s。冷却时间以保证塑件脱模时不引起变形为原则，一般为 30～120 s。生产中注射时间一般为 0.5～2 min，厚大件可达 5～10 min。

其他辅助时间包括开模、脱模、涂脱模剂、安放嵌件、合模等时间。

成型周期直接影响劳动生产率和设备的利用率，因此，在生产中，在保证塑件质量的前提下，应尽量缩短成型周期中各阶段的时间。其中，注射时间和冷却时间对塑件质量起着决定性的作用，要根据实际情况合理选择。

3. 注塑成型特点

注塑成型是塑料模塑成型的一种重要方法，生产中已广泛应用。它具有以下几方面的特点。

① 成型周期短，能一次成型外形复杂、尺寸精确、带有金属或非金属嵌件的塑件。

② 对成型各种塑料的适应性强。目前，除氟塑料外，几乎所有的热塑性塑料都可用此种方法成型，某些热固性塑料也可采用注塑成型。

③ 生产效率高，易于实现自动化生产。

④ 注塑成型所需设备昂贵，模具结构比较复杂，制造成本高，所以注塑成型特别适合大批量生产。

6.2.2　注塑模的分类及结构组成

1. 注塑模具的结构组成

注塑模具的种类很多，其基本结构都是由动模和定模两大部分组成的。定模部分安装在注塑机的固定模板上，动模部分安装在注塑机的移动模板上，在注塑成型过程中它随注塑机上的合模系统运动。注塑成型时，动模部分与定模部分由导柱导向而闭合，塑料熔体从注塑机喷嘴经模具浇注系统进入型腔。注塑成型冷却后开模，一般情况下塑件留在动模上与定模分离，然后利用模具推出机构将塑件推出模外。

根据模具上各零部件所起的作用，一般注塑模具由以下几个部分组成，如图 6-12 所示。

① 成型零部件。成型零部件是指动、定模部分有关组成型腔的零件。如成型塑件内表面的凸模和成型塑件外表面的凹模以及各种成型杆、螺纹型芯、螺纹型环、镶件等。如图 6-12 所示的模具中，型腔是由动模板 1、定模板 2 和凸模 7 等组成的。

② 浇注系统。浇注系统是熔融塑料从注塑机喷嘴进入模具型腔所流经的通道，它包括主流道、分流道、浇口及冷料穴等。

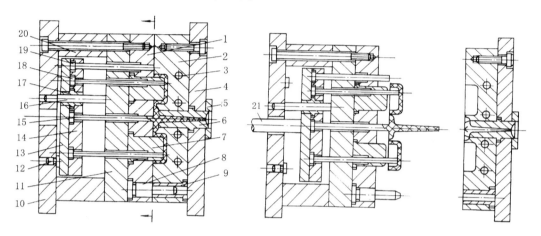

图 6-12　注塑模具的结构

1—动模板；2—定模板；3—冷却水道；4—定模座板；5—定位圈；6—主流道衬套；7—凸模；8、16—导柱；
9、17—导套；10—动模座板；11—支承板；12—支承柱；13—推板；14—推杆固定板；15—拉料杆；
18—推杆；19—复位杆；20—垫块；21—注塑机顶杆

③ 推出机构。在开模过程中将塑件及浇注系统凝料推出或拉出的装置，又称为脱模机构。推出机构是注塑模具的重要组成部分，主要由推出零件、推出零件固定板和推板、推出机构的导向与复位部件等组成。如图 6-12 中的推出机构由推杆 18、复位杆 19、拉料杆 15、推杆固定板 14、推板 13、推板导柱 16 和推板导套 17 等组成。

④ 侧向分型与抽芯机构。当塑件的侧向有凹凸形状的孔或凸台时，在开模推出塑件之前，必须先把成型塑件侧向凹凸形状的瓣合模块或侧向型芯从塑件上脱开或抽出，塑件方能顺利脱模。侧向分型或抽芯机构就是为实现这一功能而设置的。如图 6-74 所示就是具有侧向抽芯机构的模具。

⑤ 合模导向机构。常用的合模导向机构是由导柱和导套（图 6-12 中的 8、9）组成，对于深腔薄壁塑件，除了采用导柱导套外，还常采用锥面导向、定位机构。对多腔或较大型注塑模，推出机构也设置有导向零件，以免推板运动时发生偏移，造成推杆的弯曲和折断或顶坏塑件。

⑥ 支承零件。用来安装固定或支承成型零部件及各部分机构的零件称为支承零部件。支承零部件组装在一起，可以构成注塑模具的基本骨架。如图 6-12 所示的模具中，定模座板 4、动模座板 10、定模板 2、动模板 1、支承板 11 及垫块 20 等都是支承零件。合模导向机构与支承零件组装起来构成注塑模架，我国已系列标准化。以这些

模架为基础，再添加成型零部件和一些必要的功能结构件即可设计出各种注塑模具。

⑦ 加热和冷却系统。加热和冷却系统也称为温度调节系统，它是为了满足注射成型工艺对模具温度的要求而设置的，其作用是保证塑料熔体的顺利充型和塑件的固化定型。注塑模具中是设置冷却回路还是设置加热装置要根据塑料的品种和塑件成型工艺来确定。冷却系统一般是在模具上开设冷却水道（图 6-12 中件 3），加热系统则在模具内部或四周安装加热元件。

⑧ 排气系统。在注射成型过程中，为了将型腔中的空气及注射成型过程中塑料本身挥发出来的气体排出模外，以避免它们在塑料熔体充型过程中造成气孔或充不满等缺陷，常常需要开设排气系统。排气系统通常是在分型面上有目的地开设几条排气沟槽，许多模具的推杆或活动型芯与模板之间的配合间隙可起排气作用。小型塑料制件的排气量不大，因此可直接利用分型面排气。

2. 注塑模具的分类

注塑模具的种类很多，常见的有以下几种分类方法。

① 按成型塑料的材料分为热塑性塑料注塑模具和热固性塑料注塑模具。

② 按所用注塑机的类型分为卧式注塑机用的注塑模具、立式注塑机用的注塑模具及角式注塑机用的注塑模具。

③ 按其采用的流道形式可分为普通流道注塑模具和热流道注塑模具。

④ 按模具的型腔数目可分为单型腔和多型腔模具。

⑤ 按其总体结构特征可分为单分型面注塑模具、双分型面注塑模具、斜导柱（弯销、斜导槽、斜滑块、齿轮齿条）侧向分型与抽芯注塑模具、带有活动镶件的注塑模具、定模带有推出装置的注塑模具和自动卸螺纹注塑模具等。

6.2.3 分型面

将注塑模具适当地分成两个或几个可以分离的主要部分，当这些可以分离部分的接触表面分开时，能够取出塑件和浇注系统凝料，而成型时又必须接触封闭，这样的接触表面称为模具的分型面。分型面的形状有平面、斜面、阶梯面和曲面等，如图 6-13 所示。

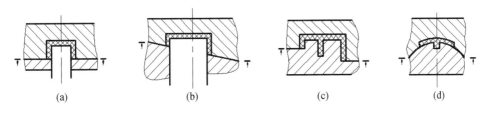

(a)   (b)   (c)   (d)

图 6-13 分型面的形状

一副模具根据需要可能有一个或两个以上的分型面，分型面可能是垂直于或倾斜于模具的合模方向，也可能是平行于合模方向。所谓模具的合模方向，是指上模和下模、动模和定模的闭合方向。分型面的选择不仅关系到塑件的正常成型和脱模，而且涉及模具结构与制造成本。在选择分型面时应遵守以下原则。

① 分型面的选择应便于脱模。为了便于脱模，在设计模具时必须注意制品在模具中的方位，尽量采用只有一个与合模方向垂直的分型面，尽量避免侧向分型和侧向抽芯；为了便于脱模，一般应使制品在开模时留在动模上，以便利用设备的顶出机构实现制品自动脱模。如图 6-14 所示塑件，选择分型面时最好选择在塑件尺寸最大的 A—A 处，这样成型时可以保证顺利脱模，若选择在 B—B 处成型时则取不出塑件。

② 分型面的选择应便于模具加工制造。如图 6-15 所示，图 6-15（a）采用了平直分型面，在推管上制出塑件下端的形状，使推管不仅加工困难而且会因受侧向力作用而损坏。采用如图 6-15（b）所示的阶梯分型面则加工方便。

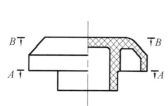

图 6-14　分型面取在尺寸最大处

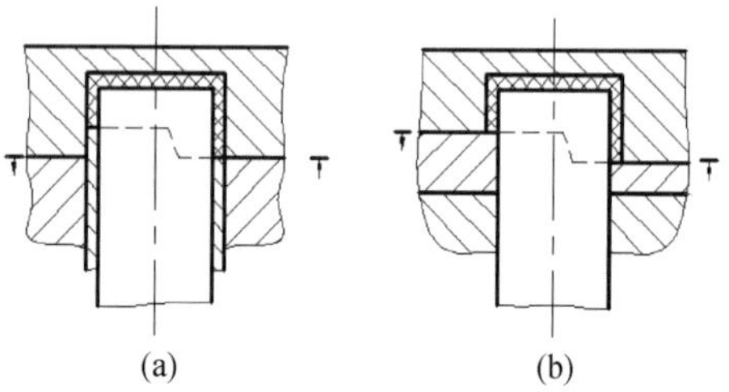

图 6-15　分型面选择应便于模具加工制造

③ 分型面的选择应有利于侧向抽芯。当塑件需要侧向抽芯时，为了保证侧型芯放置容易且使抽芯机构动作顺利，分型面选择时应以较浅的侧向凹孔或短的侧向凸台作为侧向抽芯方向，并尽量将侧向抽芯机构设置在动模一侧。图 6-16（a）所示的分型面较合理。但是当投影面积较大而又需侧向分型抽芯时，这时应将投影面积较大的分型面设置在垂直于合模方向上，如图 6-16（b）右图所示，如果采用左图形式会由于侧滑块锁不紧而产生溢料。

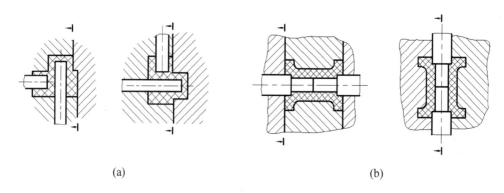

(a)　　　　　　　　　　　　(b)

图 6-16　分型面选择应有利于侧向抽芯

④ 分型面的选择应有利于保证塑件的外观质量。分型面上稍有间隙，熔体就会在塑件上产生飞边，飞边影响塑件的外观质量，因此在光滑平整表面或圆弧曲面上，应

尽量避免选择分型面，如图 6-17（a）右图所示，而左图的选择显然不当。

⑤ 分型面的选择应有利于保证塑件的精度要求。如注塑成型双联齿轮，为保证双联齿轮的齿廓与孔的同轴度要求，齿轮型腔和型芯都应设在动模一侧。若分设在动模与定模两侧，则会受到导柱与导套配合精度及它们磨损的影响，如图 6-17（b）所示，左图不合理，而右图则为合理的分型面。

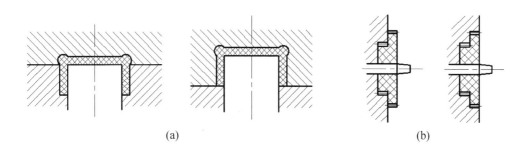

图 6-17　分型面的选择应保证塑件的外观质量和精度要求

6.2.4　浇注系统

浇注系统是指塑料熔体从注塑机喷嘴射出后到达型腔之前在模具内流经的通道，分为普通浇注系统和无流道浇注系统两大类。无流道浇注系统又称为热流道浇注系统，是指在注塑成型时不产生流道凝料的浇注系统，其原理是采用加热或绝热的方法，使整个生产周期从主流道入口到型腔浇口为止的流道中塑料一直保持熔融状态，因而在开模时只需取产品而不必取浇注系统凝料。由于篇幅限制，这里主要介绍普通流道浇注系统。

无论用于何种类型注塑机的模具，其浇注系统一般均由四部分组成，如图 6-18 所示。

① 主流道。由注塑机喷嘴出口起到分流道入口为止的一段流道。它与注塑机喷嘴在同一轴线上，塑料熔体在主流道中不改变流动方向。

② 冷料井。通常设置在主流道和分流道转弯处的末端。主要是用来除去熔料前锋的冷料，同时也经常起拉断浇注系统凝料的作用。

③ 分流道。从主流道末端到浇口的整个通道，因此它开设在分型面上。分流道的功能是使熔体过渡和转向。

④ 浇口。又称为进料口，是分流道末端与模具型腔入口之间狭窄且短小的一段通道。浇口分为限制性浇口和非限制性浇口两种。非限制性浇口起着引料、进料的作用；限制性浇口能使分流道输送来的塑料熔体加快流速，形成理想的流动状态而注入模具型腔内，并有序地充满型腔，且对补缩具有控制作用。

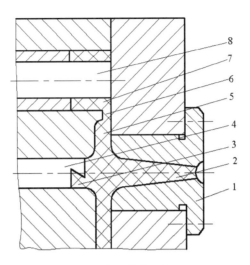

图 6-18　普通浇注系统形式

1—主流道衬套；2—主流道；3—冷料井；4—拉料杆；5—分流道；6—浇口；7—塑件；8—型芯

1．主流道设计

主流道的形状如图 6-19 所示，为使塑料熔体的顺利流入和凝料顺利拔出，主流道设计成圆锥形，锥角为 2°～6°，表面粗糙度 $Ra < 0.8\,\mu m$；主流道球面半径 SR_1 = 喷嘴球面半径 $SR + (1\sim2)$（mm）；球面配合高度 $H = 3\sim5$（mm）；主流道小端直径 d_1 = 喷嘴直径 $d + (0.5\sim1)$（mm）；流道长度 L 由定模座板厚度确定，通常 $L \leq 60$（mm）；主流道大端直径按照下式计算得到：

$$d_2 = d_1 + 2l\tan\frac{\alpha}{2} \tag{6-1}$$

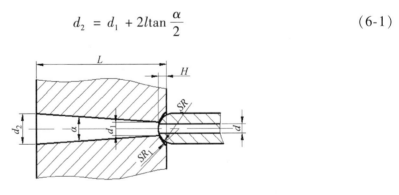

图 6-19　主流道形状

主流道部分的零件在工作过程中，与注塑机喷嘴及一定温度、压力的塑料熔体冷热交替地反复接触，属易损件，对材料的要求较高，因而模具的主流道部分常单独设计成可拆卸更换的主流道衬套，选用优质钢材如碳素工具钢 T8A、T10A 等单独进行加工，要求淬火热处理，硬度为 53～57HRC。主流道衬套又称为浇口套，一般都采用标准件，其常用结构形式如图 6-20 中的件 3。为了保证模具安装在注塑机上后，主流道与注塑机喷嘴对中，必须凭借定位零件来实现，通常采用定位环（圈）定位。对于小型注塑模具，直接利用浇口套的台肩作为模具的定位环；对于大中型模具，将模具的定位环和浇口套分开设计，然后配合固定在定模座板上。主流道衬套的固定形式如图 6-20 所示。定位圈外径按注塑机的定位孔直径确定，由 M6～M8 的螺钉固定在定模座板上。

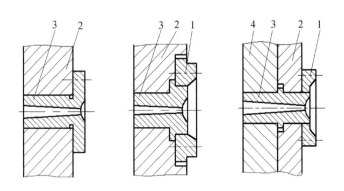

图 6-20　主流道衬套的固定形式

1—定位环；2—定模座板；3—主流道衬套；4—定模板

2．冷料井设计

冷料井一般开设在主流道对面的动模板上或处于分流道末端，其标称直径与主流道大端直径相同或略大一些，深度约为直径的 1～1.5 倍，其体积要大于冷料的体积。图 6-21 所示为常用冷料井和拉料杆的形式及尺寸，可以将其分为两种情况。

① 底部带有推杆的冷料井。这种冷料井的结构如图 6-21（a）～（c）所示，图 6-21（a）是端部为 Z 字形推料杆的冷料井，是最常用的一种形式；图 6-21（b）和图 6-21（c）分别是带倒锥形和环形槽的冷料井形式，这些结构便于拉出主流道凝料，但仅适于弹性较好的软质塑料，当其被推出时，塑件和流道能自动脱落，易实现自动化操作。

② 底部带有拉料杆的冷料井。图 6-21（d）和图 6-21（e）分别是带球形头和菌形头拉料杆的冷料井，适于推板脱模的注塑模，拉料杆固定于型芯固定板上，这两种形式适于弹性较好的塑料。图 6-21（f）是使用带有分流锥形式拉料杆的冷料井，适用于中间有孔的塑件而又采用直接浇口或爪形浇口形式的场合。这种形式的冷料井其拉料杆不随推出机构运动，而底部带有推杆的冷料井形式，推杆固定于推杆固定板上，它常与推杆或推管推出机构连用。

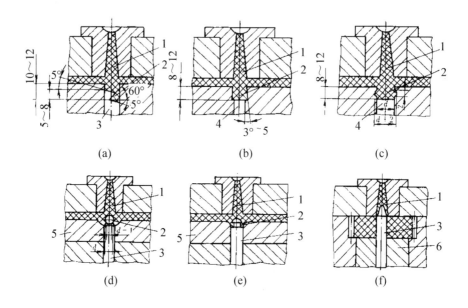

图 6-21　常用冷料井与拉料杆形式

1—主流道；2—冷料井；3—拉料杆；4—推杆；5—推板；6—推管

3．分流道设计

为便于机械加工及凝料脱模，分流道大多设置在分型面上。常用的分流道截面形状一般可分为圆形、梯形、U 形、半圆形及矩形等，如图 6-22 所示。在生产实际中较常用的截面形状为梯形、半圆形及 U 形。

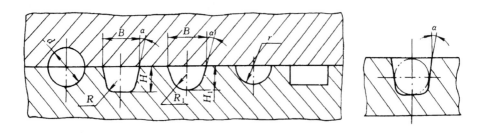

图 6-22　分流道截面形状

分流道截面形状及尺寸应根据塑件的结构（大小和壁厚）、所用塑料的工艺特性、成型工艺条件、分流道的长度及制造工艺性等因素来确定。

表 6-3 列出了不同塑料的分流道直径推荐值。一般对流动性好的聚乙烯、尼龙等取较小截面；对流动性差的聚碳酸酯、聚砜等取较大截面。另外，确定分流道截面尺寸的大小时也应考虑到，若截面过大，不仅积存空气增多，塑件容易产生气泡，而且增大塑料耗量，延长冷却时间；若截面过小，会降低单位时间内输送的塑料熔体流量，使填充时间延长，导致塑件常出现缺料、波纹等缺陷。

表 6-3　常用塑料的圆形截面分流道直径推荐值

塑料名称	分流道直径/mm	塑料名称	分流道直径/mm
聚乙烯（PE）	1.5～9.5	ABS	4.7～9.5
尼龙（PA）	1.5～9.5	聚酯	4.7～9.5
聚氯乙烯（PVC）	3.1～9.5	聚碳酸酯（PC）	4.7～9.5
聚苯乙烯（PS）	3.1～9.5	聚苯醚（PPO）	6.3～9.5
聚甲醛（POM）	3.1～9.5	聚砜（PSU）	6.3～9.5
聚丙烯（PP）	4.7～9.5	丙烯酸	7.5～9.5

　　分流道的内表面粗糙度 Ra 并不要求很低，一般取 1.6 μm 左右即可。流道内外层流速较低的料流容易冷却形成固定表皮层，起到了绝热层作用，有利于流道保温。

　　分流道的布置形式与型腔排布密切相关，但应遵循两条原则，一是排列紧凑，缩小模具板面尺寸，二是流程尽量短，减少弯折，锁模力力求平衡。实践中常用的分流道布置形式如图 6-23 所示，分为平衡式和非平衡式两大类。平衡式布置是指分流道到各型腔浇口的长度、截面形状、尺寸都相同的布置形式，它要求对应部分的尺寸相等，如图 6-23（a）、（b）所示。非平衡式布置是分流道到各型腔浇口长度不相等的布置，这种布置使塑料进入型腔有先有后，因此不利于均衡送料，如图 6-23（c）、（d）所示。常用于型腔数量较多的模具，这样可以减少流道长度。为了达到同时充满型腔的目的，各浇口的断面尺寸要制作得不同，在试模中要多次修改才能实现。

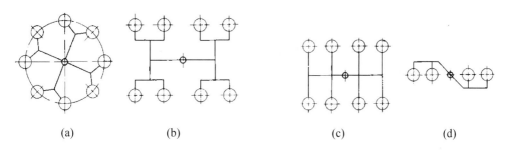

(a)　　　　　　　　(b)　　　　　　　　(c)　　　　　　　　(d)

图 6-23　分流道的布置形式

4. 浇口设计

（1）常用的浇口形式很多，各有其适用范围。

① 直接浇口。直接浇口又称为主流道型浇口，如图 6-24 所示。塑料熔体直接由主流道进入型腔，因而具有流动阻力小、料流速度快及补缩时间长的特点，但注射压力直接作用在塑件上，容易在进料处产生较大的残余应力而导致塑件翘曲变形，浇口痕迹也较明显。这类浇口大多数用于注射成型大型厚壁长流程深型腔的塑件以及一些高黏度塑料，如聚碳酸酯、聚砜等，对聚乙烯、聚丙烯等纵向与横向收缩率有较大差异塑料的塑件不适宜。多用于单型腔模具。d = 喷嘴孔径 +（0.5～1）mm，$\alpha = 2° \sim 4°$。

② 侧浇口。侧浇口又称为边缘浇口，如图 6-25 所示。侧浇口一般开设在分型面上，塑料熔体从塑件的侧面进料，截面形状多为矩形狭缝，这类浇口加工容易，修整方便，并且可以根据塑件的形状特征灵活地选择进料位置，因此它是广泛使用的一种浇口形式，普遍使用于中小型塑件的多型腔模具。

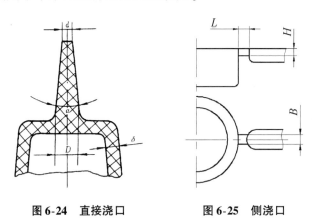

图 6-24　直接浇口　　　　图 6-25　侧浇口

确定侧浇口的尺寸，应考虑它们对成型工艺的影响。浇口长度越长，浇口上的压力降越大；浇口的厚度越厚，浇口封闭时间越长；浇口宽度越宽，填充速度越低，流动阻力越小。一般取宽 $B = 1.5 \sim 5\,\mathrm{mm}$，厚度 $H = 0.5 \sim 2\,\mathrm{mm}$（也可取塑件壁厚的 1/3～2/3），长 $L = 0.7 \sim 2\,\mathrm{mm}$。

对于不同形状的塑件，根据成型的需要，侧浇口可设计成多种变异形式，如扇形浇口、平缝浇口、环形或盘形浇口、轮辐浇口等。

a. 扇形浇口。如图 6-26 所示，扇形浇口面向型腔、沿进料方向宽度逐渐变大，厚度逐渐变小，通常在与型腔的接合处形成长约 1 mm 的台阶，塑料熔体经过台阶进入型腔。

b. 平缝浇口。如图 6-27 所示，这类浇口的截面宽度很大且沿进料方向宽度不变，厚度很小，几何上成为一个条状狭缝口，与特别开设的平行流道相连。

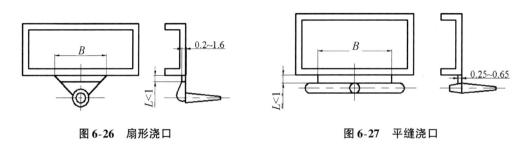

图 6-26　扇形浇口　　　　　　图 6-27　平缝浇口

采用扇形浇口和平缝浇口，可使塑料熔体在宽度方向上的流动得到更均匀的分配，塑件的内应力较小；且对消除浇口附近的缺陷有较好的效果，因此适用于成型薄片状塑件及扁平塑件。但浇口痕迹较明显，且去除较困难。

c. 环（盘）形浇口。环（盘）形浇口主要用来成型圆筒形塑件，当浇口开设在塑件的外侧（如图 6-28 所示）时称为环形浇口；浇口开设在塑件内侧时称为盘形浇口（如图 6-29 所示）。采用这类浇口，塑料熔体在充模时进料均匀，各处料流速度大致相同，模腔内气体易排出，避免了侧浇口容易在塑件上产生的熔接痕，但浇口去除较难，浇口痕迹明显。

d. 轮辐浇口。轮辐浇口是在内侧开设的盘形浇口基础上改进而成，由圆周进料改为几段小圆弧进料，浇口尺寸与侧浇口类似，如图 6-30 所示。这样浇口凝料易于去除且用料也有所减少，这类浇口在生产中比环形浇口应用广泛，但塑件易产生多条熔接痕，降低了塑件的强度。

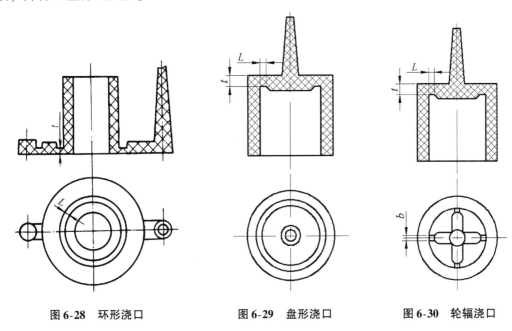

图 6-28　环形浇口　　　　　　图 6-29　盘形浇口　　　　　　图 6-30　轮辐浇口

③ 点浇口。点浇口又称为针点式浇口或菱形浇口，其尺寸很小，如图 6-31 所示。它广泛用于各类壳形塑件，开模时，浇口可自行拉断。点浇口的截面为圆形，常用直径是 $0.8 \sim 2\,\text{mm}$，浇口长度 $L = 0.8 \sim 1.2\,\text{mm}$。浇口与塑件连接处，为防止浇口拉断时损坏塑件，可设计成具有小凸台的形式，如图 6-31（a）所示。

④ 潜伏式浇口。如图 6-32 所示，潜伏式浇口又称为剪切浇口，由点浇口演变而来。这类浇口的分流道位于分型面上，而浇口本身设在模具内的隐蔽处，塑料熔体通过型腔侧面斜向注入型腔，不影响塑件的外形和美观。

浇口采用圆形或椭圆形截面，可参考点浇口尺寸设计，锥角取 $10° \sim 20°$。在推出塑件时，由于浇口及分流道成一定斜向角度与型腔相连，形成了能切断浇口的刃口，但须有较强的冲击力，因此对过于强韧的塑料如聚苯乙烯不宜采用。

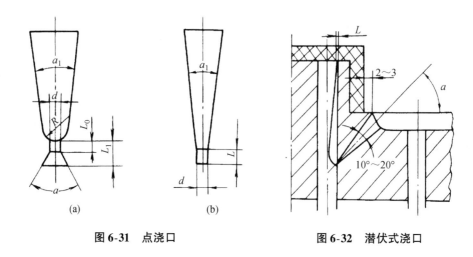

图 6-31　点浇口　　　　　　　　图 6-32　潜伏式浇口

⑤ 护耳浇口。如图 6-33 所示，在浇口与型腔之间设置护耳，使高速流动的熔体冲击在护耳壁上，从而降低流速，改变流向，使塑料熔体均匀地流入型腔。一般护耳的宽度 b_0 等于分流道直径，高度 H 为宽度的 1.5 倍，厚度 t_0 为塑件壁厚的 8/10～9/10，护耳到塑件边缘的距离 L 最大为 150 mm，护耳之间的距离 L_0 最大为 300 mm。浇口厚度与塑件厚度相同，宽度为 1.5～3 mm，浇口长度一般在 1.5 mm 以上。

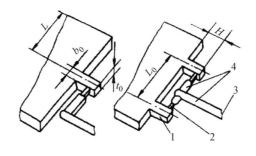

图 6-33　护耳浇口
1—护耳；2—浇口；3—主流道；4—分流道

被广泛使用的浇口截面形状有矩形和圆形两种，矩形浇口的截面宽度与厚度比值常取 3：1。一般浇口截面积与分流道截面积之比为 0.03～0.09，表面粗糙度 Ra 不大于 0.4 μm，对于流动性差的塑料和尺寸较大、壁厚的塑件，其浇口尺寸应取较大值，反之取较小值。常在制造模具时，开始制作较小的尺寸，通过试模逐步修改增大。

（2）浇口位置的选择。

无论采用什么形式的浇口，浇口的开设位置对塑件的成型性能、成型质量及模具结构影响均很大。一般在选择浇口位置时，需要根据塑件的结构工艺及特征、成型质量和技术要求，并综合分析塑料熔体在模内的流动特性、成型条件等因素。通常应遵循下述原则。

① 尽量缩短流动距离。浇口位置的安排应保证塑料熔体迅速和均匀地充填模具型腔，尽量缩短熔体的流动距离，这对大型塑件更为重要。

② 浇口应开设在塑件壁最厚处。当塑件的壁厚相差较大时，若将浇口开设在塑件的薄壁处，这时塑料熔体进入型腔后，不但流动阻力大，而且还易冷却，以致影响了熔体的流动距离，难以保证其充满整个型腔。另外从补缩的角度考虑，塑件截面最厚的部位经常是塑料熔体最晚固化的位置，若浇口开在薄壁处，则厚壁处极易因液态体积收缩得不到补缩而形成表面凹陷或真空泡。

③ 尽量减少或避免熔接痕。由于成型零件或浇口位置的原因，有时塑料充填型腔时会造成两股或多股熔体的会合，会合之处，在塑件上就形成熔接痕。熔接痕降低塑件的强度，并有损于外观质量。一般采用直接浇口、点浇口、环形浇口等可避免熔接痕的产生。图 6-34（b）较图 3-34（a）合理。对大型框架类塑件，采用多点进料或过渡浇口，来缩短熔体流程，增强熔接牢度。

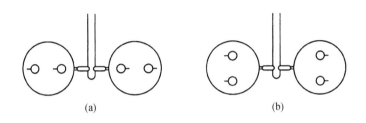

图 6-34　浇口位置与熔接痕方位

④ 应有利于型腔中气体的排除。要避免从容易造成气体滞留的方向开设浇口。如果这一要求不能充分满足，在塑件上不是出现缺料、气泡，就是出现焦斑，同时熔体充填时也不顺畅。如图 6-35 所示的盖类塑件，图 6-35（a）为侧浇口进料，顶部最后充满并形成封闭气囊，留下明显的熔接痕和烧焦痕；图 6-35（b）中心进料较为合理。

⑤ 考虑分子定向的影响。充填模具型腔期间，热塑性塑料会在熔体流动方向上呈现一定的分子取向，这将影响塑件的性能。对某一塑件而言，垂直流向和平行于流向的强度、应力开裂倾向等都是有差别的，一般在垂直于流向的方位上强度降低，容易产生应力开裂。

⑥ 避免产生喷射和蠕动。塑料熔体良好的流动将保证模具型腔的均匀填充并防止形成分层。当通过一个狭窄的浇口填充一个相对较大的型腔时，如图 6-36 所示，塑料可能会溅射进入型腔，产生表面缺陷、流线、熔体破裂及夹气。特别是在使用低黏度塑料熔体时更应注意。

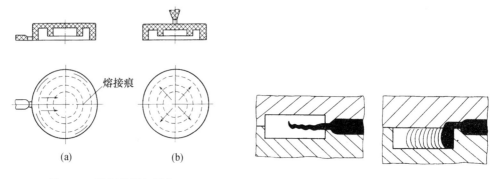

图 6-35　浇口位置与排气　　　　图 6-36　浇口位置与喷射

⑦ 不在承受弯曲或冲击载荷的部位设置浇口。一般塑件在浇口附近因产生残余应力或残余变形，强度最弱，只能承受一般的拉伸力，而无法承受弯曲和冲击力。

⑧ 浇口位置的选择应注意塑件外观质量。浇口的位置选择除保证成型性能和塑件的使用性能外，还应注意外观质量，即选择在不影响塑件商品价值的部位或容易处理浇口痕迹的部位开设浇口。

上述这些原则在应用时常常会产生某些不同程度的相互矛盾，应分清主次因素，以保证成型性能及成型质量，得到优质产品为主，综合分析权衡，从而根据具体情况确定出比较合理的浇口位置。

6.2.5　成型零件的设计

成型零件决定着塑件的形状与精度，影响着模具的寿命，是模具设计的重要部分。成型零件工作时，直接与塑料接触，承受塑料熔体的高压、料流的冲刷，脱模时与塑件间还发生摩擦。因此，成型零件要求有正确的几何形状、较高的尺寸精度和较低的表面粗糙度，此外，成型零件还要求结构合理，有较高的强度、刚度及较好的耐磨性能。

1. 成型零件结构设计

（1）凹模。

凹模是成型塑件外表面的主要零件，按其结构不同，可分为整体式和组合式两类。整体式凹模直接在选购的模架板上开挖型腔。它的特点是牢固，使用中不易发生变形，不会使塑件产生拼接线痕迹。通常对于成型 1 万次以下塑件的模具或塑件精度要求低、形状简单的模具可采用整体式凹模。

组合式凹模是指凹模由两个以上零件组合而成。按组合方式的不同，可分为整体嵌入式、局部镶嵌式、瓣合式、底部镶拼式和壁部镶拼式等形式。

图 6-37 所示为整体嵌入式凹模，对于小型塑件，通常采用多型腔模具成型时，各单个凹模采用稍大于塑件外形（大一个足够强度的壁厚）的高碳钢或合金工具钢等较好材料制成，然后压入模板中固定。图 6-37（a）、（b）、（c）称为通孔凸肩

式，凹模嵌入固定板内用凸肩、垫板固定。对外形是回转体的凹模，则需要用销钉或键止转定位。图 6-37（d）是非通孔的固定形式，凹模嵌入固定板后直接用螺钉固定在固定板上；图 6-37（e）是通孔无台肩式，凹模嵌入固定板内用螺钉与垫板固定。

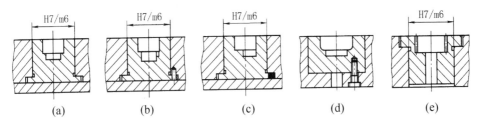

图 6-37 整体嵌入式凹模

图 6-38 所示为局部镶嵌式凹模，为了加工的方便，或因容易磨损需经常更换，可将型腔的某些部位做成镶件。

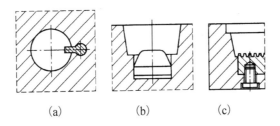

图 6-38 局部镶嵌式凹模

图 6-39 所示为四壁拼合式凹模，大型和形状复杂的凹模，把四壁和支承板单独加工后镶入模板中，再用垫板螺钉紧固。在图 6-39（b）的结构中，为了保证装配的准确性，侧壁之间采用扣锁连接；连接处外壁应留有 0.3～0.4 mm 间隙，以使内侧接缝紧密，减少塑料挤入。

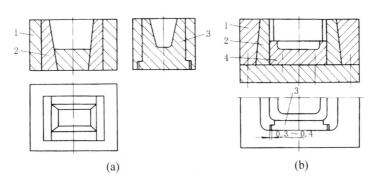

图 6-39 四壁拼合式凹模

1—模套；2、3—壁部拼块；4—底部拼块

综上所述，采用组合式凹模，简化了复杂凹模的加工工艺，减少了热处理变形，

拼合处有间隙利于排气，便于模具维修，节省了贵重的模具钢。为了保证组合式型腔尺寸精度和装配的牢固，减少塑件上的镶拼痕迹，对于镶块的尺寸、形状位置公差要求较高，组合结构必须牢固。

（2）凸模。

整体式凸模浪费材料太大，在当今的模具结构中几乎没有这种结构，主要是整体嵌入式凸模和镶拼组合式凸模，如图 6-40 和图 6-41 所示。

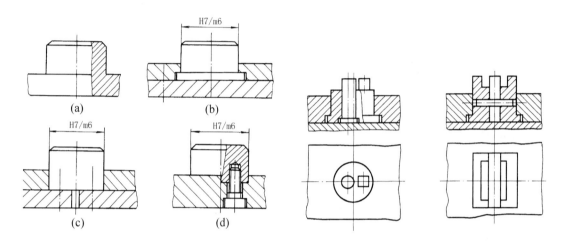

图 6-40　凸模的结构形式　　　　　　图 6-41　凸模的镶拼组合式结构

组合式凸模的优缺点和组合式凹模的基本相同。设计和制造这类凸模时，必须注意结构合理，应保证凸模和小型芯镶块的强度，防止热处理时变形，应避免尖角与薄壁。

细小凸模通常称为型芯或成型杆，用于成型塑件上的孔和凹槽。成型杆单独制造，再嵌入模板中。图 6-42 为成型杆常用的几种固定方法，对于异形成型杆，为了制造方便，常将成型杆设计成如图 6-43 所示结构，成型杆的连接固定段制成圆形，并用凸肩和模板连接，或用螺母紧固。

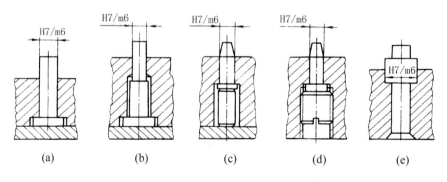

图 6-42　成型杆及其固定方式

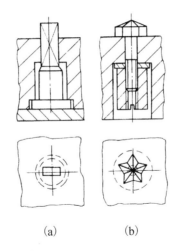

图 6-43　异形成型杆及其固定方式

2. 成型零件工作尺寸的计算

成型零件工作尺寸是指成型零件上直接用来成型塑件的尺寸，主要有型腔和型芯的径向尺寸（包括矩形和异形零件的长和宽），型腔的深度尺寸和型芯的高度尺寸，型芯和型芯之间的位置尺寸等。任何塑件都有一定的几何形状和尺寸的要求，在使用中有配合要求的尺寸，还有较高的精度要求。在模具设计时，应根据塑件的尺寸及精度等级确定模具成型零件的工作尺寸及精度等级。影响塑件尺寸精度的因素相当复杂，这些影响因素应作为确定成型零件工作尺寸的依据。

（1）影响塑件尺寸精度的主要因素。

① 塑件收缩率引起的误差 δ_s。由于塑料热胀冷缩的原因，成型后塑件尺寸小于模具型腔的尺寸。按照一般的要求，塑料收缩率波动所引起的误差应小于塑件公差的 1/3。

② 模具成型零件的制造误差 δ_z。它直接影响塑件的尺寸公差，成型零件加工精度越低，成型塑件的尺寸精度也越低。实践表明，成型零件的制造公差约占塑件总公差的 1/3～1/6，因此在确定成型零件工作尺寸公差值时可取塑件公差的 1/3～1/6，或取 IT 7～8 级作为模具制造公差。

组合式型腔或型芯的制造公差应根据尺寸链来确定。

③ 模具成型零件的磨损 δ_c。生产过程中成型零件的磨损以及修复的结果是型腔尺寸变大，凸模或型芯尺寸变小。为简化计算起见，凡与脱模方向垂直的成型零件表面，可以不考虑磨损；与脱模方向平行的成型零件表面，应考虑磨损。

计算成型零件工作尺寸时，磨损量应根据塑件的产量、塑料品种、模具材料等因素来确定。对生产批量小的，磨损量取小值，甚至可以不考虑磨损量；玻璃纤维等增强塑料对成型零件磨损严重，磨损量可取大值；摩擦系数较小的热塑性塑料对成型零件磨损小，磨损量可取小值；表面进行镀铬、氮化处理的以及材料耐磨性好的模具，磨损量可取小值。对于中小型塑件，最大磨损量可取塑件公差的 1/6；对于大型塑件应取 1/6 以下。

④ 模具安装配合的误差 δ_A。模具成型零件装配误差以及在成型过程中成型零件配合间隙的变化，都会引起塑件尺寸的变化。例如，由于成型压力使模具分型面有胀开的趋势，同时由于分型面上的残渣或模板加工平面度的影响，分型面上会有一定的间隙，它对塑件高度方向尺寸有影响；活动型芯与模板配合间隙过大，将影响塑件上孔的位置精度。

由此可见，由于影响因素多，累积误差较大，因此塑件的尺寸精度往往较低。设计塑件时，其尺寸精度的选择不仅要考虑塑件的使用和装配要求，而且要考虑塑件在成型过程中可能产生的误差，使塑件规定的公差值 Δ 大于或等于以上各项因素所引起的累积误差 δ。从成型工艺与模具设计角度讲，累积误差不能超过塑件规定的公差值，即 $\delta \leqslant \Delta$。

在通常情况下，收缩率的波动、模具制造公差和成型零件的磨损是影响塑件尺寸精度的主要因素。对于小型塑件，模具制造公差和成型零件的磨损对塑件的尺寸影响较大；对于大型塑件，收缩率波动对塑件尺寸公差影响较大，稳定成型工艺条件和选择收缩率波动较小的塑料可有效提高塑件精度。

（2）成型零件工作尺寸的计算。

通常成型零件工作尺寸是按平均收缩率、模具平均制造公差和平均磨损量为基准进行计算，称为平均收缩率法。

在平均法计算中，塑料的收缩率指平均收缩率。从手册中可查到常用塑料的最大收缩率 $S_{\max}$ 和最小收缩率 $S_{\min}$，其平均收缩率 $S_{CP} = (S_{\max} + S_{\min})/2$。并规定塑件和模具型腔的尺寸公差按"入体原则"标注，即塑件外形最大尺寸为基本尺寸，偏差为负值，与之相对应的模具型腔最小尺寸为基本尺寸，偏差为正值；塑件内形最小尺寸为基本尺寸，偏差为正值，与之相对应的模具型芯最大尺寸为基本尺寸，偏差为负值；中心距偏差为双向对称分布。模具成型零件工作尺寸与塑件尺寸的关系如图 6-44 所示。

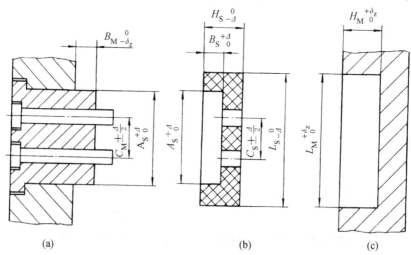

(a)　　　　　　　　(b)　　　　　　　　(c)

图 6-44　模具成型零件工作尺寸与塑件尺寸的关系

$L_S{}_{-\Delta}^{\ 0}$ 为塑件的外形径向尺寸，如塑件尺寸原有的公差标注与此不符，应按此规定转换为单向负偏差，$L_M{}_0^{+\delta_z}$ 为模具型腔的径向尺寸；塑件的外形高度尺寸为 $H_S{}_{-\Delta}^{\ 0}$，模具型腔的深度尺寸 $H_M{}_0^{+\delta_z}$；塑件上孔的径向尺寸为 $A_S{}_0^{+\Delta}$，型芯的径向尺寸为 $A_M{}_{-\delta_z}^{\ 0}$；设塑件孔的深度尺寸为 $B_S{}_0^{+\Delta}$，型芯的高度尺寸为 $B_M{}_{-\delta_z}^{\ 0}$；塑件中心距尺寸为 $C_S \pm \dfrac{\Delta}{2}$，模具上中心距尺寸为 $C_M \pm \dfrac{\delta_z}{2}$。

① 凹模径向尺寸。计算公式为

$$L_M{}_0^{+\delta_z} = \left[(1 + S_{CP})L_S - x \cdot \Delta \right]_0^{+\delta_z} \tag{6-2}$$

系数 x 在塑件尺寸较大、精度级别较低时，$x = 0.5$；当塑料制件尺寸较小、精度级别较高时，$x = 0.75$。$\delta_z = \Delta/3$，或按 IT7～8 级取值。

② 凹模深度尺寸。计算公式为

$$H_M{}_0^{+\delta_z} = \left[(1 + S_{CP})H_S - x \cdot \Delta \right]_0^{+\delta_z} \tag{6-3}$$

式中，修正系数 $x = 1/2 \sim 2/3$，当塑件尺寸大、精度要求低时取小值；反之取大值；δ_z 可取 $\Delta/3$，或按 IT7～8 级取值。

③ 型芯或凸模径向尺寸。计算公式为

$$A_M{}_{-\delta_z}^{\ 0} = \left[(1 + S_{CP})A_S + x \cdot \Delta \right]_{+\delta_z}^{\ 0} \tag{6-4}$$

式中，δ_z 可取 $\Delta/3$，或按 IT7～8 级取值，系数在塑件尺寸较大、精度级别较低时，$x = 0.5$；当塑料制件尺寸较小、精度级别较高时，$x = 0.75$。

④ 型芯高度尺寸。计算公式为

$$B_M{}_{-\delta_z}^{\ 0} = \left[(1 + S_{CP})B_S + x \cdot \Delta \right]_{-\delta_z}^{\ 0} \tag{6-5}$$

式中，修正系数 $x = 1/2 \sim 2/3$，当塑件尺寸大、精度要求低时取小值；反之取大值；δ_z 可取 $= \Delta/3$，或按 IT7～8 级取值。

⑤ 中心距尺寸。塑件上凸台之间、凹槽之间或凸台到凹槽的中心线之间的距离称为中心距，该类尺寸属于定位尺寸。中心距尺寸计算公式为

$$C_M \pm \frac{\delta_z}{2} = (1 + S_{CP})C_S \pm \frac{\delta_z}{2} \tag{6-6}$$

式中，δ_z 取 $\Delta/3$，或按 IT7～8 级取值即可。

在上述计算中，带有嵌件的塑件的收缩率较实体塑件收缩率小，在计算收缩误差时，应将各式中相应的塑件尺寸改为塑件外形尺寸减去嵌件部分的尺寸。对侧壁设有脱模斜度的型腔或型芯，因脱模斜度值不包括在塑件公差范围内，塑件外形的尺寸只保证大端，塑件内腔的尺寸只保证小端。这时，计算型腔尺寸应以大端尺寸为基准，另一端按脱模斜度相应减小；计算型芯尺寸应以小端尺寸为基准，另一端按脱模斜度相应增大，这样便于修模时有余量。

按平均法计算型腔型芯的尺寸有一定误差，对于尺寸较大且收缩率波动范围较大

的塑件，为保证塑件实际尺寸在规定的公差范围内，需要对成型尺寸进行校核，要求塑件成型公差应小于塑件尺寸公差。

型腔或型芯的径向尺寸：

$$(S_{max} - S_{min})L_S + \delta_Z + \delta_C < \Delta \tag{6-7}$$

型腔深度或型芯高度尺寸：

$$(S_{max} - S_{min})H_S + \delta_Z < \Delta \tag{6-8}$$

塑件的中心距尺寸：

$$(S_{max} - S_{min})C_S < \Delta \tag{6-9}$$

式中的符号意义同前。

校核后左边的值与右边的值越小，所设计的成型零件尺寸越可靠。否则应提高模具制造精度，降低许用磨损量，特别是选用收缩率波动小的塑料来满足塑件尺寸精度的要求。

3. 型腔壁厚和底板厚度的计算

塑料模具型腔应具有足够的强度和刚度，因为它在注塑成型过程中受到塑料熔体的高压作用。如果型腔侧壁和支承板厚度过小，可能因强度不够而产生塑性变形甚至破坏；也可能因刚度不足而产生挠曲变形，导致溢料和出现飞边，降低塑件尺寸精度并影响顺利脱模。

（1）刚度计算条件。

刚度计算条件由于模具的特殊性，应从以下 3 个方面来考虑。

① 从模具成型过程中不发生溢料考虑。当高压熔体注入型腔时，模具型腔的某些配合面产生间隙，间隙过大则出现溢料。这时应将塑料不产生溢料所允许的最大间隙值 $[\delta]$ 作为型腔的刚度条件。各种塑料的最大不溢料间隙值如表 6-4 所示。

表 6-4　常用塑料不发生溢料的间隙值

黏度特性	塑料名称	允许间隙值 $[\delta]$
低黏度塑料	尼龙（PA）、聚乙烯（PE）、聚丙烯（PP）、聚甲醛（POM）	≤0.025～0.04
中黏度塑料	聚苯乙烯（PS）、ABS、聚甲基丙烯酸甲酯（PM-MA）	≤0.05
高黏度塑料	聚碳酸酯（PC）、聚砜（PSU）、聚苯醚（PPO）	≤0.06～0.08

② 从保证塑件尺寸精度考虑。某些塑料制件或塑件的某些部位尺寸常要求较高的精度，这就要求模具型腔应具有很好的刚性，以保证塑料熔体注入型腔时不产生过大的弹性变形。此时，型腔的允许变形量 $[\delta]$ 由塑件尺寸和公差值来确定。由塑件尺寸精度确定的刚度条件可用表 6-5 所列的经验公式计算出来。

表 6-5　保证塑件尺寸精度的间隙值

塑件尺寸/mm	计算 $[\delta]$ 经验公式	塑件尺寸/mm	计算 $[\delta]$ 经验公式
<10	$i\Delta/3$	200～500	$i\Delta/[10\ (1+i\Delta)]$
10～50	$i\Delta/[3\ (1+i\Delta)]$	500～1 000	$i\Delta/[15\ (1+i\Delta)]$
50～200	$i\Delta/[5\ (1+i\Delta)]$	1 000～2 000	$i\Delta/[20\ (1+i\Delta)]$

注：Δ——塑件尺寸公差值；i——塑件精度等级。

③ 从保证塑件顺利脱模考虑。如果型腔刚度不足，在熔体高压作用下会产生过大的弹性变形，当变形量超过塑件收缩值时，塑件周边将被型腔紧紧包住而难以脱模，强制顶出易使塑件划伤或破裂，因此型腔的允许弹性变形量 $[\delta]$ 应小于塑件壁厚的收缩值。

在一般情况下，因塑料的收缩率较大，型腔的弹性变形量不会超过塑料冷却时的收缩值。因此型腔的刚度要求主要由不溢料和塑件精度来决定。当塑件某一尺寸同时有几项要求时，应以其中最苛刻的条件作为刚度设计的依据。

（2）强度计算条件。

型腔壁厚的强度计算条件是型腔在各种受力形式下的应力值不得超过模具材料的许用应力 $[\sigma]$。图 6-45 和图 6-46 为圆形型腔和矩形型腔的整体式和组合式 4 种结构形式，图 6-45（a）和图 6-46（a）为整体式，图 6-45（b）和图 6-46（b）为组合式，图 6-45（c）和图 6-46（c）为支承板结构。图中的几何参数意义为：S 表示型腔侧壁厚度（mm）；T 表示支承板厚度（mm）；h 表示型腔侧壁高度（mm）；H 表示型腔侧壁外形高度（mm）；r 表示圆形型腔内半径（mm）；R 表示圆形型腔外半径（mm）；l 表示矩形型腔内侧壁长边长度（mm）；b 表示矩形型腔侧壁短边长度（mm）；L 表示矩形型腔外形长边长度（mm）；B 表示矩形型腔外形短边长度（mm）。

（3）强度和刚度计算条件。

按强度和刚度条件计算型腔的壁厚和支承板厚度的公式，如表 6-6 所示。表中各公式的计算参数意义为：p 表示最大型腔压力（MPa），一般为 30～50 MPa；E 表示模具钢材的弹性模量（MPa），中碳钢取 2.1×10^5 MPa，预硬化钢取 2.2×10^5 MPa；$[\sigma]$ 表示模具钢材的允许强度值（MPa），中碳钢取 160 MPa，预硬化钢取 300 MPa；$[\delta]$ 表示模具钢材的允许刚度值（mm）。

应用表 6-6 中计算公式，可得到模具结构尺寸 S 和 T，取刚度和强度条件计算值的大值作为计算结果。也可将表中各式变换成校核式，分别对刚度和强度条件计算值进行 S 和 T 校核。

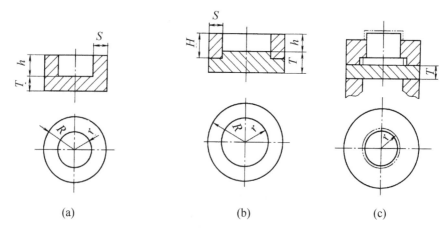

图 6-45　圆形型腔及型芯支承板结构

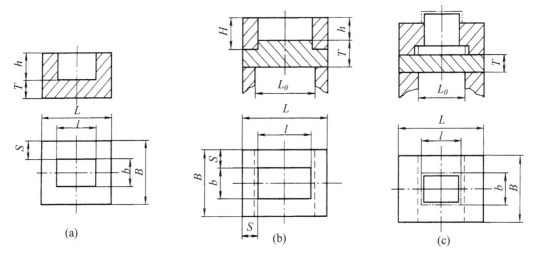

图 6-46　矩形型腔及型芯支承板结构

表 6-6　型腔壁厚和支承板厚度计算公式

型腔类型	尺寸类型	按强度条件	按刚度条件
整体式圆形型腔 [如图 6-45 (a) 所示]	型腔侧壁厚度	$S = r\left[\left(\dfrac{[\sigma]}{[\sigma]-2p}\right)^{\frac{1}{2}} - 1\right]$	$S = 1.14h\left(\dfrac{ph}{E[\delta]}\right)^{\frac{1}{3}}$
	型腔底板或凸模支承板厚度	$T = 0.87r\left(\dfrac{p}{[\delta]}\right)^{\frac{1}{2}}$	$T = 0.56r\left(\dfrac{pr}{E[\delta]}\right)^{\frac{1}{3}}$
组合式圆形型腔 [如图 6-45 (b)、(c) 所示]	型腔侧壁厚度	$S = r\left[\left(\dfrac{[\sigma]}{[\sigma]-2p}\right)^{\frac{1}{2}} - 1\right]$	$R = r\left(\dfrac{[\delta]E+0.75rp}{[\delta]E-1.25rp}\right)^{\frac{1}{3}}$
	型腔底板或凸模支承板厚度	$T = 1.10r\left(\dfrac{p}{[\delta]}\right)^{\frac{1}{2}}$	$T = 0.91r\left(\dfrac{pr}{E[\delta]}\right)^{\frac{1}{3}}$

续表

型腔类型	尺寸类型	按强度条件	按刚度条件
整体式矩形型腔［如图 6-46（a）所示］	型腔侧壁厚度	$S = 0.71l\left(\dfrac{p}{[\delta]}\right)^{\frac{1}{2}}\left(\dfrac{h}{l} \geqslant 0.41\right)$ $S = 0.73h\left(\dfrac{p}{[\delta]}\right)^{\frac{1}{2}}\left(\dfrac{h}{l} \geqslant 0.41\right)$	$S = h\left(\dfrac{cph}{\phi E[\delta]}\right)^{\frac{1}{3}}$ $c = \dfrac{3\ (l^4 + h^4)}{2(l^4 + h^4)\ + 96}$ $\phi = 0.7 \sim 1.0$
	型腔底板或凸模支承板厚度	$S = 0.71l\left(\dfrac{p}{[\delta]}\right)^{\frac{1}{2}}$	$T = b\left(\dfrac{cph}{E[\delta]}\right)^{\frac{1}{3}}$ $c = \dfrac{l^4}{32(l^4 + b^4)}$
组合式矩形腔［如图 6-46（b）、（c）所示］	型腔侧壁厚度	$\dfrac{phb}{2HS^2} + \dfrac{phl^2}{2HS^2} \leqslant [\sigma]$ 或 $\dfrac{phb^2}{2HS^2} + \dfrac{phl}{2HS} \leqslant [\sigma]$	$S = 0.31l\left(\dfrac{plh}{HE[\delta]}\right)^{\frac{1}{3}}$
	型腔底板或凸模支承板厚度	$S = 0.87l\left(\dfrac{pb}{B[\delta]}\right)^{\frac{1}{2}}$	$T = 0.54L_0\left(\dfrac{pbl_0}{BE[\delta]}\right)^{\frac{1}{3}}$

支承板厚度也可按表 6-7 中经验公式粗略确定。

表 6-7　支承板及型腔底板厚度 h 经验公式　　　　　　单位：mm

b	h		
	$b \approx 1$	$b \approx 1.51$	$b \approx 21$
< 102	（0.12～0.13）b	（0.10～0.11）b	0.08b
> 102～300	（0.13～0.15）b	（0.11～0.12）b	（0.08～0.09）b
> 300～500	（0.15～0.17）b	（0.12～0.13）b	（0.09～0.10）b

注：1.5b < 1 时，p < 30 MPa，计算值再乘以 1.25～1.35；p < 50 MPa，计算值再乘以 1.5～1.6。

6.2.6　机构设计

1．合模导向机构设计

合模导向机构主要有导柱导向和锥面定位两种形式。导柱导向机构主要用于动、定模之间的开合模导向，锥面定位机构用于动、定模之间的精密对中定位。

（1）导向机构的作用。

① 导向作用。合模时，首先是导向零件接触，引导动定模或上下模准确闭合，避免型芯先进入型腔造成成型零件损坏。

② 定位作用。模具闭合后，保证动定模或上下模位置正确，保证型腔的形状和尺寸精确；导向机构在模具装配过程中也起了定位作用，便于装配和调整。

③ 承受一定的侧向压力。塑料熔体在充型过程中可能产生单向侧压力，或者由于

成型设备精度低的影响，使导柱承受了一定的侧向压力，以保证模具的正常工作。若侧压力很大时，不能单靠导柱来承担，需增设锥面定位机构。

（2）导柱导向机构的设计。

导柱导向机构主要包括导柱和导套。模具设计通常购买标准模架，其中包括了导向机构，因而具体设计应用时应查阅相应的塑料模具设计手册和塑料模具标准件手册。

① 导柱的典型结构。如图 6-47 所示：图 6-47（a）为带头导柱，结构简单，加工方便，用于简单模具。小批量生产一般不需要用导套，而是导柱直接与模板中的导向孔配合。生产批量大时，也可在模板中设置导套，导向孔磨损后，只需更换导套即可；图 6-47（c）、（d）是带肩导柱的两种形式，其结构较为复杂，用于精度要求高、生产批量大的模具，导柱与导套相配合，导套固定孔直径与导柱固定孔直径相等，两孔可同时加工，确保同轴度的要求。其中，图 6-47（d）所示的导柱用于固定板太薄的场合，在固定板下面再加垫板固定，这种结构不太常用。导柱的导滑部分根据需要可加工出油槽以便润滑和集尘，提高使用寿命。

导柱可设置在动模一侧，也可设置在定模一侧。在不妨碍脱模取件的条件下，导柱通常设置在型芯高出分型面较多的一侧。导柱固定部分与模板孔一般采用 H7/m6 或 H7/k6 的过渡配合；导柱固定部分表面粗糙度 Ra 为 0.8 μm，导向部分表面粗糙度 Ra 为 0.4 μm。

② 导套的典型结构。如图 6-48 所示：图 6-48（a）为直导套，结构简单，加工方便，用于简单模具或导套后面没有垫板的场合；图 6-48（b）、（c）为带头导套，结构较复杂，用于精度较高的场合，导套的固定孔便于与导柱的固定孔同时加工，其中图 6-48（c）用于两块板固定的场合。

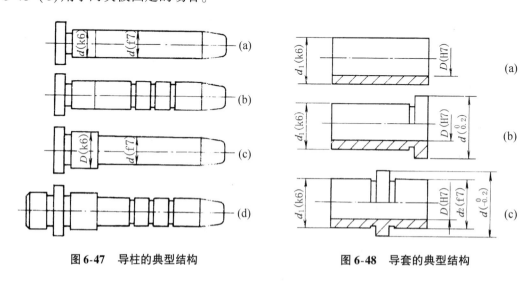

图 6-47　导柱的典型结构　　　　图 6-48　导套的典型结构

为了增加导套镶入的牢固性，防止开模时导套被拉出来，可采用图 6-49 所示的固定方法。图 6-49（a）是将导套侧面加工成缺口，从模板的侧面用紧固螺钉固定导套；

图 6-49（b）是用环形槽代替缺口；图 6-49（c）是导套侧面开孔，用螺钉紧固；导套也可以在压入模板后用铆接端部的方法来固定，但这种方法不便装拆更换。图 6-49（d）是带头导套常用的垫板固定形式。

导柱与导套的配用形式要根据模具的结构及生产要求而定，常见的配合形式如图 6-50 所示。导柱与导套在导滑部分通常采用 H7/f7 或 H8/f7 的间隙配合。

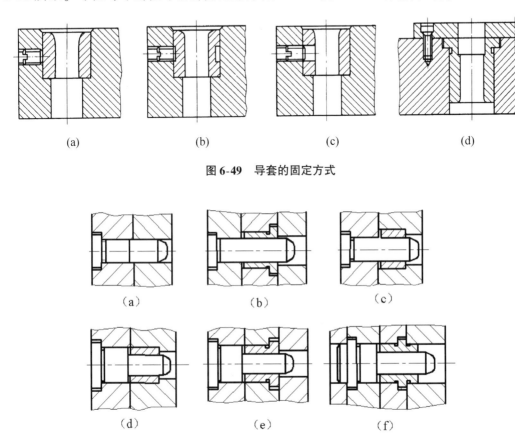

图 6-49　导套的固定方式

图 6-50　导柱与导套的配合形式

导柱应合理均布在模具分型面的四周，导柱中心至模具边缘应有足够的距离（通常为导柱直径的 1～1.5 倍），以保证模具强度。为确保合模时只能按一个方向合模，导柱的布置可采用等直径导柱不对称布置或不等直径导柱对称布置，如图 6-51 所示。

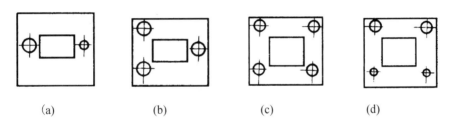

图 6-51　导柱的布置形式

（3）锥面定位机构。

锥面定位机构设计在成型精度要求高的大型、深腔、薄壁塑件时，型腔内侧向压力可能引起型腔或型芯的偏移，如果这种侧向压力完全由导柱承担，会造成导柱折断或咬死，这时除了设置导柱导向外，应增设锥面定位机构，如图 6-52 所示。锥面定位有两种形式，一种是两锥面间留有间隙，将淬火镶块（图 6-52 中右上图）装在模具上，使它与两锥面配合，制止型腔或型芯的偏移；另一种是两锥面配合（图中右下图），锥面角度越小越有利于定位，但由于开模力的关系，锥面角也不宜过小，一般取 5°～20°，配合高度在 15 mm 以上，两锥面都要淬火处理。在锥面定位机构设计中要注意锥面配合形式，合理的结构应该是型芯模块环抱型腔模块，使型腔模块无法向外涨开，在分型面上不会形成间隙。

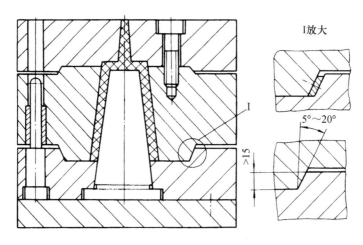

图 6-52　锥面定位机构

2．推出机构设计

（1）推出机构的设计原则。

注塑成型每一循环中，塑件必须从模具的凸、凹模上脱出，完成脱出塑件的装置就是推出机构，也称为脱模机构。在推出机构中，直接与塑件接触、并将塑件推出型腔或型芯的零件称为推出零件。常用的推出零件有推杆、推管、推板、瓣合凹模和活动镶块等。

设计推出机构应遵循下列原则。

① 由于推出机构的动作是通过装在注塑机合模机构上的顶杆来驱动的，因此一般情况下，推出机构应尽量设置在动模一侧。正因如此，分型面的设计也应尽量使塑件开模后能留在动模一侧。塑料收缩时一般对凸模型芯的包紧力较大，因而注塑模具中经常将凸模或型芯安装在动模部分。

② 为了保证塑件在推出过程中不变形、不损坏，推出力应作用在塑件强度和刚度最大的部位，如加强筋、凸缘、厚壁等处。如图 6-53 所示，型芯周围塑件对型芯包紧

力很大，所以可在型芯外侧塑件的端面上设推杆，也可在型芯内靠近侧壁处设推杆。如果只在中心部分推出，塑件容易出现被顶坏的现象，如图 6-53（b）所示，如果结构需要，必须设在薄壁处时，要增大推杆截面积，如图 6-53（d）所示，采用盘形推杆推出薄壁圆盖形塑件。

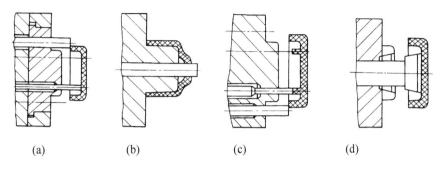

（a）　　　　　（b）　　　　　（c）　　　　　（d）

图 6-53　推出力的作用位置

③ 当塑件各处脱模阻力相同时，应均匀布置推出零件，保证塑件被推出时受力均匀，推出平稳、不变形。

④ 推出机构应使推出动作可靠、灵活，结构简单、制造方便，机构本身要有足够的强度、刚度，以承受推出过程中的各种作用力，确保塑件顺利地脱模。

⑤ 推出塑件的位置应尽量设在塑件内部，以免推出痕迹影响塑件的外观质量。

⑥ 必须考虑合模时推出机构的正确复位，并保证不与其他模具零件相干涉。

⑦ 若推出部位需设在塑件使用或装配的基面上时，为不影响塑件尺寸和使用，一般推杆与塑件接触处凹进塑件 0.1 mm，否则塑件会出现凸起，影响基面的平整。

（2）推出力的计算。

注射成型后，塑件在模具内冷却定型，由于体积的收缩，对型芯产生包紧力，塑件要从模腔中脱出，就必须克服因包紧力而产生的摩擦阻力。对于不带通

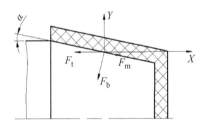

图 6-54　型芯受力分析

孔的壳体类塑件，脱模时还要克服大气压力。一般而论，塑件刚开始脱模时，所需克服的阻力最大，即所需的脱模力最大，图 6-54 为塑件脱模时型芯的受力分析，脱模力由此可进行估算。根据力平衡原理，列出平衡方程式：

$$\sum F_x = 0$$

则：

$$F_t + F_b \sin a = F_m \cos \alpha$$

式中　F_b——塑件对型芯的包紧力（N）；

　　　F_m——脱模时型芯受的摩擦阻力（N）；

　　　F_t——脱模力（N）；

　　　　α——型芯的脱模斜度（°）。

又
$$F_m = (F_b - F_t\sin\alpha)\mu$$

包紧力为包容型芯的面积与单位面积上包紧力之积，即 $F_b = Ap$，于是

$$F_t = \frac{\mu\cos\alpha - \sin\alpha}{1 + \mu\cos\alpha\sin\alpha}Ap$$

而

$$1 + \mu\cos\alpha\sin\alpha \approx 1$$

由此可得：

$$F_t = Ap(\mu\cos\alpha - \sin\alpha) \tag{6-10}$$

式中　μ——塑料对钢的摩擦系数，为 $0.1\sim0.3$；

　　　　A——塑件包容型芯的面积（mm^2）；

　　　　p——塑件对型芯的单位面积上的包紧力（MPa），一般情况下，模外冷却的塑件，$p = 24\sim39$ MPa；模内冷却的塑件，$p = 8\sim12$ MPa。

　　由式（6-10）可以看出：脱模力的大小随塑件包容型芯的面积增加而增大，随脱模斜度的增加而减小。由于影响脱模力大小的因素很多，如推出机构本身运动时的摩擦阻力、塑料与钢材间的黏附力、大气压力及成型工艺条件的波动等，因此要考虑到所有因素的影响较困难，而且也只能是个近似值，所以式（6-10）只能做粗略的分析和估算。

　　（3）推出机构的分类。

　　推出机构可按其推出动作的动力来源分为手动推出机构、机动推出机构、液压和气动推出机构等类型。手动推出机构是模具开模后，由人工操纵的推出机构推出塑件，一般多用于塑件滞留在定模一侧的情况；机动推出机构利用注射机的开模动作驱动模具上的推出机构，实现塑件的自动脱模；液压和气动推出机构是依靠设置在注塑机上的专用液压和气动装置，将塑件推出或从模具中吹出。推出机构还可以根据推出零件的类别分类，可分为推杆推出机构、推管推出机构、推板推出机构、型腔推出机构及组合推出机构等。另外还可根据模具的结构特征来分类，如简单推出机构、动定模双向推出机构、顺序推出机构、二级推出机构、浇注系统凝料的脱模机构；带螺纹塑件的脱模机构等。

　　① 简单推出机构。在动模一侧施加一次推出力，就可实现塑件脱模的机构称为简单推出机构。它包括推杆推出机构、推管推出机构、推件板推出机构、型腔推出机构、组合推出机构等，这类推出机构最常见，而且应用也最广泛。

　　推杆推出机构是最常用的推出机构（如图6-55所示）。推杆与塑件接触面积小，可能损坏塑件或使之变形，故不宜用在脱模力大的筒形和箱形塑件的脱模。推杆推出机构中推杆的工作端面与塑件表面的平齐是难以达到的，通常允许推杆侵入塑件表面不超过 0.1 mm，一般不允许推杆端面低于塑件成型表面。另外推杆边缘离型芯壁至少有 0.12 mm 间距，以防干涉。

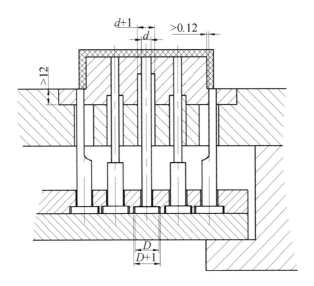

图 6-55　推杆推出机构

常见的推杆形状如图 6-56 所示。A 型、B 型、C 型为圆形截面的推杆，A 型最常用，B 型为阶梯形推杆，细小推杆采用这种结构，以提高刚性；C 型为嵌入式阶梯形推杆，制造方便，节约材料；D 型为整体式非圆形截面推杆，它是在圆形截面基础上，在工作部分铣削成型；E 型为盘形推杆，推出薄壁圆盖形塑件。推杆直径 d 与模板上的推杆孔采用 H8/f7～H8/f8 的间隙配合。

推杆的材料常用 T8、T10 碳素工具钢，热处理要求硬度 ≥50HRC，工作端配合部分的表面粗糙度 $Ra \leqslant 0.8\ \mu m$。推杆可能使用大直径推杆，具有足够的刚性，以承受推出力。

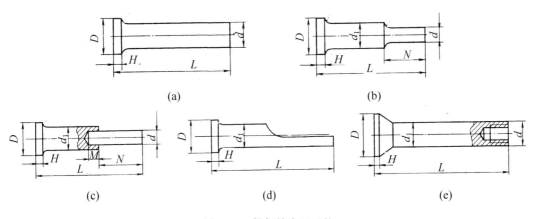

(a)　　　　　　　　　　　　　　　　(b)

(c)　　　　　　　(d)　　　　　　　(e)

图 6-56　推杆的常见形状

图 6-57 所示为推杆的各种固定形式。

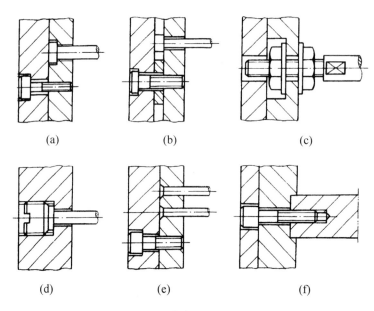

图 6-57　推杆的固定形式

　　推杆推出塑件后，必须回到推出前的初始位置，才能进行下一循环的工作，目前常用的复位形式有以下 3 种。

　　a. 复位杆复位，其结构如图 6-58 所示。复位杆端面与分型面平齐，合模时定模板推动复位杆，通过推杆固定板、推板使推杆恢复到顶出前的位置。复位杆必须装在固定推杆的同一固定板上。

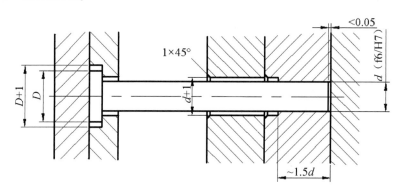

图 6-58　复位杆结构

　　b. 推杆兼复位杆作用，如图 6-55 所示。

　　c. 将压缩弹簧套在推杆上利用弹簧的弹力使推出机构复位。弹簧复位与复位杆复位的主要区别是推出机构的复位先于合模动作完成。为复位可靠常采用复位杆和弹簧联合复位方式。

　　图 6-59 是推管推出机构的几种类型。它主要适用于薄壁圆筒形塑件或局部为圆筒形的塑件脱模。推管的中间有一固定型芯，所以要求推管的固定形式必须与型芯的固

定形式相适应。为了缩短推管与型芯配合长度以减少摩擦，可以将推管配合孔的后半段直径减小。为了保护型腔和型芯表面不被擦伤，推管的外径要略小于塑件的外径，推管的内径要略大于塑件相应孔的内径。

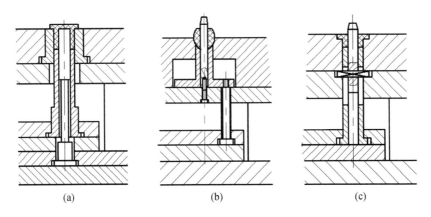

图 6-59　推管推出机构的类型

推板推出机构的类型如图 6-60 所示，在凸模的根部安装了一块与之密切配合的推板。这种机构主要用于大筒形塑件、薄壁容器及各种罩壳形塑件的脱模。特点是推出力均匀、运动平稳，塑件不易变形，表面没有推出痕迹，结构简单，另外不需要设置复位杆。

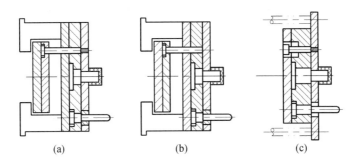

图 6-60　推板推出机构的类型

② 二级推出机构。由于塑件的特殊形状或生产自动化的需要，在一次脱模后塑件仍然难以从型腔中取出或不能自动坠落。此时，必须增加一次脱模动作。有时为避免使塑件受脱模力过大，产生变形或破裂，采用二次脱模分散脱模力以保证塑件质量。这类在动模边进行二次脱模动作的机构，称二级脱模机构。

如图 6-61 所示的拉钩式二级推出机构，开模时，注塑机顶杆作用在前推板 3 上，前推板与后推板 1 由拉钩 4 钩住，在开始推出时，推杆 5 和动模一起将塑件从型芯 7 上推出，但塑件仍留在动模型腔 6 内，当推出一定距离，拉钩 4 的前端接触垫板而转动，从而松开推杆固定板 2，使后推板停止运动，前推板继续运动并带动推杆 5 将塑件从凹模中推出。

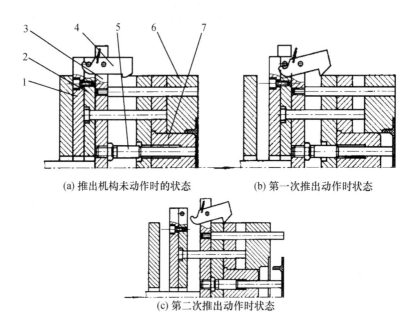

(a) 推出机构未动作时的状态　　　　　　(b) 第一次推出动作时状态

(c) 第二次推出动作时状态

图 6-61　拉钩式二级推出机构

1—后推板；2—推杆固定板；3—前推板；4—拉钩；5—推杆；6—动模型腔；7—型芯

3. 侧向抽芯机构设计

塑件的侧面常常带有孔或凹槽，在这种情况下，必须采用侧向型芯才能满足塑件成型要求，但这种型芯必须是活动件，能在塑件脱模前将其抽出。完成这种活动型芯的抽出和复位的机构称为抽芯机构。

抽芯机构按照动力来源的不同一般有以下 3 种类型：手动抽芯、液压或气动抽芯及机动抽芯。手动抽芯是指在开模前用手工或手工工具抽出侧向型芯。液压或气动抽芯是以压力油或压缩空气作为动力，在模具上配置专门的液压缸或气缸，通过活塞的往复运动来实现侧向抽芯和复位。机动抽芯是利用注塑机的开模力，通过传动零件（如斜导柱）将侧向成型零件从塑料制件中抽出，这种机构虽然结构比较复杂，但分型与抽芯无须手工操作，生产率高，因而广泛用于生产中。机动抽芯按照传动零件的不同可分为斜导柱、弯销、斜滑块和齿轮齿条等许多不同类型的抽芯机构，其中斜导柱侧向抽芯机构最为常用，下面就以它为例介绍抽芯机构的设计要点。

斜导柱侧抽芯机构如图 6-62 所示，它是利用成型的开模力作用，使斜导柱与滑块型芯产生相对运动趋势，迫使滑块型芯在动模板的导滑槽内向外滑出，完成抽芯。为了保证抽芯动作稳妥可靠，设计抽芯机构时应包含侧型芯滑块在动模板内的导滑、滑块的定位装置以及滑块型芯的锁紧装置三大要素。

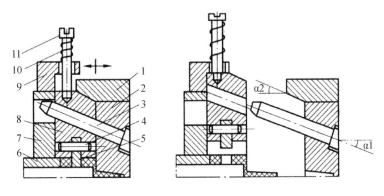

图 6-62　斜导柱侧抽芯机构

1—楔紧块；2—定模板；3—斜导柱；4—销；5—侧型芯；6—推管；

7—推管固定板；8—滑块；9—限位挡块；10—弹簧；11—螺钉

（1）滑块的结构及导滑形式。

滑块上的成型表面是型腔的组成部分，应该用优质模具钢制成并经抛光。小型滑块可采用整体式；但较大滑块大多用组合式结构。滑块常用 T 形槽导向，加工方便且刚性好。如图 6-63 所示的导向结构，上下与左右方向只能有一个动配合尺寸，其余均为 0.75 mm 左右的大间隙，滑块的滑动配合长度通常要大于滑块宽度的 1.5 倍，滑块完成抽拔动作后，保留在导滑槽内的长度不应小于导滑配合长度的 2/3。构成导滑槽的压板或导轨以采用组合式为佳，这样便于用高硬度淬火钢。摩擦表面应有 40HRC 以上硬度，并让易换零件的硬度比耐磨零件低一些。滑块的导轨和导滑槽应有足够的制造精度，保证滑块在使用期限内运动平稳，无上下窜动和卡滞现象。

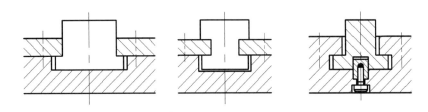

图 6-63　T 形槽导滑结构

（2）滑块的定位装置。

滑块的定位装置用于保证开模后滑块停留在刚刚脱离斜导柱的位置上，使合模时斜导柱能准确地进入滑块上的斜导孔内，不至于损坏模具。如图 6-64 所示，常用挡块、钢珠或球头柱销定位。定位后还需用弹簧或自重来固定滑块，图 6-64 所示各方法适用于滑块所处的 3 种不同位置。定位表面应有较高硬度和精度。

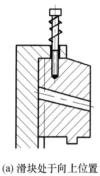 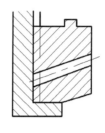 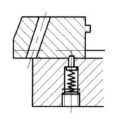

(a) 滑块处于向上位置　　　　　(b) 滑块处于向下位置　　　　　(c) 滑块处于水平位置

图 6-64　滑块的定位方式

（3）锁紧装置。

在塑料注塑成型过程中，活动型芯在抽芯方向上会受到熔融塑料较大的推力作用，必须设计一楔紧块（也称为锁紧楔），以便在合模后锁住滑块且承受熔融塑料给予侧向成型零件的推力。图 6-65 和图 6-66 为常见楔紧块的形式。

图 6-65 所示是利用定模板直接加工出锁紧楔，锁紧工作面大，能承受较大侧压力，锁紧可靠刚性好，但消耗的金属材料较多，加工精度要求较高。整体式锁紧楔的布置除常用外侧卡紧外，有的也将压紧斜面置于斜导柱的里侧。

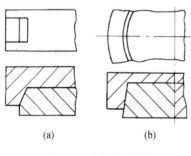 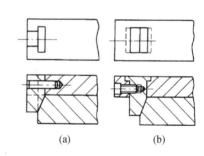

(a)　　　　　(b)　　　　　　　　　(a)　　　　　(b)

图 6-65　整体式锁紧楔　　　　　图 6-66　镶嵌式锁紧楔

镶嵌式锁紧楔可减少定模板厚度，结构紧凑且可靠，刚性也好。定模板面积较小时可用 T 形槽式镶入结构，如图 6-66（a）所示。定模板面积较大时可用中间镶入结构，如图 6-66（b）所示。对于小型模具，模板面积小且压力又不大时可用装配式锁紧楔，如图 6-67 所示，这种结构依靠螺钉和销钉固定，螺钉承受很大拉力。其加工和修配容易，但刚性差，易松动，为此，有时采用里外双重锁紧来保证刚性，如图 6-67（b）所示。锁紧楔的楔角 α_2 应比斜导柱倾斜角 α_1 大 2°～3°，这样当模具一开模，锁紧楔就能让开。

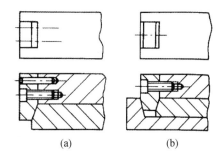

图 6-67　装配式锁紧楔

4. 斜导柱设计

（1）斜导柱结构。

如图 6-68 所示，其工作端的端部可以设计成锥台形或半球形，设计成锥台形时必须注意斜角 θ 应大于斜导柱倾斜角 α，一般 $\theta = \alpha + 2° \sim 3°$。斜导柱与固定板之间用 H7/m6 的过渡配合，而滑块与斜导柱之间采用较松动的 H11/b11 的间隙配合或留 0.5～1 mm 的间隙。斜导柱的材料多用 T8 或 T10 等碳素工具钢，淬火硬度 55HRC 以上，采用 45 钢淬火硬度为 35HRC。

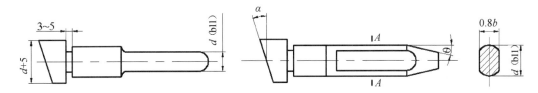

图 6-68　斜导柱的形状

（2）斜导柱受力分析。

如图 6-69 所示，F 为抽拔力（N），$F_{开}$为开模力（N），$F_{弯}$为斜导柱所受的弯曲力（N），弯曲力和抽拔力可按照下式进行计算：

$$F_{弯} = F/\cos\alpha_1 \tag{6-11}$$

$$F = pA\cos(f - \tan\alpha_1)/(1 + f\sin\alpha\cos\alpha) \tag{6-12}$$

式中　p——塑件的收缩应力（MPa），模内冷却的塑件取 19.6 MPa，模外冷却的塑件取 39.2 MPa；

　　　A——塑件包围型芯的侧面积（m^2）；

　　　f——摩擦系数，一般取 0.15～1.0；

　　　α——脱模斜度；

　　　α_1——斜导柱倾斜角，为保证一定的抽拔力及斜导柱的强度，一般在 12°～25° 内选取比较理想的是 22°33′。通常抽芯距短时可适当取小值，抽芯距长时取大值；抽芯力大时可取小些，抽芯力小时取大些。另外斜导柱在对称布置时，抽芯力可以互相抵消，倾斜角可取大些，非对称时要取小些。

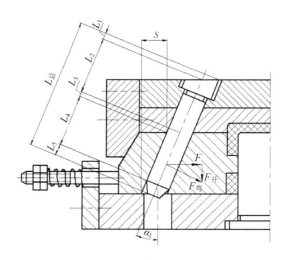

图 6-69　斜导柱受力分析

知道了斜导柱的受力情况，则可根据材料力学的有关知识推导出斜导柱直径的计算公式：

$$d = (F_{弯} \times L/0.1[\sigma]_{弯}\cos\alpha)^{1/3} \tag{6-13}$$

式中，L 为斜导柱的有效工作长度（m），与抽芯距、斜导柱倾斜角及滑块与分型面倾角有关，如图 6-69 所示的 L_4，通常滑块与分型面倾角为 0，所以 $L = S/\sin\alpha_1$，S 为抽拔距。$[\sigma]_{弯}$ 为弯曲许用应力，对于碳钢可取 140 MPa。

（3）抽芯距。

将型芯从成型位置抽到不妨碍塑件脱模的位置，型芯或滑块所移动的距离称为抽芯距。一般来说，抽芯距离通常比塑件上的侧孔、侧凹的深度或侧向凸台的高度大 2～3 mm，当侧型芯或侧型腔已从塑件上脱出，但仍阻碍塑件脱模时，就不能简单使用这种方法确定抽芯距，必要时可采用作图的办法确定。

（4）斜导柱的长度计算。

斜导柱总长度与斜导柱有效工作长度、斜导柱直径、固定板厚度等有关，计算如图 6-69 所示。

$$L_{总} = L_1 + L_2 + L_3 + L_4 + L_5 \tag{6-14}$$

通常斜导柱的有关参数计算主要是掌握倾斜角与抽芯距及斜导柱长度、开模行程的关系计算，其他诸如抽拔力、斜导柱直径等一般凭经验确定。

5．抽芯时的干涉现象

设计时应注意防止滑块和推杆在合模复位过程中发生"干涉"现象。所谓干涉现象，是指滑块的复位先于推杆的复位致使活动型芯与推杆相碰撞，造成活动型芯或推杆损坏，如图 6-70（b）所示。为避免干涉，在塑件结构允许的情况下，尽量避免活动型芯与推杆在分型面上的投影重合，否则必须满足条件 $H_c\tan\alpha > S_c$（各参数如图 6-70 所示）才能避免干涉现象。若塑件结构不允许时，则推杆的复位必须选用较复杂的先复位机构。图 6-71 为楔杆三角滑块式先复位机构，合模时，固定在定模板上的楔杆 6 与三角滑块 3 首先接触，在楔杆作用下，三角滑块在推管固定板 1 的导滑槽内向下移动，同时迫使推管固定板向左运动，使推管先于侧型芯滑块复位，从而避免干涉的发生。

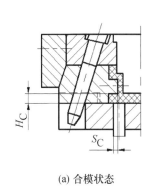　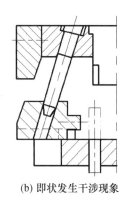　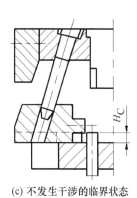

(a) 合模状态　　　　(b) 即状发生干涉现象　　　(c) 不发生干涉的临界状态

图 6-70　斜导柱抽芯的干涉现象

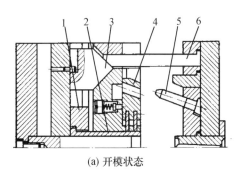　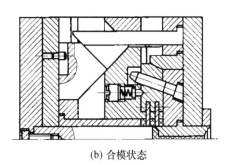

(a) 开模状态　　　　　　　　　　　　(b) 合模状态

图 6-71　楔杆三角滑块式先复位机构

1—推管固定板；2—推管；3—三角滑块；4—侧型芯滑块；5—斜导柱；6—楔杆

6.2.7　注塑模典型结构

1. 单分型面注塑模

单分型面注塑模又称为两板式注塑模，这种模具只在动模板与定模板（两板）之间具有一个分型面，是注塑模中最简单又最常用的一类。图 6-12 所示为一典型的单分型面注塑模，主流道设在定模一侧，分流道设在分型面上，推出机构和拉料杆设在动模上，开模后塑件连同流道内的凝料一起留在动模上，由推出机构从同一分型面推出。

单分型面注塑模也是一种最基本的注塑模具结构。根据具体塑件的实际要求，在这种基本形式的基础上，也可增加其他的零部件，如嵌件、螺纹型芯或活动型芯等，演变成其他各种复杂的结构。据统计，两板式注塑模约占全部注塑模的 70%。

2．双分型面注塑模

双分型面注塑模有两个分型面，如图 6-72 所示，开模时，由于弹簧 6 的作用，中间板在定模座板的导柱上与定模座板沿 A—A 分型面作定距离分离，以便取出这两模板之间浇注系统凝料，继续开模模具沿 B—B 分型面分型，分型后塑件由此脱出。与单分型面注塑模具相比较，双分型面注塑模具在定模部分增加了一块可定距移动的中间板，所以也称为三板式（动模板、中间板、定模板）注塑模具。这种模具结构复杂、重量大、成本高，它常用于点浇口进料的单型腔或多型腔的注塑模具。

双分型面注塑模在定模部分必须设置定距分型装置。图 6-72 中的结构为弹簧分型拉板定距式，此外，还有许多其他定距分型的形式。

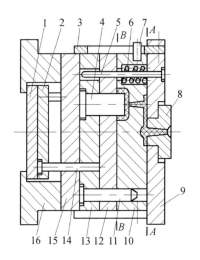

图 6-72 双分型面注塑模

1、12—推板；2—推杆固定板；3—定距拉板；4—凸模；5、11—导柱；6—弹簧；7—限位销；
8—主流道衬套；9—定模座板；10—中间板；13—动模板导柱；14—推杆；15—支承板；16—模脚

3．侧向分型抽芯的注塑模

当塑件有侧凹或侧孔时，在机动分型抽芯的模具内设有斜导柱（斜销）或斜滑块等侧向分型抽芯机构。图 6-73 为一斜导柱驱动型芯滑块侧向抽芯的注塑模。开模时，斜导柱 10 依靠开模力驱动侧型芯滑块 11，型芯滑块随着动模的后退在动模板 16 的导滑槽内做侧向移动，直至滑块与塑件完全脱开，侧抽芯动作完成。这时塑件包在凸模 12 上随动模继续后移，直到注塑机顶杆与模具顶板接触，推出机构开始工作，推杆 19 将塑件从凸模 12 上推出。合模时，复位杆（图中未画出）使推出机构复位，斜导柱使侧型芯滑块向内移动，最后楔紧块将其锁紧。

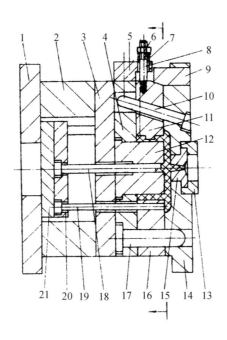

图 6-73　斜导柱侧向抽芯注塑模

1—动模座板；2—垫块；3—支承板；4—凸模固定板；5—挡块；6—螺母；7—弹簧；8—滑块拉杆；

9—楔紧块；10—斜导柱；11—侧型芯滑块；12—凸模；13—定位圈；14—定模座板；

15—主流道衬套；16—动模板；17—导柱；18—拉料杆；19—推杆；20—推杆固定板；21—顶板

4. 带活动镶件的注塑模

由于塑件的特殊要求，有时很难用侧向抽芯机构来实现侧向抽芯的目的，而在模具上设置活动的型芯、螺纹型芯或哈夫块等。如图 6-74 所示模具，开模时，塑件包在活动镶件 9 上随动模部分向左移动而脱离定模座板 11，分型到一定距离，推出机构开始工作，设置在活动镶件 9 上的推杆 3 将活动镶件连同塑件一起推出型芯脱模，由人工将活动镶件从塑件上取下。合模时，推杆 3 在弹簧 4 的作用下复位，推杆复位后动模板停止移动，然后人工将活动镶件重新插入镶件定位孔中，再合模后进行下一次的注射动作。

手动卸螺纹型芯或螺纹型环的注塑模实质上也是一种带活动镶件的注塑模。采用活动镶件结构形式的模具，其优点不仅省去了斜导柱、滑块等复杂结构的设计与制造，使模具外形缩小，大大降低了模具的制造成本，更主要的是在某些无法安排斜滑块等结构的场合，便可采用活动镶件形式。其缺点是操作时安全性较差，生产效率较低。

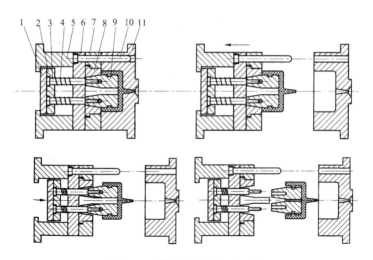

图 6-74　带活动镶件的注塑模

1—推板；2—推杆固定板；3—推杆；4—弹簧；5—模脚；6—支承板；

7—动模板；8—型芯；9—活动镶件；10—导柱；11—定模座板

5. 自动卸螺纹的注塑模

当塑件带有内、外螺纹时，为提高生产效率，在模具中可设置能转动的螺纹型芯或螺纹型环，利用注塑机的往复运动或旋转运动，或专用电机、液压马达及传动装置，在开模时带动螺纹型芯或螺纹型环转动，使塑件脱出。图 6-75 是用紧固在定模边的大升角螺杆在分型时从动模边的螺旋套抽出，迫使螺旋套旋转，从而驱动齿轮带动螺纹型芯转动，使塑件从螺纹型芯上脱下，为避免塑件随型芯旋转，推板 7 在距离 L_1 内在弹簧 5 的作用下顶住塑件，起止转作用。

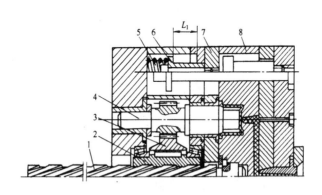

图 6-75　自动卸螺纹的注塑模

1—螺旋杆；2—螺旋套；3—齿轮；4—螺纹型芯；

5—弹簧；6—推管；7—推板；8—凹模

6. 定模设置推出机构的注塑模

有时由于塑件的特殊要求或形状的限制，开模后塑件将留在定模一侧或有可能留在定模一侧,这时应在定模一侧设置推出机构以便推出塑件。图 6-76 所示为成型塑料衣刷的注塑模。由于受衣刷的形状限制,将塑件留在定模上采用直接浇口能方便成型。开模时,动模向左移动,塑件因包紧在凸模 11 上而从动模板 5 及凹模镶块 3 中脱出,从而留在定模一侧,当动模左移至一定距离时,拉板 8 通过定距螺钉 6 带动推件板 7 将塑件从凸模上脱出。

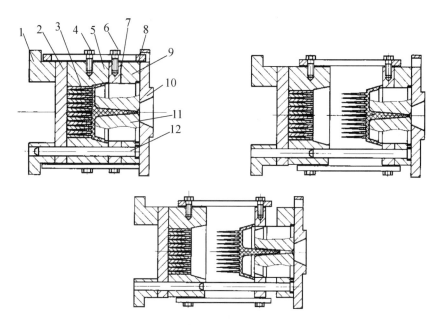

图 6-76　定模带有推出装置的注塑模

1—模脚;2—支承板;3—凹模镶块;4—拉板紧固螺钉;5—动模板;6—定距螺钉;

7—推件板;8—拉板;9—定模板;10—定模座板;11—凸模;12—导柱

7. 无流道注塑模

无流道注塑模又称为无流道凝料注塑模或热流道注塑模,有加热流道模和绝热流道模两大类。加热流道模在流道板内设置加热元件;绝热流道模则靠流道冷凝的塑料外层对流道中心熔融料起保温作用,使从注塑机喷嘴到模具型腔之间的塑料始终保持呈熔融状态。每一次注射完毕,只在型腔内的塑料冷凝成型,没有流道的冷凝料,取出塑件后又可继续注射。所以,使用这种模具节约塑料用量,生产效率高;但模具结构复杂,造价高,模温控制要求严格,仅适用大批量生产。图 6-77 所示为一加热流道多型腔注塑模。

8. 直角式注塑模

直角式注塑模又称为角式注塑机用注塑模。这种模具的主流道开设在动、定模分型面的两侧,且截面积通常是不变的,呈圆形或扁圆形,在成型时进料的方向与开合模方向垂直。图 6-78 所示是一般的直角式注塑模,开模时带着流道凝料的塑件包紧在凸模上与动模部分一起左移,经过一定距离后,推出机构工作将塑件从凸模上脱下。

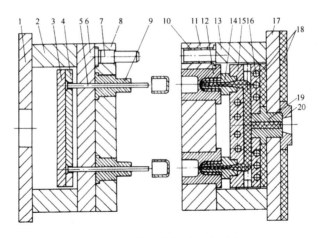

图6-77 加热流道多型腔注塑模

1—动模座；2—垫块；3—推板；4—推杆固定板；5—推杆；6—支承板；7—导柱；8—动模板；
9—型芯；10—导套；11—定模板；12—凹模；13—支承块；14—二级喷嘴；15—热流道板；
16—加热器孔；17—定模座板；18—绝热层；19—主流道衬套；20—定位圈

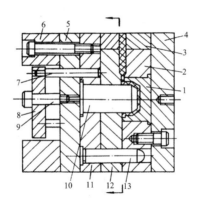

图6-78 直角式注塑模

1—凹模；2—定模板；3—浇道镶块；4—定模座板；5—支撑板；6—垫块；7—推杆；
8—推板；9—限位螺钉；10—凸模；11—动模板；12—推件板；13—导柱

6.3 思考与练习题

1. 设计塑料制件时为什么要考虑工艺性？举例说明设计塑件时如何考虑工艺性。

2. 注塑成型工艺过程包括哪些内容？如何确定注塑成型工艺条件？

3. 简述注塑机的主要结构组成及主要技术参数。

4. 选择模具分型面时需要考虑哪些因素？

5. 注塑模结构一般由哪几部分组成？各组成部分的主要作用是什么？

6. 浇注系统由哪几部分组成？设计时应遵循哪些原则？

7. 影响塑件公差的主要因素有哪些？

8. 对塑料模型腔侧壁和底板厚度进行刚度和强度计算的目的是什么？

9. 分析简单推出机构的特点和分类，并说明各种机构适应什么场合。

10. 试说明推出机构利用复位杆复位和弹簧复位的不同点。

11. 侧向分型与抽芯机构常见类型有哪些？设计时应注意哪三大要素？

12. 侧向抽芯时的干涉现象是指什么？如何避免这一现象的发生？

13. 如图 6-79 所示的制品，材料为 PS（聚苯乙烯），其收缩率为 0.6%～0.8%，试确定构成模具型腔的凸、凹模有关尺寸。

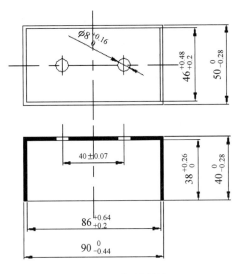

图 6-79　塑料制件

第 7 章 模具制造

模具设计完成以后，为了能够保证生产出满足图纸要求的模具，必须按照一定的工艺规程来组织生产。工艺规程是加工过程中必须遵守的工艺文件，它简要地规定了零件的加工顺序、所用机床和工具、各工序的技术要求及必要的操作方法等。因此，工艺规程具有指导生产和组织工艺准备的作用，是生产中必不可少的技术文件。

工艺规程应反映工人的革新创造成果，及时地吸收先进工艺技术，不断地加以改进和完善，以便更好地指导生产。工艺规程的形式很多，因各厂的实际生产条件、组织形式和模具的加工批量不同而异。

7.1 模具加工工艺规程编制

模具的工艺规程可分为零件机械加工工艺、专业工艺、组装工艺等，但主要以编制零件机械加工工艺为主，其他工艺则按需要而定，又因为模具常为单件小批量生产，所以零件加工常用工艺过程卡来指示加工过程。

7.1.1 编制工艺规程的原则与依据

编制工艺规程的原则，是在一定的条件下，能够以最简便的方法、最快的速度、最少的劳动量和最少的费用，可靠地加工出符合图纸各项要求的零件。为此，必须处理好质量与数量、好与省、需要与可能之间的关系，在保证加工质量的前提下，选择最经济的加工方案。

编制工艺规程时，工艺人员应根据必要的技术资料，生产计划，本厂的生产条件（设备、工人技术水平、生产场地、起重运输等），外协的可能性，因地制宜地全面考虑，编制工艺规程的依据和要点如表 7-1 所示。

表 7-1 编制工艺规程的依据和要点

项 目	依 据	要 点
模具结构图及技术要求	1. 模具特点、关键部位及技术要求 2. 各零件的作用，必须保证的部位及技术要求	以技术要求及结构确定最佳加工方案

续表

项　目	依　据	要　点
模具零件图	1. 材料种类，毛坯形状、尺寸精度、毛坯供应状态、零件尺寸形状、精度及粗糙度 2. 主要工作部位的要求 3. 零件数量 4. 热处理要求 5. 表面处理要求	1. 选择零件加工方法 2. 确定加工余量及毛坯尺寸形状，安排粗、精加工及热处理等工序顺序 3. 确定各工序的加工方法，选用设备、工具及测量方法 4. 选用模具标准件，确定外协加工 5. 计算工时定额
生产要求	生产周期、生产进度、生产数量	按生产要求制订加工方案、外协方案
生产条件	1. 工人技术水平 2. 设备、工具、仪器及其他加工设备的品种、数量和精度 3. 其他生产条件（场地面积、起重条件等）	1. 确定各工序加工地点 2. 确定外协点 3. 采取工艺措施，保证加工要求

7.1.2　模具零件工艺规程的主要内容

1. 选择毛坯

模具零件的材料以钢材为主，但注塑模具等也常用铝合金材料。钢材有型材（板材、棒材）、锻件、铸件及焊接件等，需要根据零件的形状尺寸、材料种类、机械性能及技术要求等因素选用。大型零件常用铸件、锻件、焊接件等。

毛坯形状应与零件形状相似，其尺寸应根据加工余量、毛坯表面质量及精度、加工时的装夹量、一件毛坯需加工出的零件数量等进行计算，并应在保证零件加工质量的前提下尽可能选用最小的毛坯尺寸。当选锻件、铸件或焊接件做毛坯时，则应根据相应的工艺对毛坯进行设计。

毛坯表面和内部质量以及供应状态，应在编制工艺时做出明确的规定。表面脱碳层、氧化皮、夹皮、裂缝、凹坑等缺陷都必须符合标准规定。对锻件应进行退火，以消除内应力，退火硬度不得大于 26HRC。对大型铸、锻、焊接件毛坯，为保证质量，应与毛坯制造单位签订技术协议，必要时要双方会商制造工艺。外协件交货时，要严格履行验收程序。对精密塑料模具，选择毛坯材料时，应注意零件在毛坯上的取材方向，使有关零件的变形量及方向应尽量一致。

2. 选择加工方法

从表 1-2 和表 1-3 可知，加工方法种类甚多，而且每一种加工方法均有其合理的使用范围，工艺人员要综合考虑被加工的零件表面形状、尺寸范围、材料硬度，可达到的经济精度、表面粗糙度、加工效率及费用等因素，选择最佳加工方法。

3. 安排加工顺序

合理地安排零件的各表面加工顺序，对于加工质量、生产效率、经济效果都有很大的影响。在安排加工顺序时，要处理好工序的集中与分散、加工阶段的划分和安排工序先后等问题。

（1）工序的分散与集中。

由于模具属于多品种单件生产，而且零件常由复杂的型面所组成的多面体，这些型面要求保证相互位置关系，因此采用集中工序的加工方式较多，即在机床允许的条件下，应尽量利用一些专用刀具和夹具，使工件在一次装夹或一道工序中完成最多的加工任务，对于大型的零件则更应如此，这样做有利于简化工艺及生产管理。

（2）加工阶段的划分。

模具的结构零件，如固定板、模板、导柱、导套等加工，均可按一般机械零件的粗、半精、精加工及光整加工4个阶段来划分。而大部分工作零件，如凹模、凸模、型芯等，则可分为粗加工、基面加工、画线、工作面及型面的粗加工、半精加工及精加工、修配及光整加工等工序。

粗加工是为了去除毛坯的粗糙表面，一般均为六面体或圆柱体的加工。对大型铸件或锻件进行粗加工前，常设置去除毛皮以便及时发现毛坯表层有无缺陷。

基面加工是加工工艺基准面，它作为下道工序的加工基准。基面一般均需精铣、精车或精磨，粗糙度 Ra 为1.6，对六方体零件要求相对的两基面平行，并与相邻两侧保持相互垂直。

画线是零件加工成型前常用的工序，常以基面为基准画出加工时需要参照的所有尺寸线及中心位置。

工作面及型面加工是以基面为基准并参照画线将零件加工成型。其加工方法也有粗加工、半精加工及精加工之分。为保证零件的各表面达到图纸要求，对需要修配及抛光的表面应留出加工余量。

配制及修配加工是便于模具制造，降低机床加工要求的一种方法。当零件间要求保证相对位置、配合尺寸及间隙时，或必须通过试模才能确定最后尺寸时，通常不是按图纸将零件直接加工到尺寸，而是以某零件或某尺寸为基准，其他零件以此进行配制加工，或在零件上留修正量待组装或试模后再酌情修正。这种方法在用普通精度机床加工模具零件时应用甚广。但在用精密机床加工零件时，则常采用标注公差、按图纸的基本尺寸加工，所以配制及修正的工作就相应地减少了。

抛光工序是模具制造中的最后工序，它直接影响制件的光亮度及外观、制件的脱模、模具的寿命及模具的成本。大部分凹模以及部分凸模的型面都需要钳工修正抛光。抛光工序一般设置在热处理、电镀及试模工序的前后。抛光后的粗糙度一般不低于 $Ra0.4$。该工序约占钳工工作量的40%～50%。

（3）加工工序的安排。

① 机械加工的顺序为先粗加工后精加工。

a. 先加工基准面，后加工其他表面。每个零件在加工时应首先加工下道工序加工时需用的定位基准。基准的形式及加工时需用的基准数量均按零件的形状尺寸及选用的加工方法而决定。加工基准时可一次装夹直接加工而成，或先加工辅助基准，然后以此基准定位加工实际需用的基准。

b. 先主后次。以基准定位加工其他表面时，首先应选择零件上主要的工作面，包括有配合的表面；加工余量较小的表面；内应力较大而易变形的表面；不容易加工的表面及毛坯内部易出现缺陷的表面等。其他表面均安排在这些主要表面加工之间，使其他表面既以主要表面为加工依据，又不影响主要表面的加工，当主要表面加工发生误差时可用它们来进行修正。

② 热处理及表面处理工序的安排。退火及正火处理可改善金属组织和加工性能，应设在粗加工前。

中碳钢等不淬火的模具，为提高材料的综合机械性能和改善加工性，可在粗加工前或后设置调质处理工序。

对大型模具及精密模具，为防止材料内应力及精加工内应力导致模具变形，应在粗加工后进行时效处理，高精度模具应在半精加工后再经时效处理。对于精密模具，为防止模温引起淬火后残余奥氏体的转化而造成模具精度变化，在热处理后精加工前应设置低温回火处理。

为提高零件的硬度及耐磨性，对高碳钢及工具钢模具零件，在精加工及电加工工序之前应设淬火工序；对低碳钢模具零件，在型面加工后精加工及光整加工前设置保护性渗碳淬火处理工序。

为提高成形表面耐磨、耐腐蚀用的氮化钢，一般均在试模后进行氮化处理，精密模具应在精加工前进行处理。

为便于加工电火花成型后的表面，在抛光前可设置低温回火处理。

表面镀铬或涂镀处理，一般均在试模后进行。

③ 其他工序的安排。为保证零件质量，必须实行自检，并设置专职检验工序。重要和复杂的毛坯加工前，一些费工的工序前后，送外协加工前后，最终加工后都应设置检验工序。

为便于机床加工及钳工组装，有关零件应按统一的基面加工，并在画线时根据加工需要，在统一的基面上打文字标记，组装及加工时以有标记的基面为准。

模具的编号一般在组装时打印上。各工序加工中产生的毛刺、锐边均应在本工序清理后才可转入下工序。

4. 选择基准

为保证模具工作性能，模具设计人员在设计模具时需确定设计基准，工艺人员在编制工艺时应按设计基准选择合理的工艺基准，工艺基准包括装配基准、测量基准和工序基准，以保证零件加工后达到设计的要求。

各类基准都以零件上某一点、线、面来表示，并以此为准则确定零件其他各点、线、面的位置，在选择工艺基准时应尽量使工艺基准与设计基准一致，但是工艺基准需随加工方法的不同而变更。

定位基准是加工零件时以此确定刀具与被加工表面的相对位置的基准。

工序基准是在工序图上用来表示被加工表面位置的基准，即加工尺寸的起点，表示被加工表面位置的尺寸称为工序尺寸。

测量基准是测量零件已加工表面位置及尺寸的基准。

装配基准是装配时用于确定零件在模具中位置的基准，零件的主要设计基准常作为零件的装配基准。

（1）选择装夹方式。

零件在加工前应以工艺基准找正并定位，在机床上占有正确的位置后夹紧（总称为装夹）。常用装夹方式有以下 3 种。

① 直接找正装夹，如图 7-1（a）所示。利用千分表沿工件 A、B、C3 个基面找平行后夹紧，并以此为工序基准，移动刀具加工型腔。

② 按画线装夹，如图 7-1（b）所示。以 A、B 两面为基准找平工件，以平面 C 及画线中心点 O 为定位基准，移动刀具加工型腔。

③ 夹具装夹，如图 7-1（c）所示。工件直接装夹到已调整好角度的正弦夹具上，不必找正即可磨出要求的斜度。

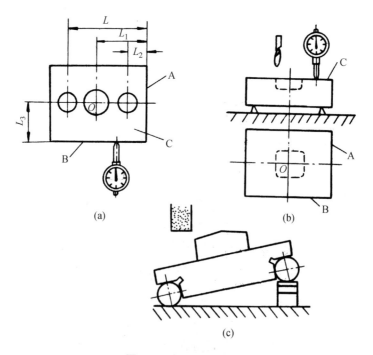

图 7-1　常用装夹方式

（2）选择定位基准。

零件在加工时都必须选择定位基准。当毛坯粗加工时需选择粗基准，以此为准加工下道工序需用的精基准及其他表面，零件在半精加工或精加工时必须选择精基准，以此为准加工零件的各表面。因此在编制工艺时首先应按零件各表面的要求选择精基准。

① 选择粗基准。粗基准一般在粗加工中只用一次，以后各工序就不再重复使用，选择粗基准的原则是保证加工出精基准，保证各个待加工表面有足够的加工余量以及与不加工表面的相对位置，选择粗基准时应注意下列事项。

a. 粗基准表面应尽量光滑平整，定位装夹方便可靠。

b. 宜选择加工面积大、形状复杂、加工要求较高及重要的表面作粗基准，以便在下道工序中保证加工出这些表面。

c. 当零件上有许多表面均要加工时，应选择加工余量小的表面为粗基准。

② 选择精基准。精基准应保证加工出零件的各表面，并使其定位误差最小，以保证尺寸精度。选择精基准时，必须考虑所用的加工方法及机床夹具的精度能否满足加工的精度要求，选择精基准时应注意以下事项。

a. 尽可能与零件的设计基准重合。

b. 尽量选用一个基准，在一次装夹中可加工出多个表面，以保证各表面的相对位置精度。

c. 工件装夹稳定可靠，操作方便，夹具简单、定位正确。

d. 当两个表面要求相对位置精度很高时，则应选择两个表面互为基准并反复加工逐级提高精度。

e. 加工余量小而均匀的表面，则应以该表面自身为定位基准，如图7-1（b）所示。

（3）选择工序基准。

当定位基准不能与设计基准重合时，则需要在合适的位置选择工序基准，并标出工序尺寸，以此为准来指示加工表面的位置。一般都是从设计基准或定位基准中选择一个便于作测量基准的部位作为工序基准。如果定位或设计基准都不宜作测量基准时，则可选择其他合适的地方作为工序基准。图7-2是车削型芯时选择工序基准的示例。为了保证型芯与固定板及型腔组装时的要求，选择 A 面为设计基准，但加工时需以 B 面为定位基准及测量基准，所以选择 B 面为工序基准，并标出 A、B、C 等工序尺寸，而且再按尺寸法，标注 A、B 尺寸的公差。

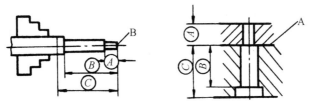

图7-2　选择工序基准

5．选择机床与工具，确定工时

在设计每道工序时，工艺人员必须选择合适的机床与工具进行加工及测量，且需给出每道工序的加工工时，能否正确地选择机床与工具将直接影响模具的加工质量、加工效率及成本。

选择机床与工具时必须适应本工序的加工方法；加工精度、加工尺寸及加工零件批量的要求。尤其要研究如何利用专用刀具、量具、找正工具、装配工具、夹具、电极等，以保证加工复杂形状及提高加工精度的需要。工艺人员及操作者都应该重视合理选用各种专用工具，只有这样才能保证又快又好地完成加工任务。

7.2　模具主要零件的机械加工

模具与其他机械产品一样，是由许多零件组成的，通过对零件的外形表面、成型表面和其他工作表面的加工才得到模具的各种零件，然后通过装配和调试，最后获得所需要的模具。

模具零件外形表面的加工常采用切削效率较高的铣床、车床、刨床、磨床及较先进加工中心等机床进行加工。模具成型表面的加工从大的分类上可分为有屑加工和无屑加工，后者还包括各种材料的精密铸造及冷挤压加工等方法，前者则主要包括各类金属切削机床的切削加工和利用电、超声、化学等能量的特种加工方法。近20多年来，特种加工在模具型面的加工方法中所占的比重有明显增大。

7.2.1　外形加工

模具的外形表面从功能来说，它可以是模具的分型面，也可能是模具或零件加工装配时的基准面，或者是不同用途的工作表面和辅助表面等。从几何特征来说，模具外形表面与一般机器零件相同，也就是平面、圆柱面、圆锥面、不规则的凸凹曲面、螺旋面等。

模具的外形表面在加工上虽然不困难，但是在整个模具制造过程中占有重要的地位，它对模具的制造质量和使用效果有重大影响。因为外形表面往往用来作模具型腔加工的定位基准，装配和安装时又用作装配基准，故在模具外形表面加工时，应采取慎重的态度，选择正确的方法，以确保加工质量，否则会造成整个模具报废。

外形加工时各表面的技术要求按零件的设计、工艺要求及其加工工序而定，如型腔窄板、型芯固定板等因画线及加工时精基准的需要，模板上下平面必须保证平行度，相邻两侧面与上下平面需保证垂直，基准面粗糙度 Ra 不小于1.6；垫板等零件，外形加工时只要保证上下平面平行度即可；导柱等需淬火的零件外形，加工时只要达到半精加工的要求即可，待热处理后再选择粗、精基准加工。因此安排外形加工工序时也需要选择粗、精基准，并逐级加工，最后达到技术要求。对几个同类零件必须保证其尺寸一致时则应一次装夹同时加工。

　　模具的外形表面是其他表面的尺寸精度、形状精度和相对位置精度的保证，因此必须重视它的质量问题。同时模具外形表面加工的生产率问题，也必须予以考虑，因为直接影响到模具的制造成本和经济效益。

7.2.2　画线

　　画线工序是零件在成形加工前的一道重要工序。零件经外形加工后，以某些基面为准，在待加工部位画出所有需加工部位的尺寸线及中心位置线，作为下道工序加工时定位、找正、加工和测量的参考依据。

　　1.　画线时的注意事项

　　① 按图纸的基本尺寸画出加工时需要参照的所有尺寸及中心位置，线条必须准确、清晰，线条粗细一般为 $0.05\sim0.1\,\text{mm}$。

　　② 按零件加工方法的要求进行，加工方法所用的工具不同时，要画的加工线也不同，如图 7-3（a）为铣削型腔需画的加工线，图 7-3（b）是电火花加工型腔的画线。因加工时电极以 A 和 B 面为基准，工作台移动 L 及 L_1 尺寸即可加工型腔，所以不需画出型腔的尺寸线。

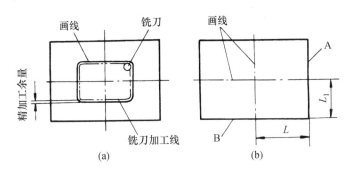

图 7-3　用于铣工和电加工的两种画线

　　③ 当两个以上零件必须保证其尺寸一致时，为防止画线误差，需将各零件按统一的基准将线一起画出。

　　④ 正确选择基准，并尽量与设计或工艺基准一致，画线时的基准应保证精度和粗糙度的要求。

　　⑤ 脱模斜度一般不画出，凸模或零件上的凸出部位均按大端尺寸画线，凹模或零件上的凹入部位均按小端尺寸画线，脱模斜度在加工中保证。

　　2.　画线的方法

　　① 普通画线法。利用常规画线工具进行画线，其精度一般为 $0.1\sim0.2\,\text{mm}$。

　　② 样板画线法。常用于多型腔及复杂形状的画线，利用线切割机床或样板铣床加工出样板，然后在模块上按样板画线。

③ 精密画线法。一般利用高精度机床及附件进行画线。利用铣床的工作台及回转工作台的坐标移动及圆周运动进行画线，并利用块规、千分表及量棒等工具来检测工作台及转台的位移精度，画线精度可达 0.05 mm；利用数控铣床或数显铣床画线，画线精度可达 0.01 mm；利用坐标镗床画线，画线精度可达 0.005～0.01 mm；利用样板铣床画线，精度可达微米级。精密画线的加工线可直接作为加工及测量的基准。

④ 打样冲。为防止加工时磨失掉画出的加工线，需沿画出的加工线全长及中心位置的交点上打样冲孔，样冲孔的深度应保证精加工后不会残留痕迹，中心位置交点处的样冲孔必须准确地打在交点的中心位置，要求精度较高时应在机床上用中心钻定中心位置，或利用坐标镗床定孔的中心位置。

7.3 模具零件的结构和机械加工特点

模具的种类很多，复杂程度也不同；而组成模具的零件更是多种多样，同时模具是生产率很高、使用期限较长的贵重而复杂的工具。在大多数情况下，模具制造属于单件或小批生产，这就给模具生产带来了许多困难。为了解决这个矛盾，国内已对各类模具的零件实行标准化，制定了冷冲模架、塑料模架标准，常见的冷冲模标准零件有圆形凸模、凹模及其固定板，上、下模座，导柱、导套、模柄，各类型的挡料销、销钉、螺钉等。详细内容可参阅有关标准。

实行标准化具有重大的经济意义。实行标准化后，可以成批地制造标准零件，设计时仅有少数零件（如凸模、凹模）需要根据制件的具体要求而定，大多数的零件都可按标准选用。因而减少了模具设计和制造的工作量，缩短了生产周期，降低了制造成本。下面主要介绍凸模和凹模的加工制造。

在组成模具的所有零件中，凸模和凹模是最重要的工作零件，其形状复杂，精度要求高，加工比较困难。现将凸模和凹模的机械加工方法分别描述如下。

1. 凸模的机械加工

凸模的机械加工方法随其形状而异。

（1）圆形凸模的机械加工。

圆形凸模的制造比较简单，在车床上加工毛坯，经热处理后，用外圆磨床精磨，最后将工作表面抛光及刃磨即可。

（2）非圆形凸模的机械加工。

凸模的非圆形工作型面，又分为平面结构和非平面结构。所谓平面结构，是指工作面由若干个平面构成，这种结构的凸模可以采用将工件倾斜放置或将刀具倾斜放置的方法，通过铣刨平面来解决，具体加工可参考有关机械加工工艺的详细介绍。非平面结构的非圆形凸模的断面随制件的形状变化，图 7-4 给出了一些凸模断面形状。这样的凸模一般可以用凹模压印加钳工锉修、磨削加工和特种加工来生产。

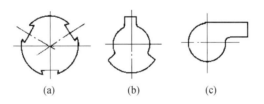

(a)　　　　(b)　　　　(c)

图 7-4　非平面结构凸模断面形状举例

① 用凹模压印后锉修成形。压印前，先在车床或刨床上预加工凸模毛坯的各面，在凸模上画出工作表面的轮廓线，然后在立式铣床上按照画线加工凸模的工作表面，留压印后的锉修余量 0.15～0.25 mm（单面）。

压印时，在压床上将凸模 1 压入事先加工好的，已淬硬的凹模 2 内（如图 7-5 所示），此时凸模上多余的金属被凹模挤出，在凸模上出现了凹模的印痕。钳工根据印痕把多余的金属锉去。锉削时，注意别碰到已压光的表面，锉削后留下的余量要均匀，以免再压时发生偏斜。锉去多余的金属后再压印，再锉削，反复进行，直至所压印的深度达到所要求的尺寸为止。压印完毕后，根据图纸规定的间隙，再锉小凸模，留出 0.01～0.02 mm（双面）的钳工研磨余量，热处理后钳工研磨工作表面到规定的间隙。

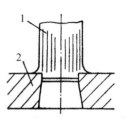

图 7-5　用凹模压印
1—凸模；2—凹模

压印深度会直接影响凸模表面的光洁度。为了使压印工作顺利进行和保证压印表面的光洁度，首次压印深度应为 0.2～0.5 mm，以后各次的压印深度可以大一些。

为了提高压印表面的光洁度，可用油石将锋利的凹模刃口磨出 0.1 mm 左右的圆角，并在凸模表面上涂一层硫酸铜溶液，以减少摩擦。

压印法是模具钳工经常应用的一种方法，它最适宜于加工无间隙冲模。在缺乏模具加工设备的情况下，采用压印法加工普通冲裁模是十分有效的。

② 凸模的磨削加工。成形砂轮磨削法：将砂轮修整成与工件被磨削表面完全吻合的形状，进行磨削加工，以获所需的成形表面，如图 7-6 所示。

在光学曲线磨床上进行成型磨削。在这种机床上可以磨削平面、圆弧面和非圆弧形的复杂曲面，特别适合于单件或小批生产中各种复杂曲面的磨削工作。机床使用薄片砂轮，厚度为 0.5～8 mm，直径在 125 mm 以内。磨削精度为 ±0.01 mm。

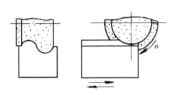

图 7-6　成形砂轮磨削法

光学曲线磨床具有光学装置，需要把工件待磨削部分的形状和尺寸绘制出放大 50 倍的放大图，然后按此图磨削工件。为了保证加工精度在 0.01 mm，放大图上线条的偏差应小于 0.5 mm。

光学曲线磨床的结构如图 7-7 所示，主要由床身 1、坐标工作台 2、砂轮架 3 和光屏 4 组成。待磨削的工件固定在坐标工作台上，可以做纵向和横向运动，而且可以在一定范围内做升降运动。

砂轮架用来安装砂轮，它能做纵向和横向送进（手动），可绕垂直轴旋转一定角度以便将砂轮斜置进行磨削。

光学曲线磨床的光学投影放大系统原理，如图 7-8 所示。光线从机床的下面的光源 1 射出，通过被加工工件 2 和砂轮 3，把它们的轮廓射入物镜 4，经过三棱镜 5、6 的折射和平面镜 7 的反射，可在光屏 8 上得到放大 50 倍的影像。调节工作台的升降可改变影像的清晰度。由于工件在磨削前有加工余量，故其外形超出光屏上的放大图。在磨削过程中，用手操纵磨头在纵、横方向的运动，使砂轮的切削刃沿工件外形移动，同时注意观察光屏上的影像，尽力使工件轮廓影像与放大图重合，直到两者完全吻合为止。

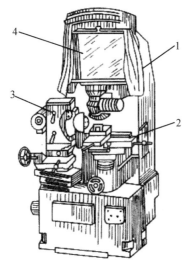

图 7-7　光学曲线磨床结构

1—床身；2—坐标工作台；

3—砂轮架；4—光屏

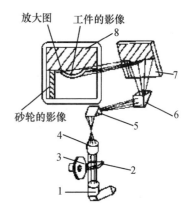

图 7-8　光学曲线磨床的光学投影放大系统原理

1—光源；2—工件；3—砂轮；4—物镜；

5、6—三棱镜；7—平面镜；8—光屏

用成型砂轮磨削以及在光学磨床上的磨削，一般都是采用手动操作，因此其加工精度在一定程度上依赖于工人的操作技术。为了提高加工精度，便于采用计算机辅助设计和制造模具，还可以用数控成型磨床进行磨削。在数控磨床上进行成型磨削的方法主要是：利用数控装置控制安装在工作台上的砂轮修整装置，修整出需要的成形砂轮，用此砂轮磨削工件，磨削过程和一般的成形砂轮磨削法相同。用数控控制砂轮架的垂直进给和工作台的横向进给运动，完成仿形磨削。

2. 凹模的机械加工

凹模的机械加工方法视其型孔的形状而定。

（1）圆形型孔的机械加工。

型孔为圆形时，毛坯经锻造和热处理退火后，在车床上粗加工、精加工底面、顶面，钻、镗工作洞口，画线并在钻床上钻出所有固定用的孔，攻丝、铰定位销孔，然后进行淬火、回火。热处理后，磨削底面，顶面和工作洞口即可。磨削工作洞口时，可在万能磨床或内圆磨床上进行。

（2）带有一系列圆孔的型孔机械加工。

型孔带有一系列圆孔时，常采用坐标法进行加工。

在坐标镗床上按坐标法镗孔，是将各型孔间的尺寸转化为直角坐标尺寸，如图7-9 所示。加工分布在同一圆周上的孔，可以使用万能回转工作台来完成。

（3）非圆形型孔的机械加工。

非圆形型孔的凹模，通常将毛坯锻造成矩形，加工各平面后进行画线，再将型孔中心的余料去除。图 7-10 所示是沿型孔轮廓线钻孔。

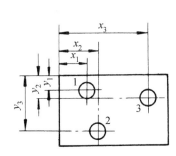

图 7-9　孔系间的直角坐标尺寸

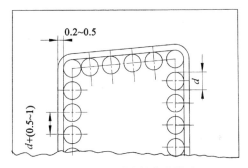

图 7-10　沿型孔轮廓线钻孔

凹模尺寸较大时，也可用气割方法去除。

型孔进一步加工：仿形铣削、数控加工、立铣或万能工具铣床、磨削等。

采用机械加工方法加工型孔时，当形状复杂，将内表面加工转变成外表面加工。凹模采用镶拼结构时，应尽可能选在对称线上，以便一次同时加工几个镶块。

7.4　模具制造的特种加工工艺

7.4.1　电火花加工

1. 电火花加工的工作原理

电火花加工基于工件与电极之间脉冲放电时的电腐蚀现象。图 7-11 是最简单的电火花加工装置原理图。工件 1 和工具电极 3 均置于工作液 4 中，并且分别与脉冲电源 2 的正、负极相连接。当工具电极接近工件达到一定距离时（数微米至数十微米）时，工作液被击穿发生火花放电。此时，工件被蚀出一个凹坑，同时工具电极也会因放电而产生电极损耗，其损耗量约为加工量的百分之几，放电产生的电蚀产物随工作液排出，两极间的工作液恢复绝缘，从而完成一次电火花加工。由于放电时间持续较短，一般为 $10^{-7}\sim 10^{-8}\mathrm{s}$，因此金属的熔化和气化以及工作液的气化，都具有突然膨胀而爆炸的特性。爆炸力将熔化和气化了的金属抛入附近的工作液中而冷却，凝结成细小的圆球颗粒，在电极表面则形成四周带有凸边的放电凹坑，图 7-12 为电火花加工凹坑剖面示意图。

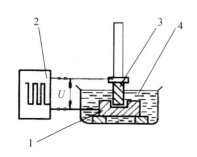

图 7-11　电火花加工装置原理图　　　　　　图 7-12　电火花加工凹坑剖面示意图
1—工件；2—脉冲电源；3—工具电极；4—工作液

为了进行电火花加工，必须使接在不同极性上的工具和工件之间保持一定的距离以形成放电间隙，放电必须在具有一定绝缘性的液体介质中进行，同时还必须有足够的脉冲放电能量，以保证放电部位的金属熔化或气化。

2. 电火花加工的特点

① 便于加工用机械难以加工或无法加工的材料。

② 电极和工件在加工过程中不接触，便于加工小孔、深孔、窄缝零件。

③ 电极材料不必比工件材料硬。

④ 直接利用电能、热能进行加工，便于实现加工过程的自动控制。

3. 电火花加工机床

为了满足电火花加工工艺的要求，电火花加工机床应具有如下脉冲电源、间隙调节系统和机床本体。

（1）脉冲电源。

脉冲电源的作用是把 220 V 或 380 V、50 Hz 的交流电转变成频率较高的脉冲电流，提供电火花加工所需的放电能量。它的性能对电火花加工的生产率、粗糙度、电极损耗、加工精度等工艺指标有很大的影响。

脉冲电源应满足如下要求。

① 有足够的脉冲放电能量，否则金属只是发热而不能熔化或气化。

② 火花放电必须是短时间的脉冲性放电，其电流波形如图 7-13 所示。t_{K} 为脉冲延时（或脉冲宽度），t_{j} 为脉冲间歇，T 为脉冲周期。脉冲延续时间应小于 0.001s，使

能量高度集中，来不及传导扩散到其他部分，从而有效地用于蚀除金属，并使成型性和加工精度都很好。

③ 相邻脉冲之间应有一定的间隔时间 t_j，使放电介质有足够的消除电离时间，以免引起电弧烧伤工件。

④ 如果有脉冲波形，则选单向的，以减小电极损耗。

⑤ 性能可靠，其主要参数（如电流峰值、脉冲宽度、脉冲间歇等）有较宽的调节范围。

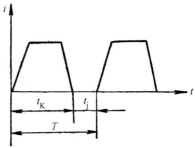

图 7-13　脉冲波形

（2）间隙调节系统。

在电火花加工时，工件与电极之间发生火花放电要保持一定的距离，这距离称为放电间隙（又称为火花间隙或电蚀间隙）。由于放电间隙的存在，加工出的工件型孔尺寸，与电极相比，周围要均匀地大一个间隙值。影响放电间隙大小的因素，主要是电规准和工作液的绝缘性能等。所谓电规准，是指在加工过程中选用的一组电参数，对于晶体管电源，是指脉冲宽度、脉冲间歇、电流幅值及极性的配合等。为了满足不同加工对象的需要，电火花加工机床可以在不同的电规准下进行工作，此时，所对应的放电间隙是不相同的，每一组电规准都有一个最佳放电间隙与之对应，只有在这个间隙下进行工作，才能使加工过程稳定，并得到最高的生产率。

在电火花加工时，由于火花放电的作用，工件不断地被蚀除，电极也有一定损耗，这就使放电间隙逐渐增大，当间隙大到不足以维持放电时，加工就停止。为了使加工过程连续地进行，电极必须及时地进给，以维持所需的放电间隙。当外来的干扰使放电间隙一旦发生变化（如排屑不良而造成短路）时，电极的进给也应随之作相应的变化，以保持最佳放电间隙。这一任务是由电火花机床的间隙调节系统来完成的。

为了控制间隙的大小，必须知道加工过程中的瞬时间隙，然而直接测量间隙很困难。目前都是采用间接的方法进行测量。在一般情况下放电间隙与加工电压近似于线性关系，因此把间隙电压作为测量对象，便可反映放电间隙的大小。

电火花机床上多数采用电-液压自动调节系统。它用液压主轴头作为执行机构，具有控制灵敏、传动平稳、制造简单等特点。

电-液压间隙自动调节系统的工作原理如图 7-14 所示。

电动机拖动油泵 1，通过精滤油器 3，提供出压力油为 p_1，溢流阀 2 可调整系统的工作压力 p_1，此压力由压力表 4 指示。压力油从精滤油器输出后分成两路进入油缸 14。一路经过止回阀 5 进入油缸的上腔，止回阀 5 用于防止油缸在没有压力油时自动下降；另一路经过节流阀 6 进入油缸的下腔，与喷嘴 7 相连，其压力为 p_2，由压力表

13 指示。

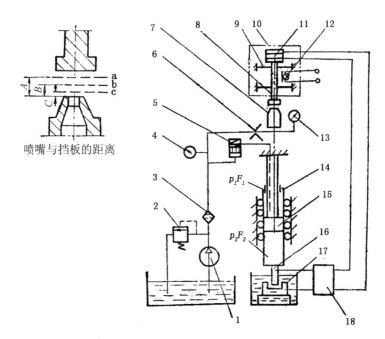

图 7-14　电-液压间隙自动调节系统工作原理
1—油泵；2—溢流阀；3—精滤油器；4、13—压力表；5—止回阀；6—节流阀；7—喷嘴；
8—挡板；9—弹簧片；10—电机械转换器；11—信号线圈；12—励磁线圈；13—压力表；
14—油缸；15—活塞；16—工具电极；17—工件；18—放大器

自动调节挡板 8 的位置能改变油缸下腔压力 p_2 的大小，从而控制油缸的运动。当挡板处于某一适当位置，如图 7-14 中的位置 b 时，此时与喷嘴的垂直距离为 B，恰好使油缸上下腔的作用力相等，油缸处于静止状态。如果喷嘴与挡板的距离大于 B（如在位置 a），则流经喷嘴 7 的流量增大，在节流阀 6 处的压力降亦相应地增大，从而上腔的作用力大于下油腔的作用力，与其相接的电极上升。同理，如果喷嘴与挡板的距离小于 B（如在位置 c），则油缸和电极下降。

挡板的位置是由电机械转换器 10 来控制的。电机械转换器由励磁线圈 12、信号线圈 11 和弹簧片 9 构成。在励磁线圈中通以一定的电流，产生恒定的磁场，当信号线圈中不通电流时，挡板处于最高位置。随着通过信号线圈的电流的增加，它在磁场中所受的作用力也增大，挡板往下移动，接近喷嘴；反之，在电流减少时，它所受的磁场吸力减小，挡板受弹簧片 9 的弹力作用而向上移动。

间隙电压很微弱，必须经过放大才能推动主轴头。工具电极 16 与工件 17 之间的间隙电压信号，经放大器 18 测量和放大之后输入到电机械转换器的信号线圈中。如果放电间隙小于最佳放电间隙或出现短路时，电极与工件间的电压减小，信号线圈的电流减小，挡板位置上升，使电极回升；反之，如果放电间隙大于最佳放电间隙，则取得的电压信号增大，输给信号线圈的电流也增大，挡板位置下降，使电极下降。在加工过程中，间隙自动调节系统可以控制电极的回升和进给，使电极与工件之间始终保持最佳放电间隙。

（3）机床本体。

机床本体包括两部分，一部分是用来实现电极和工件的装夹固定和运动的机械系统，包括主轴头、床身、立柱、工作台及坐标系统和电极夹头等。主轴头是自动调节系统的执行机构，其质量的好坏将影响进给系统的灵敏度及加工过程的稳定性。由于模具的加工精度一般为二级，这就要求电极的进给保持严格的直线性。这一要求主要靠主轴头来保证。因此，主轴头质量的好坏直接影响工件的加工精度。床身、立柱、坐标工作台是电火花机床的骨架，起着支承、定位和便于操作的作用。因为电火花加工时没有切削力存在；所以对机械系统的强度没有严格的要求，但为了避免变形和保持精度，要求它有必要的刚度。另一部分是工作液循环过滤系统，它强迫清洁的工作液以一定的压力不断地通过电极与工件的间隙。

工作液的主要作用为：保证电极间隙具有适当的绝缘电阻，使每个脉冲放电结束后迅速消除电离，恢复间隙的绝缘状态，以避免电弧放电现象；压缩放电通道，使放电能量高度集中在极小的区域内，既加强电蚀能力，又提高加工精度；使工具电极和工件表面迅速冷却；利用工作液的强迫循环，及时排除电极间隙的电蚀产物。

由此可见，工作液是参与放电蚀除过程的重要因素，它的种类、成分和性质影响加工的工艺指标。目前，大多数电火花机床用煤油作为工作液，因为它的表面张力小，渗透能力较强，能渗入狭缝、深孔中去。在大功率工作条件下，为了避免煤油着火，采用燃点较高的机油、变压器油作为工作液。

4. 电火花加工工艺

电火花加工过程中产生的电蚀产物要经放电间隙排出，在排出过程中，在电极和工件侧表面会产生额外的放电，引起间隙的扩大，这称为"二次放电"。在电极的进口处，二次放电的作用时间较长，所受的腐蚀严重，使加工孔入口处的间隙大于出口处的间隙，出现加工斜度，使加工表面产生形状误差，如图 7-15 所示。

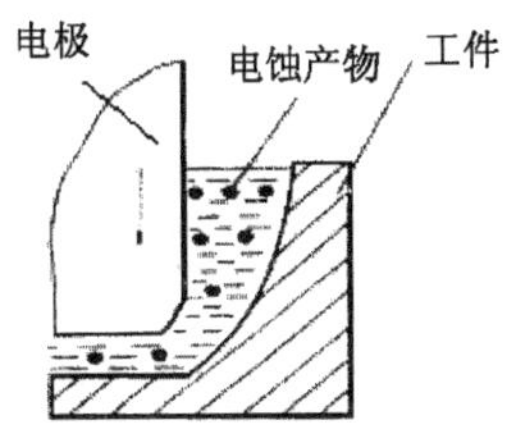

图 7-15 "二次放电"产生斜度

电火花加工的特点是把工件加工成工具电极的形状，但是电极损耗会影响加工精度。在电火花加工过程中，即使是正负电极用同一种材料，两个电极的蚀除量也不相同，这种现象叫作"极性效应"。当工件为阳极，工具为阴极时，称为正极性加工，反之为负极性加工。在操作中要充分注意极性效应，使工件的蚀除量大于工具的蚀除量。关于极性效应的本质相当复杂。在实际生产中，极性的选择主要靠试验确定。

电火花加工的生产率用单位时间内从工件上蚀除下来的金属体积（或重量）来描

述。提高脉冲电压和加大脉冲电流，可以提高生产率，但是会增加加工表面的粗糙度，一般用于粗加工。提高脉冲频率是提高生产率的有效方法，但是过高的频率会使工作液来不及恢复绝缘而经常处于击穿导电状态，形成连续的电弧放电，破坏了电火花的加工过程。

5. 电极的设计与制造

（1）电极材料的选择。

从电火花加工原理来说，任何导电材料都可以作为电极，但由于电极材料对于电火花加工的稳定性、生产率和模具质量等都有很大的影响，因此在实际使用中应选择损耗小、加工过程稳定、生产率高、机械加工性能好和价格低廉的材料作为电极。电火花加工采用的电极材料有石墨、紫铜、黄铜、铸铁和钢等。表 7-2 给出了电火花加工常用电极材料的性能，应根据加工对象所采用的工艺方法、工件形状和要求、工件材料等因素综合考虑。

表 7-2　电火花加工常见电极材料的性能

电极材料	电火花加工性能		械加工性能	价　格	说　　明
	加工稳定性	电极损耗			
石墨	较好	较小	较好	中	机械强度较差，易崩角
紫铜	好	较小	较差	高	磨削困难
黄铜	好	大	较好	中	电极损耗太大
铸铁	一般	中等	好	最低	常用的电极材料
钢	较差	中等	好	低	在选择电参数时应注意加工的稳定性，可用凸模作电极

（2）电极结构形式。

电极的结构形式应根据型孔的大小与复杂程度、电极的加工工艺性等来确定。常用的电极结构有下列几种形式。

① 整体式电极。所谓整体式电极，就是用一整块电极材料加工出的完整电极。当电极面积较大时，可在其上开一些孔或挖空，以减轻重量（如图 7-16 所示），提高加工的稳定性。

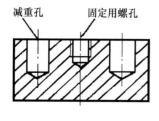

减重孔　固定用螺孔

图 7-16　电极上的减轻孔

② 不开通孔，通孔会影响工作液的强迫循环，盲孔开口应向上，不能向下。否则，在加工时减轻孔内易聚集气体而发生爆炸，即所谓"放炮"。

③ 组合电极。在模具加工中常遇到需要在同一凹模上加工几个型孔的情况，这时可采用组合电极加工，即把多个电极装夹在一起，一次完成凹模各型孔的加工。采用组

合电极加工生产率高，各型孔间的位置精度高，但对电极的定位有较高的要求。

④ 镶拼式电极。对于形状复杂的电极整体加工有困难时，常将其分成几块，分别加工后再镶拼成整体。

（3）电极尺寸的确定。

① 电极横截面尺寸的确定。

a. 按凹模尺寸和公差确定电极截面尺寸。这种情况电极轮廓总是比凹模型孔的轮廓每边均匀缩小一个放电间隙值 δ（指用末挡电规准精加工时，凹模下口的放电间隙），如图 7-17 所示，虚线所示为电极轮廓。

b. 按凸模尺寸和公差确定电极截面尺寸。这种情况随着凹、凸模配合间隙的不同又可分为如下 3 种情况。

- 当凹、凸模的配合间隙等于放电间隙时，电极截面尺寸和凸模截面尺寸完全相同。
- 当凹、凸模的配合间隙大于放电间隙时，电极的轮廓应比凸模轮廓每边均匀放大一个数值。
- 当凹、凸模的配合间隙小于放电间隙时，电极的轮廓应比凸模轮廓每边均匀缩小一个数值。

电极每边放大或缩小的数值为：

$$a = C - \delta$$

式中　a——电极的单边放大或缩小量；

　　　C——凹、凸模要求的单边配合间隙；

　　　δ——单面放电间隙。

当此式算出的值为正数时，则需要放大凸模尺寸。

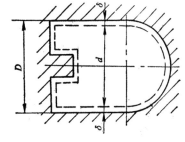

图 7-17　根据凹模确定电极尺寸

为了保证凹模的制造精度，电极尺寸的精度常取凹模制造公差的 $1/2 \sim 2/3$。

② 电极长度尺寸的确定。电极长度取决于凹模有效厚度、电极材料、型孔的复杂程度、电极的使用次数、装卡形式和制造工艺等一系列因素。

设计电极时，电极总长度一般不应超过 $110 \sim 120\,\mathrm{mm}$，否则会给成型磨削及投影检验带来困难。

③ 排气孔和冲油孔。型腔加工一般都是盲孔加工，因此加工过程中的电蚀产物（包括金属微粒、炭黑和气体等）需要及时排除，否则，将影响加工状态的稳定性和表面粗糙度，甚至使加工无法进行，为此在电极结构上应考虑排气孔的设计。

电极上排气孔和冲油孔的大小和位置，直接关系到加工时排气排屑的效果。一般情况下，冲油孔要设计在难于排屑的位置，如拐角、窄缝等处。排气孔要设计在蚀除面积较大的位置和电极端部有凹入的位置，如图 7-18（a）所示。

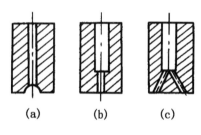

图 7-18　排气孔的位置和孔形

冲油孔和排气孔的直径，一般为 1～2 mm。孔径过大则加工后残留的"柱子"太大，不易清除。为了利于排气排屑，要把冲油孔、排气孔上端孔径加大为 5～8 mm，如图 7-18（b）、（c）所示。

冲油孔和排气孔的数量，一般以放电蚀除产物不产生堆积为宜。各孔间距离为 20～40 mm。加工深型腔时，可采用部分冲油、部分排气的方法，排屑效果较好。加工下部有工艺孔的型腔，应用油杯作下冲油或下抽油，电极不要冲油孔，但需要排气孔，这样加工稳定、效率高。

（5）电极的制造。

制造电极的方法主要依电极材料、模具型腔的精度要求、电极的数量等决定。

① 紫铜电极。紫铜电极主要采用机械加工方法来制造，钳工修整成型。较复杂形状可用线切割、钳工修光。还可用电铸法、精锻法等成型。

② 石墨电极。石墨电极也主要采用机械加工和钳工修型来制造。制造较大型电极时，若石墨坯料尺寸不够大，则可采用拼合结构。拼合时用螺栓连接或用环氧树脂、聚氯乙烯醋酸液等黏合剂黏结而成，然后紧固在电极固定板上。拼合时要注意石墨材料的方向性，否则因方向不同将引起电极损耗不均匀而影响加工质量。

6．电规准的选择

电火花加工中所选用的一组电脉冲参数称为电规准。

电规准的选择，对电火花加工的尺寸精度、表面粗糙度、生产率、电极损耗等都有很大的影响。脉冲宽度越宽、电流越大，则单个脉冲能量越大，放电蚀除量越多，生产效率越高；此时放电间隙越大，表面越粗糙，而电极损耗越小。从图 7-19 脉冲宽度与电极损耗的关系曲线可看出：当脉冲宽度大于 50 μs 时，电极损耗（相对于工件的蚀除量）在 1% 以下，因此，粗规准加工选取大脉宽、低损耗，有利于尺寸的控制；而精规准加工选取窄脉宽、小电流，有利于表面粗糙度的提高，电极损耗一般为 25%～30%。由图 7-20 可知，在一定脉冲宽度的情况下，增大脉冲电流峰值，则生产率增加。当脉冲宽度在 100 μs 以上时，脉冲峰值电流的增加对电极损耗影响不大；当脉冲宽度在 50 μs 以内时，电极损耗将随峰值电流增加而成比例地增长。电规准一般分为粗、中、精 3 种。

（1）粗规准。

一般选脉冲宽度大于 60 μs，通常加工钢材时，石墨电极的最高电流密度为 3～5 A/cm²，紫铜电极的电流密度可稍大些。其特点是：脉冲频率低（400～600 Hz）；电极损耗小于 0.5%；负极性加工；不用强迫排屑。粗规准主要用于粗加工。

（2）中规准。

一般选用脉冲宽度 20～400 μs，电流峰值较小（20 A 以下），脉冲频率在 200 Hz

以上，需强迫排屑。该规准用以减小精加工余量，促使加工稳定性和提高加工速度。

（3）精规准。

为提高表面质量，一般选脉冲宽度为 10 μs 以下，小峰值电流（小于 2 A），高频率（大于 20 kHz），此时必须强迫排屑或定时抬刀。精规准用来进行精加工。

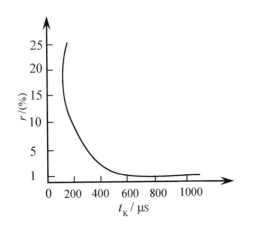

图 7-19　电极损耗与脉冲宽度的关系　　　　图 7-20　电极损耗与峰值电流的关系

7.4.2　电火花线切割加工

1. 工作原理

电火花线切割加工和电火花成形加工的原理是一样的，都是基于工具电极和工件之间脉冲放电时的腐蚀现象使金属熔化或气化，从而实现对各种形状金属零件的加工。不过在线切割加工时，是用连续移动的电极丝作为工具电极来代替电火花加工中的成形电极，线电极与脉冲电源的负极相接，工件与电源的正极相接，利用线电极与工件之间产生的电火花放电来腐蚀工件，如图 7-21 所示。当安装工件的工作台按照图样所要求的形状相对电极丝进行移动，便能将一定形状的工件切割加工出来。

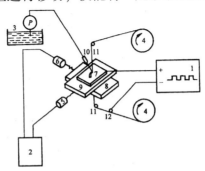

图 7-21　电火花线切割加工示意图

1—脉冲电源；2—控制装置；3—工作液箱；4—走丝机构；5、6—伺服电机；
7—工件；8、9—纵横向滑板；10—喷嘴；11—电极丝导向器；12—电源进电柱

与电火花成形加工相比，电火花线切割加工具有以下特点。

① 采用电火花线切割加工，由于只采用一根很细的金属丝做工具电极，因此加工工件时不需要再制作相应的成形工具电极，从而大大降低了由于制造工具电极所用的工作量，节约了贵重的有色金属。

② 在切割加工时，由于电极丝的连续移动，使新的电极丝不断地补充和替换在电蚀加工区受到损耗的电极丝，避免了电极损耗对加工精度的影响。

③ 利用线切割可以加工出精密细小、形状复杂的工件。例如，0.05～0.07 mm 的窄缝，圆角半径小于 0.03 mm 的锐角等。

④ 线切割加工零件的精度可达 ±（0.01～0.005）mm，表面粗糙度可达 1.6～0.4 μm。

⑤ 在加工时，一般采用一个电规准一次加工完成，中途不需要转换规准。

⑥ 一般不要求对被加工工件进行预加工，只需在工件上加工出穿电极丝的穿丝孔。

⑦ 在线切割加工的切缝宽度与凸、凹模配合间隙恰当时，有可能一次切出凸模和凹模来。

电火花线切割可以加工硬质合金，高熔点和已经淬硬后的模具零件。能够很方便地加工出冷冲模的凸、凹模，凸凹模，固定板，卸料板等，因此线切割加工在冷冲模的制造中占有很重要的地位。线切割还可以加工塑料模的模套、固定板和拼块等，以及粉末冶金模、硬质合金模、拉深模、挤压模等各种结构类型模具中的部分零件，也可对模具零件中的微型孔槽、窄缝、任意曲线等进行微细加工。在模具制造的工具方面，可用线切割加工金属电极和各种模板及样板等。随着线切割加工技术的不断发展，它在模具制造中的用途将更加广泛。

2. 线切割的加工方式

根据不同类型线切割机床对纵、横滑板（如图7-21所示）的轨迹控制形式，对工件的切割加工有靠模仿形、光电跟踪和数字程序控制 3 种主要方式，其中数字程序控制方式应用最为普遍。

（1）靠模仿形加工方式。

靠模仿形加工是在对工件进行线切割加工前，预先制造出与工件形状相同的靠模，加工时把工件毛坯和靠模同时装夹在机床工作台上，在切割过程中电极丝紧紧地贴着靠模边缘移动，通过工件与电极丝间的电火花放电，从而切割出与靠模形状和精度相同的工件来。

这种加工方式的自动化程度较高，预制的靠模可以长期保存重复使用。当靠模的工作面具有较高的精度和较低的表面粗糙度时，并在加工时选择合理的电规准、电极丝及工作液的条件下，可切割加工出具有较高精度和较低表面粗糙度的工件。而作为仿形加工样板的靠模，是这种加工方式中不可缺少的重要工具。

（2）光电跟踪加工方式。

光电跟踪加工是在对工件进行线切割加工前，先根据零件图样按一定放大比例描绘出一张光电跟踪图，加工时将图样置于机床的光电跟踪台上，跟踪台上的光电头始终追随墨线图形的轨迹运动，借助于电气、机械的联动，控制机床的纵、横滑板，使工作台连同工件相对电极丝做相似形的运动，通过工件与电极丝的火花放电，从而切割出与图样形状相同的工件来。

实际上，光电跟踪加工方式也是一种仿形加工，但是与靠模仿形不同的是，用图样取代了精密的靠模，这不仅省略了由于制造精密靠模的一系列麻烦，而且通过大比例图样还可以加工一些形状复杂、要求精密的微小型的模具零件。

光电跟踪图是光电跟踪线切割加工的基础，其描绘方法如下。

① 根据模具所加工工件的尺寸大小和加工精度要求，选择图样对工件的放大比例 K。通常，$K = 10 : 1$ 或 $20 : 1$ 或 $30 : 1$。

② 精确绘出待加工工件放大 K 倍的图。

③ 光电跟踪图的线条是电极丝中心的移动轨迹，它应与 K 倍工件图形的线条平行且相距一修正值 ε。根据凸、凹模的配合间隙，电极丝的直径尺寸和电火花放电间隙，计算修正值 ε 的公式如下。

对于冲孔凸模和落料凹模：

$$\varepsilon = K\left(\frac{d}{2} + \delta\right)$$

对于冲孔凹模和落料凸模：

$$\varepsilon = K\left(\frac{d}{2} + \delta - C\right)$$

式中　ε——修正数值（mm）；

　　　　d——电极丝直径（mm）；

　　　　δ——电火花加工单面放电间隙（mm）；

　　　　C——凸、凹模单面配合间隙（mm）。

当线切割加工凸模时，向外偏一个修正值 ε，当线切割加工凹模时，向内偏一个修正值 ε。

④ 将跟踪图样覆盖在 K 倍制图纸上，用墨线描出跟踪图。墨线宽度为 $0.25 \sim 0.40\,\text{mm}$，墨线要粗细均匀，浓度一致，线条要连续、圆滑、尖角处用小圆弧连接，以利于跟踪稳定。

⑤ 当所用的光电跟踪线切割机床有间隙补偿功能时，可不必计算修正值 ε，只要按工件尺寸的中间值绘制出墨线跟踪图即可。

（3）数字程序控制加工方式。

数字程序控制的加工方式不需要制作靠模样板，也无须绘制放大图，但需要按照计算机的规定对被加工工件编制出数控加工程序。数控线切割机床中的计算机系统可按照程序中给出的工件形状几何参数，自动控制机床纵、横滑板做准确的移动，并通过工件与电极丝的火花放电而达到线切割加工的目的。由于这种加工方式采用了先进的数字化自动控制技术，因此它比前面两种线切割加工方式具有更高的精度和广阔的加工范围。

　　计算机是用逐点比较法的原理对机床进行控制的。逐点比较法的特点就是每走一步，都要将加工点的瞬时坐标位置与规定图形轨迹做比较，进行偏差判别。若是加工点走到了图形上面（或外面），那么下一步就要朝图形下面（或里面）走。如果加工点在图形下面（或里面），下一步就要朝图形上面（或外面）走，以缩小偏差。这样一步步地走下去就可以得到一个很接近规定图形的折线轨迹，而且最大偏差不超过一个脉冲当量。用逐点比较法切割斜线 OA 的示意图如图 7-22 所示，切割圆弧 AB 的示意图如图 7-23 所示。

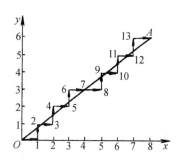 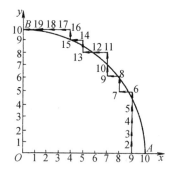

图 7-22　逐点比较法切割斜线 OA 示意图　　　图 7-23　逐点比较法切割圆弧 AB 示意图

　　由上述过程可以看出，逐点比较法控制机床滑板运动时要完成如图 7-24 所示工作流程中的 4 个工作节拍，即偏差判别、工作台进给、偏差计算和终点判别。

　　① 偏差判别。判别加工点对规定图形的偏离位置，以决定工作台的走向。

　　② 工作台进给。根据判断结果，控制工作台在 x 或 y 方向进给，以使加工点向规定图形靠拢。

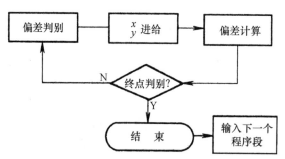

图 7-24　逐点比较法工作流程

③ 偏差计算。在加工过程中，工作台每进给一步，都由机床的数控装置根据数控程序计算出新的加工点与规定图形之间的偏差，作为下一步判断的依据。

④ 终点判别。每当进给一步并完成偏差计算之后，就判断是否已加工到图形的终点，若加工点已到终点，便停止加工。

3．线切割加工模具零件的工艺过程

利用电火花线切割加工模具零件，其工艺过程一般如下所述。

（1）选择加工方式。

在加工时，应按加工零件的要求及根据现有的加工设备条件，选择靠模仿形、光电跟踪、数字程序控制其中之一种加工方式，相应地做好加工前的工艺准备。如制备靠模、绘制光电跟踪图或编制程序等。

（2）调整与检查线切割机床。

在加工前，操作者应对所使用的机床进行全面检查，如导丝轮是否有损伤和杂物，电极丝导向定位采用的导向器和辅助导轮是否出现磨损沟槽，纵、横方向滑板的丝杠间隙是否发生变化等。

（3）零件的准备。

把要进行加工的毛坯，首先经锻、刨、铣、车、磨等机械加工成六面体或圆柱体毛坯，并在距离起始点附近的确定位置处钻一个穿丝孔。切割型孔时，穿丝孔应钻在孔型线内；切割凸模时，穿丝孔应钻在型线外，并且应放在毛坯废料多的一边。穿丝孔的大小及距离工件边缘的位置如图 7-25 所示。切割窄槽时，穿丝孔位置要放在图形的最宽处，不允许穿丝孔与切割轨迹有相交的现象，如图 7-26 所示。同时也将其他所有的销孔和螺纹孔等加工出来，然后进行淬火等热处理，达到其硬度要求；再把上、下平面经平面磨削达到较高的平行度和较低的表面粗糙度；最后将毛坯进行退磁处理，并除去毛刺。

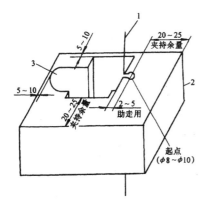

图 7-25 穿丝孔位置

1—金属丝；2—坯料；3—制成品

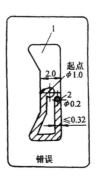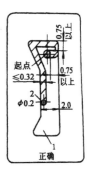

图 7-26 加工窄槽穿丝孔的位置

1—细沟孔；2—金属丝

（4）零件装夹与穿丝。

在装夹零件时，必须调整零件的基准面与机床拖板 x、y 方向相平行，零件的装夹位置应保证其切割范围在机床纵、横滑板的许可行程内，应使零件与夹具在切割中不会碰到丝架的任何部位。零件位置调好后引入电极丝，绕丝要按规定的走向，即经过丝架、导轮、导向器及工件穿丝孔等处绕在丝筒上并固定两端。走丝要张紧，不能重叠和抖动。电极丝通过零件的穿丝孔时，应处于穿丝孔的中心，不可与孔壁接触，以免短路。在夹紧零件毛坯前，必须校正好电极丝与零件表面的垂直度。

（5）切割加工。

应首先根据零件加工的表面粗糙度和生产率要求等，正确选择电参数。并根据零件的厚度和材质等因素在加工前调整好进给速度，使之加工稳定，在以后整个切割过程中不宜轻易改变进给速度。在加工中，应随时清除电蚀产物和杂质，不要轻易中途停车，以免在零件上留下中断痕迹，影响加工质量。

（6）检验。

对加工后的零件，按图样要求检验和验收。

4．线切割工艺参数的选择

（1）脉冲参数的选择。

实践证明，脉冲参数对加工的工艺指标有很大影响。在其他条件相同并保持不变的情况下，升高脉冲电源电压，会使脉冲峰值电流增大，切割速度提高，但这种提高不是线性的。脉冲参数对加工的效率和质量的影响如表 7-3～表 7-5 所示。

表 7-3　电源电压对切割速度、粗糙度的影响（脉冲宽度 10 μs，脉冲间隔 40 μs）

电源电压/V	加工电流/A	切割速度/（mm² · min⁻¹）	粗糙度/μm	加工稳定性
30	0.50	9.1	1.60	不好
35	0.85	10.6	1.70	不好
40	1.00	14.3	1.75	不好
45	1.20	15.3	1.85	好
50	1.25	16.4	1.90	好
55	1.35	18.4	2.05	好
70	1.50	22.0	2.26	好
80	1.70	22.3	2.38	好
100	1.80	29.0	2.56	不好
120	1.90	36.0	2.72	不好
140	2.10	39.0	2.98	不好

注：工件材料：Cr12MoV，厚度 40 mm，硬度 55HRC，电极丝 W20Mo，直径 0.12 mm，长度 200 mm。

表 7-4 峰值电流对切割速度、粗糙度的影响（脉冲宽度 20 μs，脉冲间隔 80 μs）

峰值电流/A	加工电流/A	切割速度/(mm² · min⁻¹)	粗糙度/μm
4	1.0	15	1.8
8	2.0	22	2.1
12	3.0	41	2.7
16	3.8	69	3.2
20	4.8	81	4.8
23	5.2	90	5.5

注：工件材料：Cr12MoV，厚度 40 mm，硬度 55HRC，电极丝 W20Mo，直径 0.12 mm，长度 200 mm。

表 7-5 脉冲宽度对切割速度、粗糙度的影响

脉冲宽度/μs	脉冲间隔/μs	加工电流/A	切割速度/(mm² · min⁻¹)	粗糙度/μm
4	40	1.0	14	1.45
8	40	1.5	25	1.75
10	40	1.8	30	2.10
20	100	2.0	40	2.80
30	100	3.0	61	3.10
40	100	4.0	78	4.20

注：工件材料：Cr12MoV，厚度 40 mm，硬度 55HRC，电极丝 W20Mo，直径 0.12 mm，长度 200 mm。

（2）走丝速度的选择。

电火花线切割的电极丝走丝速度也是影响加工工艺指标的关键部分，分快走丝和慢走丝系统。一般来说，快走丝适于切割大厚度工件，丝直径为 0.08～0.25 mm，走丝速度为 6～11 m/s。例如，加工 400～600 mm 厚工件时，走丝速度以 8～10 m/s 为宜。

采用慢走丝系统可以获得高精度、高效率切削和良好的表面粗糙度。高精度取决于整个机床走丝系统的设计、制造精度和刚度，而高效率则由加工电源和控制系统即工作液的性能决定。

（3）电极丝的选择。

钨丝抗拉强度高，直径在 0.03～0.1 mm 范围内，一般用于各种窄缝的精加工，但价格昂贵。

黄铜丝适用于慢速加工，加工表面粗糙度和平直度较好，但抗拉强度差，损耗大，直径在 0.1～0.3 mm 范围内。

钼丝抗拉强度高，适用于快走丝加工，直径在 0.08～0.2 mm 范围内。

（4）工作液的选配。

电火花线切割工作液在选择使用上，因加工电源、控制系统以及工件材料等不同而

异。国外多采用去离子水作为工作液，并加入各种添加剂和爆炸剂，切割速度大为提高。切割过程中对工作液的电阻率进行检测控制，一般加工速度在 $200 \sim 250 \, \text{mm}^2 \cdot \text{min}^{-1}$ 时，表面粗糙度可达 $1.6 \, \mu\text{m}$。国内线切割加工通常采用各种乳化液作为工作液，表面粗糙度可达 $4.0 \, \mu\text{m}$。

7.4.3　超声加工

超声加工也称为超声波加工。电火花加工只能加工导电材料，而超声加工不仅能加工金属材料，而且更适合于加工玻璃、陶瓷等非金属脆硬材料。

1. 超声加工的基本原理

人耳对声音的听觉范围为 $16 \sim 16\,000 \, \text{Hz}$ 的声波。频率低于 $16 \, \text{Hz}$ 的振动波称为次声波，超过 $16\,000 \, \text{Hz}$ 的振动波称为超声波。超声波加工使用的振动频率是在 $16\,000 \sim 25\,000 \, \text{Hz}$ 之间。超声波的特点是：频率高、波长短、能量大，在传播过程中反射、折射、共振、损耗等现象显著。

超声加工是利用工具端面作超声频振动，通过磨料悬浮液加工脆硬材料的一种成型方法。加工原理如图 7-27 所示。加工时，在工件 1 和工具 2 之间加入液体（水或煤油等）和磨料混合的悬浮液 6，并使工具以很小的力轻轻压在工件上。超声换能器 4 产生 $1.6 \, \text{Hz}$ 以上的超声波纵向振动，并借助于变幅杆把振幅放大到 $0.05 \sim 0.1 \, \text{mm}$，驱动工具端面做超声振动，迫使工作液中悬浮的磨粒以很大的速度和加速度不断地撞击、抛磨被加工表面，把加工区域的材料粉碎成很细的微粒，从材料上被打击下来。虽然每次打击下来的材料很少，但由于每秒钟打击的次数多达 16 000 次以上，所以仍有一定的加工速度。与此同时，工作液受工具端面超声振动作用而产生的高频、交变的液压正负冲击波和"空化"作用，促进工作液钻入被加工材料的微裂缝处，加剧了机械破坏作用。所谓空化作用，是指当工具端面以很大的加速度离开工件表面时，加工间隙内形成负压和局部真空，在

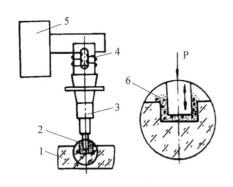

图 7-27　超声加工原理示意图
1—工件；2—工具；3—变幅杆；4—换能器；
5—超声发生器；6—磨料悬浮液

工作液体内形成很多微空腔，当工具端面以很大的加速度接近工件表面时，空泡闭合，引起极强的液压冲击波，可以强化加工过程。此外，正负交变的液压冲击也使悬浮工作液在加工间隙中强迫循环，使变钝了的磨粒及时得到更新。

由此可见，超声加工是磨粒在超声振动作用下的机械撞击和抛磨作用以及超声空化作用的综合结果，其中磨粒的撞击作用是主要的。

既然超声加工是基于局部撞击作用，因此不难理解，越是脆硬的材料，受撞击作用

对遭受超声振动的工具的破坏越大，越易超声加工。相反，脆性和硬度不大的韧性材料，由于它的缓冲作用而难以加工。根据这个道理，可以合理选择工具材料，使之既能撞击磨粒，又不致使自身受到很大破坏，例如用 45 号钢作工具，即可满足上述要求。

2. 超声加工的特点

① 适合于加工各种硬脆材料，特别是不导电的非金属材料，如玻璃、陶瓷、玛瑙、宝石、金刚石等。对于导电的硬质金属材料如淬火钢、硬质合金等，也能进行加工，但加工生产率较低。

② 由于工具可用较软的材料做成较复杂的形状，故不需要使工具和工件做比较复杂的相对运动，因此超声加工机床的结构比较简单，操作、维修方便。

③ 由于去除加工材料是靠极小磨料瞬时局部的撞击作用，故工件表面的宏观切削力很小，因此切削应力和切削热均很小，不会引起零件的变形与烧伤，表面粗糙度可达 $1 \sim 0.1\,\mu m$，加工精度可达 $0.01 \sim 0.02\,mm$，而且可以加工薄壁、窄缝、低刚度零件。

3. 超声加工设备及其组成部分

超声加工设备又称为超声加工装置，其功率大小和结构形状虽有所不同，但组成部分基本相同，一般包括超声发生器、超声振动系统、机床本体和磨料工作液循环系统。其主要组成如下。

（1）超声发生器。

超声发生器也称为超声波或超声频发生器，其作用是将工频交流电转变为有一定功率输出的超声频振荡，以提供工具端面往复振动和去除被加工材料的能量。其基本要求是：输出功率和频率在一定范围内连续可调，最好能具有对共振频率启动跟踪和自动微调的功能，此外要求结构简单、工作可靠、价格便宜、体积小等。

（2）超声振动系统。

该系统的作用是把高频电能转为机械能，使工具端面作高频率小振幅的振动进行加工，主要由换能器、振幅扩大棒及工具组成。

换能器的作用是将高频电振荡转换成机械振动，利用压电效应和磁致伸缩效应来实现。

由压电效应或磁致伸缩效应直接产生的变形量是很小的，即使在共振条件下其振幅也超不过 $0.005 \sim 0.01\,mm$，而超声波加工需要 $0.01 \sim 0.1\,mm$ 的振幅，因此必须通过一个振幅扩大棒把振动的振幅放大。

超声波的机械振动经扩大棒放大后即传给工具，使磨粒和工作液以一定的能量冲击工件，并加工出一定尺寸和形状。工具的形状和尺寸决定于被加工表面的形状和尺寸，它们相差一个"加工间隙"（稍大于平均的磨粒直径）。当加工表面积较小或批量较少时，工具和扩大棒做成一个整体，否则可将工具用焊接或螺纹连接等方法固定在扩大棒下端。当工具不大时，可以忽略工具对振动的影响，但当工具较重时，会减低声学头的共振频率，工具较长时，应对扩大棒进行修正，以满足共振条件。

整个声学振动系统的连接部分应接触紧密，否则超声波传递过程中将损失很多能量。在螺纹连接处应涂凡士林油加强耦合，绝不可存在空气间隙，因为超声波通过空气时衰减很快。

（3）机床本体。

超声加工机床一般比较简单，包括支撑声学部件的机架及工作台面，使工具以一定压力作用在工件上的进给机构，以及床体等部分，图7-28是国产CSJ-2型超声加工机床简图，其中4、5、6为振动系统，安装在一根能上下移动的导轨7上，导轨由上下两组滚动导轮定位，使导轨能灵活精密地上下移动。工具的向下进给及对工件施加压力靠声学部件自重，为调节压力大小，在机床后部有可加减的平衡重锤2，也有采用弹簧或其他办法加压的。

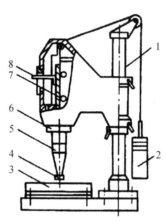

图7-28　CSJ-2型超声加工机床简图

1—支架；2—平衡重锤；3—工作台；4—工具；5—振幅扩大棒；6—换能器；7—导轨；8—标尺

（4）磨料工作液及其循环系统。

简单的超声波加工装置，其磨料是靠人工输送和更换的，即在加工前将悬浮磨料的工作液浇注堆积在加工区，加工过程中定时抬起工具和补充磨料。也可利用小型离心泵使磨料悬浮液搅拌后浇注到加工间隙中。对于较深的加工表面，仍应经常将工具定量抬起以利于磨料的更换和补充。

作为工作液效果较好而又最常用的是水，为了提高表面质量，有时也用煤油或机油做工作液。磨料常用碳化硼、碳化硅或氧化铝等，其粒度大小是根据加工生产率和精度要求选定，颗粒大的生产率高，但加工精度及表面粗糙度则较差。

4. 超声加工速度、精度、表面质量及其影响因素

（1）加工速度及其影响因素。

加工速度是指单位时间内去除材料的多少，单位通常以 g/min 或 mm³/min 表示。加工玻璃的最大速度可达 $2\,000 \sim 4\,000\,\text{mm}^3/\text{min}$。

影响加工速度的主要因素有工具振动频率、振幅、工具和工件间的静压力、磨料的种类和粒度、磨料悬浮液的浓度、供给及循环方式、工具与工件材料、加工面积、加工深度等。

① 工具振幅和频率的影响。大振幅和高频率能提高加工速度，但是过大的振幅和过高的频率会使工具和变幅杆承受很大的内应力，可能超过它的疲劳强变而降低使用寿命，而且在连接处的损耗也增大，因此一般振幅为 0.01~0.1 mm，频率为 16 000~25 000 Hz。实际加工中应调至共振频率，以获得最大的振幅。

② 进给压力的影响。加工时工具对工件应有一个合适的进给压力。压力过小，则工具末端与工件加工表面间隙增大，从而减弱了磨粒对工件的撞击力和打击深度；压力过大，会使工具与工件的间隙减小，磨料和工作液不能顺利循环更新，将会降低生产率。

一般而言，加工面积小时，单位面积最佳静压力可较大。例如，采用圆形实心工具在玻璃上加工孔时，加工面积在 5~13 mm^2 范围内，其最佳静压力约为 4 MPa，当加工面积在 20 mm^2 以上时，最佳静压力为 2~3 MPa。

③ 磨料的种类和粒度的影响。磨料硬度越高，加工速度越快，但要考虑价格成本。另外，磨料粒度越粗，加工速度越快，但精度和表面粗糙度则变差。

④ 磨料悬浮液浓度的影响。磨料悬浮液浓度低，加工间隙内磨粒少，特别在加工面积和深度较大时可能造成加工区局部无磨料的现象，使加工速度大大下降。随着悬浮液中磨料浓度的增加，加工速度也增加，但浓度太高时，磨粒在加工区域的循环运动和对工件的撞击运动受到影响，又会导致加工速度降低。通常采用的浓度为磨料与水的重量比为 0.5~1。

⑤ 被加工材料的影响。被加工材料越脆，则承受冲击载荷的能力越低，因此越易被加工；反之韧性较好的材料则不易加工。如以玻璃的可加工性（生产率）为 100%，则锗、硅半导体单晶为 200%~250%，石英为 50%，硬质合金为 2%~3%，淬火钢为 1%，不淬火钢小于 1%。

（2）加工精度及其影响因素。

超声加工的精度除受机床、夹具精度影响之外，主要与磨料粒度、工具精度及其磨损情况，工具横向振动大小、加工深度、被加工材料性质等有关。超声加工孔的精度，在采用 240$^\#$~280$^\#$ 磨粒时，一般可达 0.05 mm。

（3）表面质量及其影响因素。

超声加工具有较好的表面质量，不会产生表面烧伤和表面变质层。超声加工的表面粗糙度也较好，一般可在 Ra 1~0.1 μm 之间，取决于磨料每次撞击工件表面后留下的凹痕大小，它与磨料颗粒的直径、被加工材料的性质、超声振动的振幅以及磨料悬浮工作液的成分等有关。

当磨粒尺寸较小、工件材料硬度较大、超声振幅较小时，则加工表面粗糙度将得到改善，但生产率则也随之降低。

磨料悬浮工作液体的性能对表面粗糙度的影响比较复杂。实践表明，用煤油或润滑油代替水可使表面粗糙度有所改善。

7.5　思考与练习题

1. 编制模具加工工艺流程的原则和依据是什么？
2. 简述编制模具零件工艺规程应包含的主要内容。
3. 简述电火花成形加工的原理及特点。
4. 电火花加工时，选用电极材料应考虑哪些主要因素？常用的电极材料有哪些？
5. 影响电火花线切割加工质量和效率的主要因素有哪些？
6. 超声加工的原理和特点是什么？超声加工包括哪些的主要组成部分？

第8章 模具检验与装配

要制造出一副合格的模具，不但要保证各模具零件的加工精度，还要做好装配工作。

模具检验是工作质量保证体系中的重要环节，而模具质量是由设计质量及制造质量来保证的，只有控制好每一个环节的质量，才能保证最后顺利通过试模。为此在模具加工及组装的每一个环节都必须有明确的质量标准，以此来确定加工方法、保证质量要求，同时还需进行相应的检验。

装配则是按照模具规定的技术要求，把所有的零件连接起来，使之成为合格的模具。装配质量的好坏直接影响制件的质量和模具的使用寿命。例如，在加工凸模和凹模时，其尺寸虽然已经得到保证，但是如果装配时调整不好，将造成间隙不均匀，严重时甚至不能正常工作。因此，模具的检验与装配是模具制造中的重要组成部分。

8.1 模具的质量要求和标准

模具质量按模具加工出的制件质量、模具精度、模具寿命和模具标准化水平 4 个方面考核。各类模具分别按各自质量标准考核。模具标准件的质量根据国家有关标准制定的质量要求考核。

国家颁发的有关模具标准可分为主要产品标准和质量标准两种。

制定模具主要产品标准是为了对模具产品实现标准化，提高模具的标准化水平，便于模具的集约化生产，降低模具生产成本。制定模具质量标准则是对模具的质量提出量化考核指标。

1. 目前国家颁发的模具主要产品标准

① 冲模标准。模架（GB/T 2851—2861）；钢板模架（JB/T 7181—7188）；零件及技术条件（JB/T 7642—7652）；圆凸模与圆凹模（JB/T 5825—5830）。

② 塑料注射模标准。零件（GB 4169—4170）；中、小型模架及技术条件（GB/T 12556.1—2）；大型模架及技术条件（GB/T 12555.1—15）。

③ 压铸模标准。压铸模零件及技术条件（GB 4678—4679）。

④ 锻模标准。通用锻制模块尺寸系列及计量方法（JB/T 5900）。

⑤ 拉丝模标准。金刚石拉丝模具（JB 3944—85）。

2. 国家颁布的主要模具工艺质量标准

① 冲模技术条件（GB/T 14662—2006）。冲模用钢及其热处理技术条件（JB/T

6058—1992）；冲模模架技术条件（JB/T 8050—2008）；冲模模架精度检查（JB/T 8071—2008）。

② 塑料注射模具验收技术条件（GB/T 12554—1990）；塑封模具技术条件（GB/T 14663—1993）；塑封模具尺寸公差规定（GB/T 14664—1993）；塑料模具成型部分用钢及其热处理技术条件（JB/T 6057—1992）；塑料成型模具型面类型和粗糙度（JB/T 7781—1995）。

③ 压铸模技术条件（GB 8844—2003）。

④ 辊锻模通用技术条件（JB/T 9195—1999）；紧固件冷镦模具技术条件（JB/T 4213—1996）；冷锻模具用钢及热处理技术条件（JB/T 7715—1995）；热锻成型模具钢及其热处理技术条件（JB/T 5823—1991）；硬质合金拉丝模具技术条件（JB/T 3943.1—1999），金刚石拉丝模（JB/T 3943.2—1999）。

⑤ 橡胶模具技术条件（JB/T 5831—1991）。

⑥ 玻璃制品模具技术条件（JB/T 5785—1991）。

模具企业等级和模具产品质量有关，其关系如表 8-1 所示。

表 8-1 模具企业等级与产品质量的关系

企业等级	模具产品质量
国家特级	国际当代先进水平
国家一级	国际 20 世纪 70 年代末 20 世纪 80 年代初先进水平
国家二级	国内领先水平

8.2 模具检验的常用工具

模具的检验主要分为对一般模具零件的检验、模具工作部分的检验和模架的检验。因此模具制造中的测量技术除一般几何量测量（如各种直线性尺寸的测量、形状位置误差、表面粗糙度、角度、螺纹等误差的测量）外，还包括检测复杂曲面形状扫描等先进测量技术。在测量方法上除对模具零件直接测量外，还较广泛采用间接测量方法。例如，模腔综合检验的方法主要采用对浇铅或浇盐铸件的检验，即把上下模装配好，检验分模面的局部不密合程度。然后用夹具固定牢，浇口中注入熔化的铅或盐液，待冷却后打开模具，根据铸件检验型槽的尺寸精度。

由于模具零件常有形状复杂的内表面，且槽与面之间往往是光滑的过渡面或圆角，没有明显的棱线，给检验带来一定的困难，因此在模具制造中，小批量、复杂轮廓表面的加工与测量技术水平已成为衡量一个国家科技水平的标志之一。

8.2.1　常规量具

由于模具零件的品种多、数量少、加工对象经常变换，因此在技术要求允许的情况下，应尽量采用常规量具来检验模具零件。

1. 尺寸精度的测量用具

模具零件的尺寸精度是根据制件的精度要求、凸凹模之间的间隙及制造公差设计的，只有满足设计要求的模具才能保证冲、锻件的质量。现将常用的测量用具介绍如下。

（1）游标量具。

游标量具是利用游标原理进行读数的量具，分为游标卡尺、游标深度尺和游标高度尺，各类游标量具的分度值有 0.1 mm、0.05 mm、0.02 mm 等。

① 游标卡尺。游标卡尺用于测量内外直径和长度。在大测量范围的游标卡尺中有可转动量爪式；为提高测量精度及读数方便，还装有测微表头或数字显示装置的游标卡尺。

② 游标深度尺。游标深度尺用于测量孔、槽的深度。

③ 游标高度尺。游标高度尺主要在平板上对工件进行高度的测量或画线。

（2）千分尺。

千分尺是利用精密螺旋副原理制作的测量工具。通常其刻度值为 0.01 mm。按其用途分为外径千分尺、内径千分尺和深度千分尺，其外形图如图 8-1 所示。

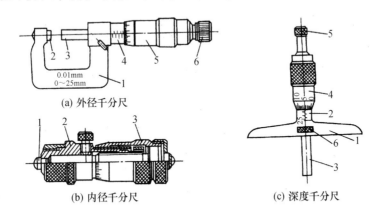

图 8-1　千分尺外形图

(a) 1—弧形尺架；2—固定测砧；3—测量杆；4—固定套筒；5—微分筒；6—测量力衡定机构；

(b) 1—量头；2—套管；3—微分筒；

(c) 1—横尺；2—固定套筒；3—测量杆；4—微分筒；5—测量力衡定机构；6—锁紧螺母

（3）量规。

量规是一种没有刻度的专用检验工具。用量规检验零件时，可判断零件是否在规定的检验极限范围内，而不能得出零件的尺寸、形状和位置误差的具体数值。它的结构简单，使用方便、可靠，检验效率高。

测量孔径、轴径的量规称光滑极限量规。其中检验孔径的量规为塞规；检验轴径的量规为卡规或环规，光滑极限量规如图8-2所示。

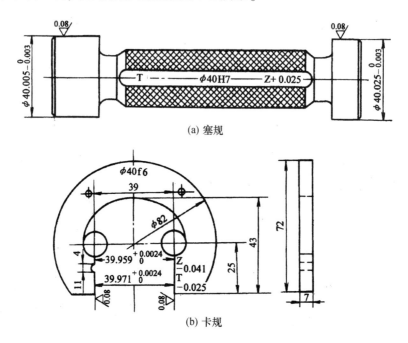

(a) 塞规

(b) 卡规

图8-2　光滑极限量规

量规的一端按被检验零件的最小实体尺寸制造称为止规，标记为Z；量规的另一端按被检验零件的最大实体尺寸制造称为通规，标记为T。

使用塞规和卡规时，通规能通过被检验零件，止规通不过被检验零件时说明零件是合格的。

2．形位误差测量用具

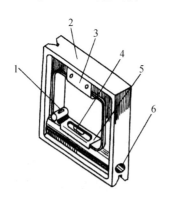

图8-3　框式水平仪

1—横水准器；2—框架；3—手把；
4—主水准器；5—盖板；6—零位调整位置

测量形位误差的常用量具和检具有水平仪、平板、测量指示表及万能表架等，也可用工具显微镜、三坐标测量机、投影仪等测量仪器。

常用的水平仪有框式水平仪和光学合像水平仪。

框式水平仪主要用于测量工件的直线度和垂直度，在安装和检修机器时也常用于找正机器的安装位置。

框式水平仪由框架与水准器两部分组成，如图8-3所示。框架的测量面有平面和V形槽两种，V形槽可用于圆柱面上的测量。框架四周的测量面相互垂直，可用于测量工件垂直面误差。

主水准器是测量值的显示部位，具有一个表面带刻线的弧形玻璃管，内装乙醚或酒精，并留有一个气泡（称为水准泡）。当水平仪处于水平位置时，气泡位于玻璃管刻线中间。当水平仪微量倾斜一角度时，气泡则向左或右移动一距离。根据气泡的移动量可以间接反映水平仪倾斜角的大小和方向。

横水准器是用于保证测量位置的正确性。水平仪的精度一般是以气泡移动一格，水平仪在 1m 长度上倾斜的高度差 H 表示。例如，精度为 0.02/1 000 的框式水平仪，气泡向左或右移动一格，则在水平仪边框 200 mm 的长度上，两端的高度差 $H = 200 \times (0.02/1\,000) = 0.004$ mm。

图 8-4 为光学合像水平仪，主要用于测量工件的直线度和平面度，在安装和检修机器时也可用于找正机器的安装位置。与框式水平仪相比，其测量范围大，可在工件的倾斜面上使用，但环境温度变化对测量精度有较大的影响。

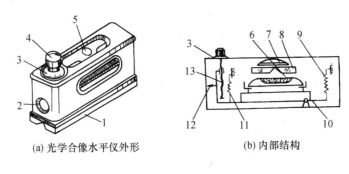

(a) 光学合像水平仪外形　　　　　　　　(b) 内部结构

(c) 水平位置时的合像图形　　　　　　　(d) 倾斜时的合像图形

图 8-4　光学合像水平仪

1—底座；2、5—窗口；3—微分盘；4—转动手柄；6—玻璃管；7—放大镜；
8—合成棱镜；9、11—弹簧；10—杠杆架；12—指针；13—测微螺杆

光学合像水平仪的结构如图 8-4（a）、（b）所示。玻璃管 6 安装在杠杆架 10 上，其水平位置用微分盘 3 通过测微螺杆 13 和杠杆系统进行调整。玻璃管内的气泡两端圆弧分别用 3 个不同方向、不同位置的棱镜反射到窗口的镜框内，分成两个半像。当水平仪处于水平位置时气泡 A、B 重合，如图 8-4（c）所示；当水平仪倾斜时气泡 A、B 不重合，如图 8-4（d）所示。测微杆的螺距 $P = 0.5$ mm，微分盘的刻线分为 100 等分，即微分盘每转过一格，测微螺杆上的螺母就移动 0.005 mm。

将水平仪放在工件的被测表面上，用手转动微分盘 3，从窗口 5 中观察，直到两半气泡重合时进行读数。其中窗口 2 读数单位为 mm/m，微分盘刻度值为 0.01 mm/m。

例如，精度为 0.01/1 000 的光学合像水平仪，微分盘上每一刻度格表示在 1m 长度上，两端高度差为 0.01 mm。测量时，如果从窗口 2 读数为 1，微分盘刻度数为 16，则测量值为 1.16 mm。表示被测工件倾斜程度是在 1m 长度上两端高度差为 1.16 mm。如果工件长度小于或大于 1m 时，应按照正比例方法进行折算。

3. 表面粗糙度测量用具

模具零件工作表面的粗糙度值影响提高模具加工零件的成形质量，决定模具危险点的应力水平和模具工作表面的磨损程度，因此对模具零件工作表面加工后的表面质量有严格要求：凸、凹模工作表面和型腔表面的粗糙度 Ra 应达到 0.8 μm，圆角区的表面粗糙度 Ra 为 0.4～0.8 μm。目前常用的表面粗糙度的测量工具如下。

（1）表面粗糙度样板。

表面粗糙度样板是用不同的加工方法（如车、铣、刨、磨等）制成的，经过测量确定其粗糙度数值的大小，一般用于粗糙度较大的工件表面的近似评定。

用表面粗糙度样板确定零件表面粗糙度，需要把被测零件表面与表面粗糙度样板进行比较，从而做出判断。应用时需注意，表面粗糙度样板的加工纹理方向及材料应尽可能与被测零件相同，否则易产生错误的判断。比较法多为目测，常用于评定低等粗糙度值和中等粗糙度值，也可借助放大镜、显微镜或专用的粗糙度比较显微镜进行比较。

采用表面粗糙度样板比较法测量简便易行，是实际生产中的主要测量手段。其缺点是精度较差，只能作定性分析比较，评定可靠性受检验人员经验制约。

（2）电动轮廓仪。

电动轮廓仪又称为表面粗糙度检查仪或测面仪，是利用针描法来测量表面粗糙度。其原理是将一非常锐利的针尖沿被测表面以匀速缓慢地滑行。工件表面的微观不平度使针尖上下移动，其移动量通过传感器等装置加以放大，进而由计算机记录并进行处理。

电动轮廓仪按其传感器的工作原理分为电感式和压电式。电感式轮廓仪测量精度高，带有记录装置。压电式轮廓仪结构简单、紧凑、精度较低，一般做成直读式而不带记录装置。国产 BCJ-2 型电动轮廓仪如图 8-5（a）所示，适用于测量 0.01～5 μm 的 Ra 值。图 8-5（b）为丹麦 Surtronic-3 型电动轮廓仪，测量范围为 0.1～30 μm，是一种典型的车间使用的小型表面粗糙度测量仪。近年来，先进的计算机处理技术使电动轮廓仪的操作、数据处理变得简捷迅速。

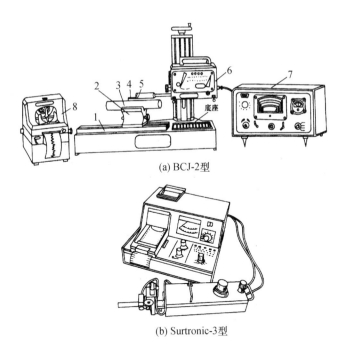

(a) BCJ-2型

(b) Surtronic-3型

图 8-5　电动轮廓仪

1—工作台；2—V 形块；3—工件；4—触针；5—传感器；6—驱动箱；7—电器箱；8—记录器

BCJ-2 型电动轮廓仪由传感器、驱动箱、指示表、记录器、工作台等主要部件组成。传感器端部装有金刚石触针，触针尖端曲率半径很小。测量时，将触针搭在工件上，与被测表面垂直接触，驱动箱以一定的速度拖动传感器。由于被测表面轮廓峰谷起伏，触针在被测表面滑行时将产生移动，这种机械的上下移动引起传感器内的电量变化，经电子装置将这一微弱的电量变化放大、相敏检波和功率放大后，推动记录器进行记录，得到截面轮廓放大图，或者把信号通过适当的环节进行滤波和积分计算，由电表直接读出 Ra 值。

电动轮廓仪还配有各种附件，以适应平面、内外圆柱面、圆锥面、球面、曲面，以及小孔、沟槽等形状的工件表面测量。电动轮廓仪测量迅速方便，测量值精度高。

8.2.2　专用量具

1. 样板

检验用样板是根据模具零件的一些特征截面，由钳工或线切割机床将薄钢板做成相应截面形状，再经淬火和仔细研磨而成，有"轮廓样板""漏板样板"等。样板检验的突出优点是检验效率高，用于经常性检验项目。

轮廓样板是按零件内部轮廓尺寸制造，给予微小负允许偏差。轮廓样板可用于铣削加工前在型面上的画线。

"漏板样板"是通过型样板。当用于检验凸模时，按凸模的最大极限尺寸制造；用于检验凹模时，按凹模的最小极限尺寸制造。

弯曲模，特别是大中型弯曲模的凸、凹模工作表面的曲线，几何形状和尺寸要求较高。加工时，需用样板及样件控制。

车削加工模具零件时，除加工一些小而精密的形状采用成型刀加工外，常用手工控制加工。其所需形状和尺寸可由样板检验，用样板的基面靠零件基面来检查成形表面的正确性。

特别应该注意的是：由于模具是生产零件的部件，因此一般来讲模具的精度等级比要生产的零件的精度等级要高一级，而生产模具的电极又要比模具精度等级高一级，因此检验模具用的样板就要求精度很高，一般需要用高精度的仪器来检验样板。

2. 模型

在汽车、拖拉机制造业，用于大型曲面零件制造的大型覆盖件冷冲模的工作部分，大多由立体曲面构成，精度及表面粗糙度等级要求均较高，加工时需采用模型和样架等专用检验工具配合加工。

8.2.3　投影仪

投影仪是利用光学透镜的放大投影成像功能，把形状复杂细小的工件轮廓形状投影在屏幕上，以便测量轮廓尺寸的长度计量仪器。投影仪可用来测量或检验复杂形状工件的轮廓、截面和表面形状。例如，在模具制造中，用来检验模具、样板、螺纹、量规、成型车刀、铣刀等。

图 8-6　立式投影仪外观图

投影仪的组成包括光学系统、工作台和附件。光学系统可根据被测工件的特点（指形状、大小、要求等），选择实现下列照明方式：从被测工件下方通过透射光、从被测工件侧面通过透射光或从被测工件表面反射光。用透射光照明工件时，影屏上的像是被测工件放大了的轮廓暗影。如用透射、反射同时照明时，则可对工件的轮廓和表面的形状同时观察和测量。投影仪的工作台可做纵横向移动，具有测微机构进行纵、横向读数。工作台可采用电动机进行升降的粗动，再用手轮实现微动。附件包括玻璃刻度尺、放大镜、V 形架、光学分度头等。图 8-6 是立式投影仪外观图。

8.2.4　三坐标测量机

三坐标测量机是一种以精密机械为基础，综合应用电子技术、计算机技术、光栅与激光干涉技术等先进技术的检测仪器。三坐标测量机的主要功能是：实现空间坐标点的测量，可方便地测量各种零件的三维轮廓尺寸、位置精度等。测量精确可靠，适应性强。同时由于计算机的引入，可方便地进行数字运算与程序控制，因此它不仅能进行空间三维尺寸的测量，还可实现主动测量和自动检测。

1．三坐标测量机分类

根据三坐标测量机 3 个方向测量轴的相互配置位置，可分为悬臂式［如图 8-7 (a)、(b) 所示］、桥式［如图 8-7 (c)、(d) 所示］、龙门式［如图 8-7 (e)、(f) 所示］、立柱式［如图 8-7 (g) 所示］、坐标镗床式［如图 8-7 (h) 所示］等，每种形式各有特点与适用范围。

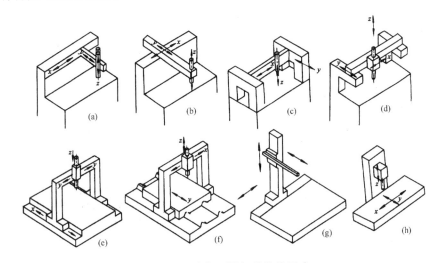

图 8-7　三坐标测量机的结构形式

悬臂式的特点是结构紧凑、工作面开阔、装卸工件方便、便于测量，但悬臂易于变形，且变形量随测量轴 y 轴的位置变化，因此 y 轴测量范围受限。桥式测量机结构刚性好，x、y、z 的行程大，一般为大型机。龙门式的特点是龙门架刚度大，结构稳定性好，精度较高。由于龙门或工作台可以移动，装卸工件方便，但考虑龙门移动或工作台移动的惯性，龙门式测量机一般为小型机。立柱式适合于大型工件的测量。坐标镗式的结构与镗床基本相同，结构刚性好，测量精度高，但结构复杂，适用于小型工件。在模具的制造和检验中，常用的形式为桥式、龙门式和立柱式。

三坐标测量机按其工作方式可分为点位测量方式和连续扫描测量方式。点位测量方式是由测量机采集零件表面上一系列有意义的空间点，通过数学处理，求出这些点所组成的特定几何元素的形状和位置。连续扫描测量方式是对曲线、曲面轮廓进行连续测量，多为大、中型测量机所采用。

2．三坐标测量机的构成

三坐标测量机主要由测量机主体、测量系统、控制系统和数据处理系统组成。

(1) 三坐标测量机的主体。

图 8-8 为 CIOTA 系列三坐标测量机，其三向导轨为气浮结构，由手柄或 CNC 控制

齿轮齿条传动。测量机主体的运动部件包括：沿 x 轴移动的主滑架5，沿 y 向移动的副滑架4，沿 z 向移动的 z 轴3，测量工作台1。测量机的工作台多为花岗岩制造，具有稳定、抗弯曲、抗振动、不易变形等优点。

图 8-9 是英国 Taylsurf CCI 3 000 非接触式 3D 表面轮廓仪的外形。它最大可测量零件规格为 300 mm×300 mm×200 mm，测量面积为 0.36～7.0 mm²，被测零件的反射率在 0.3%～100% 均可测量。垂直方向分辨率为 0.01 μm，水平方向分辨率为 0.36 μm。光学分辨率取决于表面放大倍数，从 0.4～7.2 μm 不等，放大倍数越大，分辨率越高。z 轴测量范围 100 μm，测量系统可存储 1 024×1 024 个点的数据。

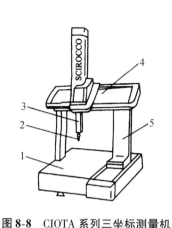

图 8-8　CIOTA 系列三坐标测量机

1—工作台；2—测头；3—z 轴；4—副滑架；5—主滑架

图 8-9　Talysurf CCI 3 000 表面轮廓仪

（2）三坐标测量机的测量系统。

三坐标测量机的测量系统包括测头和标准器。CIOTA 系列三坐标测量机以金属光栅为标准器，光学读数头用于各坐标轴实现测量数值。三坐标测量机的测头用来实现对工件的测量，是直接影响测量机测量精度、操作的自动化程度和检测效率的重要部件。

三坐标测量机的测头有接触式和非接触式两类。在接触式测量头中又分机械式测头和电气式测头。

机械接触式测头为具有各种形状（如锥形二球形）的刚性测头、带千分表的测头及画针式工具。机械接触式测头主要用于手动测量，由于手动测量的测量力不易控制，测量力的变化会降低瞄准精度，因此只适用于一般精度的测量。

电气接触式测头的触端与被测件接触后可作偏移，传感器输出模拟位移量信号。这种测头既可以用于瞄准（过零发信），也可以用于测微（测给定坐标值的偏差），因此电气接触式测头主要分为电触式开关测头和三向测微电感测头，其中电触式开关测头较广泛采用。

非接触式测头主要由光学系统构成，如投影屏式显微镜、电视扫描头。适用于软、薄、脆的工件测量。

3．三坐标测量机的计算机系统和软件

三坐标测量机的控制系统和数据处理系统包括通用或专用计算机、专用的软件系统、专用程序或程序包。计算机是三坐标测量机的控制中心，用于控制全部测量操作、数据处理和输入输出。

测量机提供的应用软件一般包括以下几种。

（1）通用程序。

用于处理几何数据，按照功能分为测量程序（求点的位置、尺寸、角度等）、系统设定程序（求工件的工作坐标系，包括轴校正、面校正、原点转移程序等）、辅助程序（设定测量的条件，如测头直径的确定、测量数据的修正等）。

（2）公差比较程序。

先用编辑程序生成公差数据文件，再与实测数据进行比较，从而确定工件尺寸是否超出公差。监视器将显示超出的偏差大小，打印机打印全部测量结果。

（3）轮廓测量程序。

测头沿被测工件轮廓面移动，计算机自动按预定的节距采集若干点的坐标数据进行处理，给出轮廓坐标数据，检测零件各要素的几何特征和形位公差以及相关关系。

（4）其他程序。

包括自学习零件检测程序的生成程序、统计计算程序、计算机辅助编程等。

4．三坐标测量机的测量方式

一般点位测量有 3 种测量方式：直接测量、程序测量和自学习测量方式。

（1）直接测量方法。

直接测量即手动测量，利用键盘由操作员将决定的顺序打入指令，系统逐步执行的操作方式，测量时根据被测零件的形状调用相应的测量指令，以手动或 NC 采样，其中 NC 方式是把测头拉到接近测量部位，系统根据给定的点数自动采点。测量机通过接口将测量点坐标值送入计算机进行处理，并将结果输出显示或打印。

（2）程序测量方法。

程序测量是将测量一个零件所需要的全部操作，按照其执行顺序编程，以文件形式存入磁盘，测量时运行程序，控制测量机自动测量的方法。适用于成批零件的重复测量。

（3）自学习测量方法。

自学习测量方法是操作者在对第一个零件执行直接测量方式的正常测量循环中，借助适当命令使系统自动产生相应的零件测量程序，对其余零件测量时重复调用。该方法与手工编程相比，省时且不易出错。但要求操作员熟练掌握直接测量技巧，注意操作的目的是获得零件测量程序，注重操作的正确性。在自学习测量过程中，系统可以两种方式进行自学习：对于系统不需要对其进行任何计算的指令，如测头定义、参考坐标系的选择等指令，系统采用直接记录方式；许可记录方式用于测量计算的有关指令，只有被操作者确认无误时才记录，如测头校正、零件校正等指令。当测量循环完成或程序过程中发现操作错误时，可中断零件程序的生成，进入编辑状态修改，然后再从断点启动。

5. 三坐标测量机的应用

（1）多种几何量的测量。

测量前必须根据被测件的形状特点选择测头并进行测头的定义和校验，并对被测件的安装位置进行找正。

① 测头的定义和校验。在测量过程中，当测头接触零件时，计算机将存入测头中心坐标，而不是零件接触点的实际坐标，因而测头的定义包括测头半径和测杆的长度造成的中心偏置，以及多测头测量时各个测头定义代码。测量测头的校验还包括使计算机记录各测头沿测量机不同方向测同一测点时的长度差别，以便实际测量时系统能自动补偿。测头的定义和校验可直接调用测头管理程序、参考点标定和测头校正程序来进行，将各测头分别测量固定在工作台上已标定的标准球或标准块，计算机即将各测头测量时的坐标值计算出各测头的实际球径和相互位置尺寸，并将这些数据存储于寄存器作为以后测量时的补偿值。经过校验的不同测头测同一点，可得到同样的测量结果。

② 零件的找正。零件的找正是指在测量机上用数学方法为工件的测量建立新的坐标基准。测量时，工件任意地放置在工作台上，其基准线或基准面与测量机的坐标轴（x、y、z轴的移动方向）不需要精确找正，为了消除这种基准不重合对测量精度的影响，用计算机对其进行坐标转换，根据新基准计算校正测量结果。因此，这种零件找正的方法称为数学找正。

工件测量坐标系设定后，即可调用测量指令进行测量。三坐标测量机测量被测工件的形状、位置、中心和尺寸等方面的应用示例如表8-2所示。

表 8-2　三坐标测量机的应用示例

测量分类	测量项目	测量形状及位置	被测件名称
直角坐标测量	孔中心距测量		孔系部件
高度关系的测量	高度方向尺寸测量		用球面立铣刀加工的具有3个坐标尺寸的被加工件
	与高度相关的平行度测量		

续表

测量分类	测量项目	测量形状及位置	被测件名称
平面坐标测量	和 z 轴平行面的内外尺寸测量		数控铣床的部件
	测头不能接触的部位表面形状、间隙测量		精密部件
曲面轮廓测量	把高度分成小间隔的一个平面上的轮廓形状测量		电火花机床用电极
三坐标测量	用球测头接触作不连续点的测量以决定空间形状		电火花机床用电极
角度关系的测量	安装圆工作台测量与角度相关的尺寸		间隙、凸轮沟槽

（2）实物程序编制。

对于在数控机床上加工的形状复杂的零件，当其形状难于建立数学模型使程序编制困难时，常常可以借助于测量机。通过对木质、塑料、黏土或石膏制的模型或实物的测量，得到加工面几何形状的各项参数，经过实物程序软件系统的处理，输出所需结果。例如，高速数字化扫描机实际上是一台连续扫描测量方式坐标测量机，主要用于对模具未知曲面进行扫描测量，可将测得的数据存入计算机，根据模具制造需要实现对扫描模型进行阴、阳模转换，生成需要的 CNC 加工程序，然后借助绘图设备和绘图软件得到复杂零件的设计图样，即生成各种 CAD 数据。

（3）轻型加工。

三坐标测量机除用于零件的测量外，还可用于如画线、打冲眼、钻孔、微量铣削及末道工序精加工等轻型加工，在模具制造中可用于模具的安装、装配。三坐标画线机即立柱式三坐标测量机，主要用于金属加工中的精密画线和外形轮廓的检测，特别适用于大型工件制造、模具制造、汽车和造船制造业及铸件加工等。它与三坐标测量机在结构和精度上有较大区别，属于生产适用型三坐标机，可承受检测环境较恶劣的画线和计量测试技术工作。因此，在模具制造中，特别是大型覆盖件冷冲模具制造中，得到广泛应用。

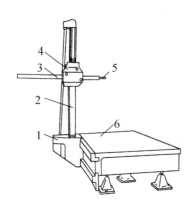

图 8-10 立柱式三坐标画线机

1—基座；2—立柱；3—水平臂；
4—支承箱；5—测头；6—工作台

图 8-10 所示为立柱式三坐标画线机，由机械主体部分和数字显微处理系统组成。其机械主体部分主要包括立柱 2、基座 1、水平臂 3、支承箱 4、测头 5 及一侧带导槽的工作台 6 等。仪器基座 1 可在工作台导槽中移动或定位锁紧，水平臂可在支承箱中做水平移动。在画线或检测时，工件一次定位即能完成 3 个面的画线或检测，效率高，相对精度高，反映问题迅速。数显微处理系统由光栅编码器、无滑滞滚动的角度－长度转换装置和微电脑数显电气等组成。仪器的量程范围大，可作相对或绝对坐标数据显示、公英制转换和数据打印。

8.3 模具零件的连接与固定

模具零件的连接与固定分为可拆连接与不可拆连接两种。螺钉连接或螺栓连接一般为可拆连接，压入法、挤紧法、焊接法和热套法为不可拆连接。螺钉连接工艺简单、容易调整；不可拆连接则连接可靠。

8.3.1 模具零件的常用连接方法

1. 紧固件连接法

模具零件常用紧固件连接。这种连接方法工艺简便，其示例如表 8-3 所示。

表 8-3 模具零件用紧固件连接示例

紧固件	示意图	说 明
螺钉	垫板 螺钉 固定板　螺钉 固定板 凸模	凸模为硬质合金时，螺孔用电火花加工
斜压块及螺钉	10° 凹模 螺钉 斜压块 模座　凹模 螺钉 锥孔压板 固定板	10°斜度要求准确配合
钢丝	垫板 固定板 钢丝 凸模　2 固定板	1. 在固定板上铣出安放钢丝的长槽两处，槽宽等于钢丝直径 $\phi 2$ mm 2. 装配时将凸模与钢丝一并从上向下装入固定板

2．压入法

压入法是固定冷冲模、压铸模等主要零件的常用工艺方法。其优点是牢固可靠，缺点是对压入的型孔精度要求高，当型孔复杂或对孔距中心要求严格时，保证加工精度费时很多，此法常用于冷冲模凸模压入固定板，以及挤压模凹模压入套圈。压入法采用过盈量的大小，视具体情况而定。一般来说，固定冷冲模凸模时过盈较小，固定冷挤压模凹模时过盈较大，这是因为冷挤压模工作时承受的载荷远大于冷冲模，过盈小将难以保证连接的可靠性，过盈数值如表 8-4 所示。

表 8-4　模具零件压入法固定用配合

类别	零件名称	示　　例	过盈量 Δ	配合要求
冲模	凸模与固定板		$0.02\sim0.05$ mm	1．采用 H7/n6 或 H7/m6 2．粗糙度 Ra 0.8 μm
冷挤压模	两层组合凹模钢或硬质合金凹模与钢套圈		$(0.008\sim0.009)d_1$	1．$\theta=1°30'$ 2．$c_1=\dfrac{\Delta}{2}\cot\theta$ 3．热挤压模 $\theta=10°$

压入时应先将待压入件置于压力机中心，然后缓慢地用压力机或油压机将之压入型孔少许，随即进行垂直度检查，压入至深度 1/3 时，再作平行度检查。

压入后将固定板底面与凸模底面磨平（以固定板另一面为基准）；以固定板底面为基准磨刃口面。

在固定多个凸模的情况下，各凸模压入的先后次序应有选择。凡装配容易定位而便于作为其他凸模安装基准的，应先压入；凡难定位或要求依赖其他零件通过一定工艺才能定位的，应后压入。如无特殊情况的，则压入顺序无严格限制。

3．挤紧法

挤紧法是将冷冲模的凸模固定在固定板中的另一种工艺方法。这种方法是将凿子环绕凸模外圈对固定板型孔进行局部敲击，将固定板的局部材料挤向凸模，使之紧固。挤紧法操作简便，但要求固定板的型孔加工比较准确。挤紧法一般操作步骤如下。

① 将凸模通过凹模压入固定板型孔（凹、凸模的间隙要控制均匀）。

② 挤紧。

③ 复查凹、凸模间隙，如不符合要求时要整修。

在固定板中挤紧多个凸模时，可先装最大的凸模，这样当挤紧其余凸模时不会受到影响，稳定性好，然后再装配离该凸模较远的凸模，其余的次序可不必选择。

4．焊接法

焊接法一般只用于硬质合金模具，由于硬质合金与钢的热膨胀系数相差大，以 YG15、YG20 为例，热膨胀系数为 $(5\sim6)\times10^{-6}/{}^{\circ}\!C$，即约为碳钢的一半，焊后易造成内应力引起开裂而尽量避免采用。只有在用其他固定方法比较困难时才采用。这种固定法的工艺概要如表 8-5 所示。

表 8-5　焊接固定法的工艺概要

工艺结构简图			
序　号	工　序		工艺说明
1	准备工作	清理	清理焊接面
		预热	700～800℃（焊缝内脱水硼砂开始熔化）
2	焊接	方式	气焰钎焊或高频钎焊等，加热到约 1 000℃
		焊缝	0.2～0.3 mm
		焊料	H62 黄铜或 105# 焊料，灼热后蘸溶剂送入焊缝
		溶剂	脱水硼砂或氟酸钠，焊前先放入焊缝
		冷却	焊后放入木炭中缓冷
3	去应力		加热到 250～300℃，保温 4～6 h

5．热套法

热套法常用于圆柱面的过盈配合装配，其基本原理是利用材料的热膨胀，加热模具外套使之膨胀，将模具内块装入，待外套冷却收缩后则将内外块固定为一体。具体的加热温度视材料的热膨胀系数、过盈量而定。常用于凹模、凸模拼块及硬质合金模块，对于单纯要求起固定作用时的过盈量宜较小，而要求有预应力时过盈量则需要根据预应力要求来计算。

8.3.2　低熔点合金的应用

所谓低熔点合金，一般是指由锑（Sb）、铅（Pb）、镉（Cd）、铋（Bi）、锡（Sn）等金属组成的合金，这些合金的特点是熔点低，一般为 75～120℃；冷凝时会膨胀，膨胀率约为 0.002。

对具有多个凸、凹模配合的模具时，必须保证每一对凸、凹模之间都具有均匀的间隙。为此，在加工时不仅要保证每一个凸、凹模的尺寸精度，还保证凹模上各型孔之间的距离十分精确，且与凸模固定板上各孔的距离一致。由于机械加工误差的存在，这就给模具的装配工作造成了困难。为了解决这个问题，可采用低熔点合金固定凸模，即在凸模与凸模固定板之间不采用过渡配合，而是将固定板的型孔做得比凸模大 3～

5 mm，凸模按照凹模定位后，再往凸模与固定板的间隙内浇注低熔点合金，利用合金冷凝时体积膨胀的特性使凸模与固定板紧固。

用低熔点合金固定凸模，可解决多孔冲模调整凸、凹模间隙的困难，缩短生产周期，提高模具的装配质量。图 8-11 是常用的低熔点合金固定凸模的几种结构形式。

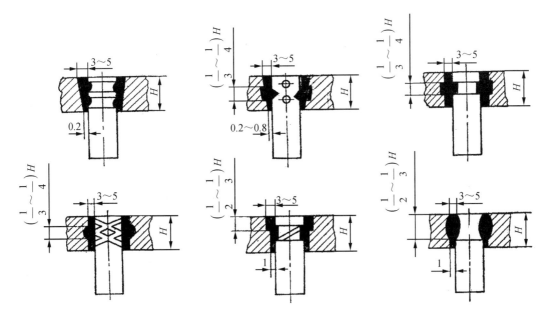

图 8-11　低熔点合金固定凸模的几种结构形式

低熔点合金还可用于固定凹模拼块、导套等。低熔点合金浇固凸模的特点是牢固可靠、加工容易。

必须注意，低熔点合金的固定方法通常只用于冲裁厚度为 2 mm 以下的模具，因为当冲裁厚度大于 2 mm 时卸料力较大，用低熔点合金紧固会造成连接部位抗拉强度不足。

8.3.3　环氧树脂的应用

环氧树脂在硬化状态下对各种金属和非金属表面的附着力非常强，而且在硬化时收缩率小，黏结时不需要附加压力，因此在模具装配中常用来固定凸模，胶合导柱、导套等。

采用环氧树脂固定凸模可以大大降低对固定板型孔的机械加工要求，同时降低了模具装配的难度，容易获得高装配质量。用环氧树脂固定凸模时，把凸模固定板的型孔做大一些，通常比凸模单边大 1 mm 左右，此间隙不宜过大，否则会降低黏结处的强度，而孔壁则应粗糙些（$Ra > 6.3\ \mu m$）。用环氧树脂固定凸模的结构形式如图 8-12 所示，其中图 8-12（a）、（b）的固定方法适用于板厚小于 0.8 mm 的冲模；图 8-12（c）的固定方法适用于板厚大于 0.8 mm 的冲模。

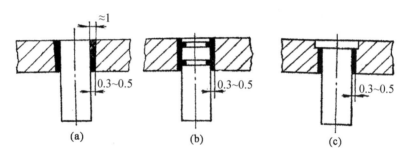

图 8-12　环氧树脂固定凸模的结构形式

黏结时有关零件必须保持在正确位置，在黏结剂未固化前不得移动，黏结面除了必须清洗干净外，还需注意以下几点。

① 防潮。填充剂在使用前要求干燥，一般可用炉加热到 200℃，烘 0.5～1 小时。

② 防老化。环氧树脂及固化剂存放不可过久，使用后要把盛器盖紧。

③ 控制温度。特别是加入固化剂时的温度，要严格控制。当浇注时室温过低时，模具零件要求适当预热。

④ 固化。室温固化的，浇注后在室温下静止放置 24 小时后可以使用，但在室温较低时，要用红外线灯照射。热固化的可在 60℃ 保温 2 小时，再分别升温到 80℃、120℃ 各保温 4 小时，或先在 80℃ 保温 1 小时，再分别升温到 100℃、140℃ 各保温 1 小时，然后随炉冷却到室温时取出。

⑤ 劳动保护。要在通风良好的条件下进行操作。由于胺类固化剂毒性大，必须防止有毒气体损害健康。要戴乳胶手套，防止皮肤受树脂和固化剂的腐蚀。

环氧树脂除了用来固定凸模外，还可用来固定导柱、导套等。出于黏结强度的考虑，料厚大于 2 mm 的冲模不宜采用。

8.4　冷冲压模具的装配与检验

8.4.1　冷冲模装配要点

模具的质量取决于模具零件质量和装配质量。装配质量又与零件质量有关，也与装配工艺有关。装配工艺视模具结构及零件加工工艺而有所不同。拼合结构的模具比整体结构模具的装配工艺复杂，级进模和复合模的装配比简单模要求高。

关于冲裁模的装配，大致有下列要点。

1. 选择基准件

基准件的选择按照模具主要零件加工时的依赖关系来确定。可作装配时基准件的有导向板、固定板、凹模及凸模。

2．确定装配次序

① 以导向板作基准件进行装配时，通过导向板将凸模装入固定板，再装入上模座，然后再装凹模及下模座。

② 固定板是具有止口的模具，以止口将有关零件定位进行装配（止口尺寸可按模块配制，一经加工好就作为基准）。

③ 对于级进模，为了便于调整准确步距，在装配时对拼块凹模先装入下模座后再以凹模定位装凸模，再将凸模装入上模座。凸模事先装入固定板。

当模具零件装入上、下模座时，先装作为基准的零件，然后检查装入零件无误后，钻铰销钉孔，打入销钉。

8.4.2　主要组件的装配

在装配之前，必须仔细研究图纸，根据模具的结构特点和技术要求，确定合理的装配次序和装配方法。此外，还应检查模具零件的加工质量，如检查下模座的上平面与底面的平行度等，然后开始装配。为了描述的方便，下面以图 8-13 为例来进行装配。

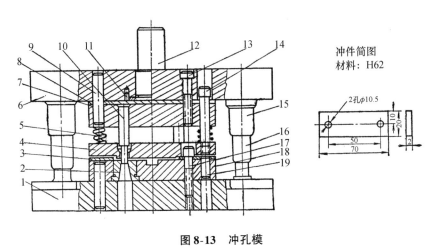

图 8-13　冲孔模

1—模座；2—凹模；3—定位板；4—弹压卸料板；5—弹簧；6—上模座；

7、18—固定板；8—垫板；9、11、19—销钉；10—凸模；12—模柄；

13、17—螺钉；14—卸料螺钉；15—导套；16—导柱

1．模柄

因为这副模具的模柄是从上模座下面向上压入的，所以在安装凸模固定板 7 和垫板 8 之前，应该先把模柄装好。

模柄与上模座是二级精度过渡配合。装配时，先在压力机上将模柄压入［如图 8-14（a）所示］，再加工定位销孔或螺纹孔。然后把模柄端面与上模座底面一起磨

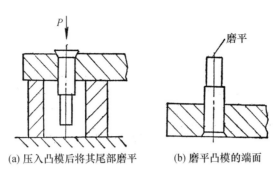

(a) 压入凸模后将其尾部磨平　　　　(b) 磨平凸模的端面

图 8-16　凸模的装配

4. 弹性卸料板

弹性卸料板起压料和卸料作用。装配时, 应保证它与凸模之间具有适当的间隙, 其装配方法是将弹性卸料板套在已装入固定板的凸模内, 在固定板与卸料板之间垫上平行垫块, 并用平行夹板将它们夹紧, 然后按照卸料板上的螺孔在固定板上画线, 拆开后钻固定板上的螺钉过孔。

8.4.3　模具总装、间隙的调整与试模

模具的主要组件装配完毕后开始进行总装配。为了使凸模和凹模易于对中, 总装时必须考虑上、下模的装配次序, 否则会出现无法装配的情况。

1. 确定装配顺序

上、下模的装配次序与模具结构有关, 通常是先装受限制多的部分, 用另一个去调整位置。因此, 一般冲裁模的上、下模装配次序可按下面的原则来选择。

① 对于无导柱模具, 凸、凹模的间隙是在模具安装到机床上时进行调整的, 上、下模的装配次序没有严格的要求, 可以分别进行装配。

② 对于凹模装在下模座上的导柱模, 一般先装下模。

③ 对于导柱复合模, 一般先装上模, 然后找正下模的位置, 按照冲孔凹模型孔加工出漏料孔。这样可保证上模中的卸料装置与模柄中心对正, 并避免漏料孔错位。

2. 调整模具间隙

模具凹、凸模间的间隙, 虽允许有一定公差范围, 但在装配时必须严格控, 才能保证装配质量, 从而保证冲件质量 (包括尺寸精度和表面质量), 并使模具有良好的使用寿命。

间隙控制与调整大致有以下几种方法。

① 透光法。即将模具翻过来, 把模柄夹在虎钳上, 用手灯照射, 从下模座的漏料孔中观察间隙大小与均匀性。

② 切纸法。即以纸当做被冲材料, 用手锤敲击模柄, 在纸上切出冲件的形状来。根据纸样有无毛刺和毛刺是否均匀, 可以判别间隙大小和均匀性。如果纸样的

轮廓上没有毛刺或毛刺均匀，说明间隙是均匀的。如果局部有毛刺，说明间隙不均匀。

③ 镀铜法。当凸、凹模的形状复杂时，用上述两种方法调整间隙比较困难，可采用凸模镀铜的方法获得所需的间隙。

凸模上镀铜，镀层厚度为凹、凸模单边间隙值。镀铜法由于镀层均匀可使装配间隙均匀。在小间隙（<0.08 mm）时，只要求碱性镀铜（相当于打底），否则要求酸性镀铜（加厚）。但由于两次镀铜工艺复杂，一般不采用。镀层按电流密度及时间来控制。镀层在冲模使用中自行剥落而装配后不必去除。镀前要清洗，先用丙酮去污，再用氧化镁粉末擦净。调整间隙时，用手锤轻轻敲击固定板的侧面，使凸模的位置改变，以得到均匀的间隙。

④ 涂层法。其原理与镀铜法相同。在凸模上涂上一层薄膜材料，涂层厚度等于凹、凸模单边间隙值。这种涂层方法简便，对于小间隙很适用。

涂层常用涂漆法，可用氨基醇酸绝缘漆。凸模上漆层厚度等于单边间隙值，不同的间隙要求选择不同黏度的漆或涂不同的次数来达到。将凸模浸入盛漆的容器内约15 mm 深，刃口向下；取出凸模，端面用吸水的纸擦一下，然后刃口向上让漆慢慢向下倒流，形成一定锥度（便于装配）；在炉内加热烘干，炉温可从室温升至100～120℃，保温0.5～1 小时，然后缓冷（随炉）；截面不是圆形、椭圆形或极光滑的曲线形时，在转角处漆膜较厚，要在烘干后刮去，使装配顺利。

凸模上的漆膜在冲模使用过程中会自行剥落而不必在装配后去除。漆膜与黏度有关，太厚或太黏时要在原漆中加甲苯等稀释；太薄或不够黏时，可将原漆挥发。

3. 装配举例

图 8-13 所示的冲孔模的凹模是装在下模的，其总装配步骤如下。

① 把凹模 2 装入固定板 18 中，磨平底面。

② 在凹模上安装定位板 3。

③ 把固定板 18 安装在下模座 1 上。找正固定板位置后，先在下模座上画出螺纹孔位置，加工螺纹孔，然后加工销钉孔；装入销钉，拧紧螺钉。

④ 把已装入固定板 7 的凸模 10 插入凹模内。固定板与凹模之间垫上适当高度的平行垫铁，再把上模座放在固定板上，将上模座和固定板夹紧，并在上模座画出卸料螺孔位置和紧固螺钉过孔位置，拆开后钻孔。然后放入垫板，拧上紧固螺钉。

⑤ 调整凸、凹模的间隙。

⑥ 调好间隙后加工销钉孔，装入销钉 9。

⑦ 将弹压卸料板 4 装在凸模上，并检查它是否能灵活地移动，检查凸模端面是否缩在卸料板孔内（0.5 mm 左右），最后安装弹簧。

⑧ 安装其他零件。试冲合格后，淬硬定位板。

4．试模与调整

模具装配以后，必须在生产条件下进行试冲。试冲中可能发现各种缺陷，这时要仔细分析，找出其原因，并对模具进行适当的调整和修理，然后再试冲，直到模具正常工作并得到合格的冲件为止。表 8-6 为冲裁模试冲时常见的缺陷、产生原因及调整方法。

表 8-6　冲裁模试冲时的缺陷和调整

试冲缺陷	产生原因	调整方法
送料不畅	1. 两导料板之间的尺寸过小或有斜度； 2. 凸模与卸料板之间的间隙过大，使搭边翻扭； 3. 用侧刃定距的冲裁模，导料板的工作面和侧刃不平行	1. 锉修或重新装导料板； 2. 减小凸模与导料板之间的间隙； 3. 重装导料板
刃口相咬	1. 上模座、下模座、固定板、凹模、垫板等安装面不平行； 2. 凸模、导柱等零件安装不垂直； 3. 导柱与导套配合间隙过大使导向不准； 4. 卸料板的孔位不正确或歪斜，使冲孔凸模位移	1. 修整有关零件，重装上模座或下模座； 2. 重装凸模或导柱； 3. 更换导柱或导套； 4. 修整或更换卸料板
卸料不正常	1. 卸料机构不能动作； 2. 弹簧或橡皮的弹力不足； 3. 凹模和下模座的漏料孔没有对正，料不能排出； 4. 凹模有倒锥度造成工件堵塞	1. 修整卸料板、顶板等零件； 2. 更换弹簧或橡皮； 3. 修整漏料孔； 4. 修整凹模
冲件毛刺大	1. 刃口不锋利或淬火硬度低； 2. 配合间隙过大或过小； 3. 间隙不均匀	1. 修磨刃口； 2. 合理调整间隙
冲件不平	1. 凹模有倒锥度； 2. 顶料杆与工件接触面过小； 3. 导正钉与预冲孔配合过紧，将冲件压出凹痕	1. 修整凹模； 2. 更换顶料杆； 3. 修整导正钉
冲件外形或孔位置不正	1. 挡料钉位置不准； 2. 落料凸模上导正钉尺寸过小； 3. 导料板和凹模送料中心线不平行，使孔位偏斜	1. 修整挡料钉； 2. 更换导正钉； 3. 修整导料板

8.4.4　冲裁模的质量要求与检验

冲裁模的工作零件，即凹、凸模等的尺寸精度、配合间隙要符合制造公差；表面形状要求侧壁平行或稍有正向斜度；凸模工作部分对装合部分有同轴度要求；凸模端面与中心线垂直；连续模、复合模的位置精度要求、装合表面的粗糙度、特别是刃口部分的粗糙度等技术要求，都将影响模具的质量和使用寿命。

　　组成模架的各零件都有一定的技术要求，应保证装配后的模架其上下模底板平面平行；导柱轴线对下模底板平面垂直；导套孔轴心线垂直于上模底板；从而使上模底板沿导柱移动平稳、导向精度高。

　　1．模架的检测

　　模架是模具的组成部分，其功能是使模具有导向性。复合模、连续模必须使用模架，有的单工序模因凸模刃口形状复杂，也必须使用模架。对模架的检测主要包括上、下模板的平行度，导柱、导套对模板的垂直度。

　　（1）模板平行度检测。

　　将模板与检测仪放在同一平台上，将百分表触点接触模板的上表面，模板不动，滑动测量仪，在百分表上读取最大值和最小值，两者之差即为被检测模板平行度误差值。

　　（2）导柱、导套对模板的垂直度检测。

　　将装有导柱或导套的模板与检测仪放在同一平台上，将百分表触点触及导柱或导套，上下拉动百分表头，记下这截面的最大值 L_1 与最小值 L_2，如图 8-17 所示。

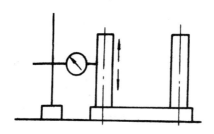

图 8-17　导柱、导套对模板垂直度检测

　　检测仪不动，以被测导柱为轴线，将模板水平转动 180°，重新接触百分表触点，上下拉动表头，记下最大值 L_3（mm）与最小值 L_4（mm）。检测仪不动，模板以被测导柱为轴线，水平转 90°，重复上述步骤，记下 L_5、L_6。检测仪不动，模板以被测导柱为轴线，水平转 180°，重复上述步骤，记下 L_7、L_8。在采集到上述 8 个数据后，可进行数据处理。公式如下：

$$\Delta_{d_1} = \frac{(L_1 - L_2) + (L_3 - L_4)}{2}$$

$$\Delta_{d_2} = \frac{(L_5 - L_6) + (L_7 - L_8)}{2}$$

$$\Delta_d = \sqrt{\Delta_{d_1}^2 + \Delta_{d_2}^2}$$

Δ_d（mm）便是被测导柱的垂直度误差值。

　　重复上述步骤，可测出其他导柱的垂直度。

（3）导柱、导套的配合检测。

导柱、导套的配合为间隙配合，一般为 H6/h5 或 H7/h6，应能上下滑动，无卡死现象。

（4）滚珠导柱导套。

现在有很多精密模架采用滚珠导柱导套，这可提高导向精度和使用寿命。但为了保证接触均匀，滚珠尺寸要求很严，一般当滚珠直径为 3～5 mm 时，公差不能超过 2～3 μm，圆度不能超过 1.5 μm。

测量直径时可用外径千分尺直接测量，也可用立式光学计比较测量。

圆度测量可用立式光学计。在某一截面上任意测量几个方位，得到一组数据，取其最大值和最小值，则圆度误差为其差值的一半。

2．凸凹模的检测

（1）模具尺寸公差的检测。

落料件的外形尺寸取决于凹模尺寸，因此检测落料件模具时要以凹模为基准，按图样给定的间隙值确定凸模尺寸；冲孔件尺寸取决于凸模尺寸，检测时以凸模为测量基准。凸凹模的尺寸测量方法很多，具体确定测量方法要视刃口的几何形状和尺寸精度等来决定。

模具轮廓几何形状简单且多为直线连接的可用卡尺、千分尺等量具直接测量。

模具轮廓几何形状复杂、有圆弧连接时，可采用样板看光隙法，也可用投影仪或工具显微镜检测。

（2）模具形位误差的检测。

弯曲模、拉深模一般都有角度要求，测量时可用万能角度尺、直角尺或正弦尺、百分表。对拉深模的型面，可用轮廓仪来测量。

冲孔模凸模对上模板的垂直度，可用直角尺看光隙来检测。

3．组装和最后检验

合格的模具应该升降自如，且凸凹模的间隙要均匀。要做到这一点，除了在零部件时需要检测外，装配时也要对形位误差等进行严格的检测。

① 首先要检测的是模柄对模架的垂直度，这关系到模具的升降是否自如。检测方法可按检测导柱、导套对模板的垂直度进行。

② 检测紧固后的凸凹模对上下模板的平行度。检测方法与检测单个模板相同。

③ 当上述检测合格后，可把装配好的模具台上，并在凹模刃口外放两个等高垫铁，使落下的上模板坐在垫铁上。垫铁的高度以凸模刃口进入凹模刃口内 3～5 mm 为宜。这时根据图样给定的间隙值选择塞尺，用选好的塞尺检查凸凹模之间的间隙是否均匀相等。

④ 间隙合格的模具，需送到压力机上试模。必须注意，无论模具经过多么严格的

检测，试模仍必不可少。因为模具在冲压时所受力很复杂，冲裁模受力后，本来均匀的间隙可能跑到一边，造成冲裁件出毛刺；弯曲模由于回弹量计算不准，冲出零件角度不够。这些问题在模具检测时是难以发现的，只有试模才能暴露出模具设计和制造中的一些问题。

⑤ 试模后还要修模，以改正试模中出现的问题。只有当模具冲出的零件几何形态、外观及尺寸公差都符合设计要求时，被检测模具才算完全合格。

8.5　注塑模的装配与检验

注塑模与冲裁模都是以导柱和导套实现上模和下模的对正，但是塑料模的结构更复杂，增加了型芯、动模板、抽芯机构，下面主要介绍相关部件的装配方法。

8.5.1　型芯与固定板

根据塑料模具型芯与固定板的不同紧固形式，其装配方法有如下几种：

1. 型芯和通孔式固定板

型芯与固定板孔一般采用过渡配合，在装配过程中应注意下面几点。

① 检查型芯与孔之间的配合。固定板孔通常由切削加工或线切割加工得到，因此通孔与沉孔平面拐角处一般为清角（如图 8-18 所示），而型芯在相应部位往往是圆角（磨削时的砂轮的损耗形成），装配前应将固定板通孔的清角修成圆角，否则影响装配。同样，型芯台肩上部边缘应倒角，特别是在缝隙 c 很小时尤其要注意。如型芯台肩上平面 a 与型芯轴线不垂直，则压入固定板到最后位置时，会因受力不均而使台肩断裂，要仔细检查。

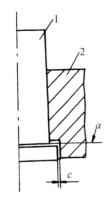

图 8-18　型芯与通孔式
固定板的装配

1—型芯；2—固定板

② 检查型芯与固定板孔的配合。如果配合过紧，则当型芯压入时将使固定板产生弯曲，对于多型腔模具则还会影响各型芯之间的尺寸精度，对淬硬的镶件则容易发生碎裂。配合过紧时可锉修固定板或型芯。

③ 检查型芯端部与孔的导入部分。为便于将型芯压入固定板并防止切坏孔壁，将型芯端部四周修出斜度［斜度部分高度一般在 5 mm 以内，斜度取 $10' \sim 20'$，如图 8-19（a）所示］。图 8-19（b）所示的型芯已具有导入作用，因此不需修出斜度。

对于在型芯上不允许修斜度的，则可以将固定板孔修出斜度，如图 8-20 所示，此时斜度取 1°以内，高度在 5 mm 以内。

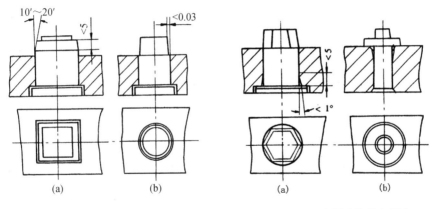

图 8-19　型芯端部斜度　　　　　图 8-20　固定板孔的导入斜度

④ 处理型芯与固定板孔配合的尖角部分。可以将型芯角部修成 0.3 mm 左右的圆角，当不允许型芯修成圆角时，应将固定板孔的角部用锯条修出清角或窄槽，如图 8-21 所示。

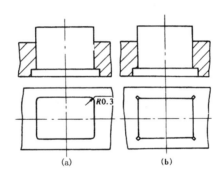

图 8-21　尖角配合处修正

⑤ 型芯压入固定板。压入时应保持平稳，用液压机为好。压入前在型芯表面涂润滑油，固定板安放在等高垫块上，型芯导入部分放入固定板孔以后，应测量并校正其垂直度，然后缓慢地压入。型芯压入一半左右时，再测量并校正一次垂直度。型芯全部压入后，再作最后的垂直测量。

⑥ 检查型芯高度与固定板厚度，看装配后是否符合尺寸要求。

2. 埋入式型芯

图 8-22 所示为埋入式型芯结构。固定板沉孔与型芯尾部为过渡配合。

固定板沉孔一般均由立铣加工，由于沉孔具有一定形状，因此往往与型芯尾部形状和尺寸有差异，机械加工后不一定能达到配合要求。因此在装配前应首先检查两者尺寸，如有

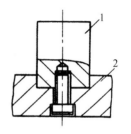

图 8-22　埋入式型芯结构

1—型芯；2—固定板

偏差及时修正，修正型芯较为方便。型芯埋入固定板较深者，可将型芯尾部四周略修斜度。埋入深度不足 5 mm 时，则不应修出斜度，否则将影响固定强度。

3. 螺钉固定式型芯与固定板

对于面积大而高度低的型芯，常用螺钉、销钉直接与固定板连接（如图 8-23 所示），其装配过程如下。

① 在淬硬的型芯 1 上压入实心销钉套 5。

② 根据型芯在固定板 2 上的要求位置，将定位块 4 用平行轧头 3 固定于固定板上。

③ 将型芯上的螺孔位置复印到固定板上，并钻锪孔。

④ 初步用螺钉将型芯紧固，如固定板上已经装好导柱导套，则需调整型芯以保证动、定模的相对位置。

⑤ 在固定板反面划出销钉位置，并与型芯一起钻铰销钉孔。

⑥ 敲入销钉。为便于敲入可将销钉端部稍微修出锥度，销钉与销钉套的配合长度直线部分为 3～5 mm，这样便于拆卸型芯。

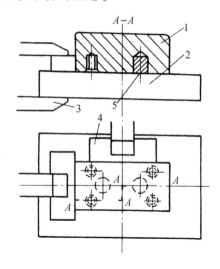

图 8-23　大型芯与固定板的装配

1—型芯；2—固定板；3—平行轧头；4—定位块；5—销钉套

4. 螺纹连接式型芯与固定板

热固性塑料压模中，型芯与固定板常用螺纹连接，如图 8-24 所示。

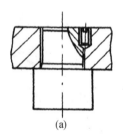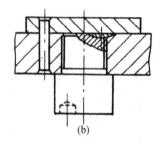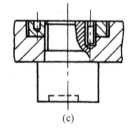

(a)　　　　　　　　　　(b)　　　　　　　　　　(c)

图 8-24　螺纹连接式型芯

（1）调整型芯位置。

型芯与固定板往往需保持一定的相对位置。例如，型芯形状不对称而固定板为非圆形；又如固定板上需固定有几个不对称型芯等。因此采用螺纹连接式型芯时，当螺纹旋到终点位置时，型芯与固定板的位置往往存在角度偏差，因此必须进行调整。

用图 8-24（c）所示结构形式，只需转动型芯进行调整，然后用螺母紧固、螺钉定位。这种形式适用于外形为任何形状的型芯以及固定板上固定几个型芯时。

对于圆形型芯，也可采取另一种方法：型芯的不对称型面先不加工，将型芯旋入固定板后按固定板基准加工型面，然后取下经热处理固定在固定板上。

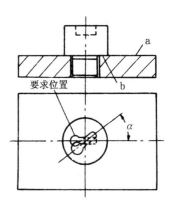

图 8-25　型芯与固定板的偏差

（2）型芯与固定板的定位常用螺钉、销钉或键。

图 8-24（a）和图 8-24（c）用螺钉定位，定位螺钉孔是在型芯位置调整正确后进行攻制，然后取下型芯进行热处理。图 8-24（b）为用键定位，型芯可在热处理后装配、调整，然后可用磨削或电加工方法加工键槽。

当固定板上仅装一个型芯时可采用修磨固定板平面或型芯底平面的方法。型芯装上固定板后，先测量型芯与固定板在装配后的偏差角度 α，然后进行固定板 a 面或型芯 b 面的修磨，修磨量 δ 由下式计算（如图 8-25 所示）：

$$\delta = \frac{\alpha}{360}t$$

式中　α——偏差角（°）；

　　　t——连接螺纹的螺距（mm）。

8.5.2　型腔凹膜与动、定模板

注塑模的型腔部分均使用镶嵌或拼块形式。由于镶拼形式很多，现分别举例说明其装配方法。

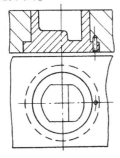

图 8-26　单件整体型腔凹模与模板

型腔凹模和动、定模板镶合后，型面上要求紧密无缝，因此型腔凹模的压入端一般均不允许修出斜度，而将导入斜度设在模板上。

1. 单件圆形整体型腔凹模的镶入法

单体圆形整体型腔凹模镶入模板（如图 8-26 所示），关键是型腔形状和模板相对位置的调整及其最终定位。调整的方法有下列几种。

（1）部分压入后调整。

型腔凹模压入模板很小一部分，即进行位置调整。可用百分表校正其直线部分，如有位置偏差，可用管子钳等工具将其旋动至正确位置，然后将型腔凹模全部压入模板。

（2）全部压入后调整。

将型腔凹模全部压入模板以后再调整其位置。采用这种方法时不能采用过盈配合，一般留有 0.01～0.02 mm 的间隙。位置调整正确后，需用定位件定位，防止其转动。

（3）光学测量法。

如果型腔尺寸太小，或形状复杂而不规则，难以用表测量时，可以装配后用光学显微镜进行测量，从目镜的坐标线上可清楚地读出形位误差。调整方法是退出重压或使之转动。

（4）画线对准法。

型腔凹模的位置要求不太高时，可用此方法。在模板的上、下平面上画出对准线，在型腔凹模上端面画出相应的对准线并将线引至侧面。型腔凹模放入固定板时以线为准确定其位置，待全部压入后，还可以从模板上平面的对准线观察型腔凹模的位置。

型腔凹模的定位，以采用销钉最为方便。型腔凹模台肩上的销钉孔在热处理前钻铰完成，在装配及位置调整后，通过此孔对模板进行复钻和铰销钉孔。

2. 多件整体型腔凹模的镶入法

在同一块模板上需镶入两个以上的型腔凹模，且动、定模之间要求有精确的相对位置者，其装配工艺就比较复杂。

如图 8-27 所示的结构，小型芯 2 必须穿入定模镶块 1 的孔中。定模镶块在热处理后，小孔孔距将有所变化，因此装配的基准应为定模镶块上的孔。装配时，首先将推块 4 和定模镶块 1 用工艺销钉穿入两者孔中定位。再将型腔凹模套到推块上，用量具测得型腔凹模外形的位置尺寸，这些尺寸便是动模板固定孔修正后应有的实际尺寸。至于小型芯固定板 5 上的孔，待型腔凹模压入模板后，放入推块，从推块的孔中复钻得到。

3. 单型腔拼块的镶入法

压入模板的型腔拼块，与模板孔的配合不能太松。压入时应注意平稳，为使拼块同时进入固定板，压入时应在拼块上放一平垫块。

拼块的某些部位必须在装配以后加工，如图 8-28 所示的拼块上的矩形型腔，由于拼合面在热处理后需修磨，因此矩形型腔不能在热处理前加工至正确尺寸，只能在装配后用电火花加工方法精修。如果拼块型腔的热处理为调质至刀具能加工的硬度，则型腔可在装配后用切削刀具加工至要求尺寸。

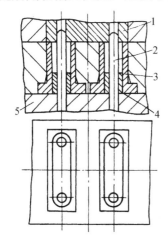

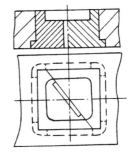

图 8-27 多件整体型腔凹模与模板

1—定模镶块；2—小型芯；3—型腔凹模；

4—推块；5—小型芯固定板

图 8-28 单型腔的型腔拼块

4. 多型腔拼块的镶入法

为了减小模具外形尺寸，常常把几个型腔装在一个镶块上。有时为防止镶块的热处理变形，或为了便于型腔的冷挤压或电火花加工，而将每个型腔作为一个镶块，如图 8-29 所示。这两种形式的镶块，其外形可根据型腔及模板孔的实际尺寸进行修正，以保证型腔在模板上的位置。

5. 拼块模框的镶入法

图 8-30 所示为由拼块镶入模板而组成的模框。拼块的尺寸均可在磨削加工时控制。但需注意各拼块在拼合后不应存在间隙，以防止模具使用时渗料。因此在磨削时可用红粉检查各拼合面是否密合。加工模板的固定孔时应注意其垂直度。

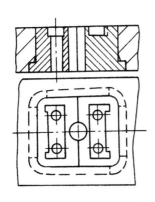

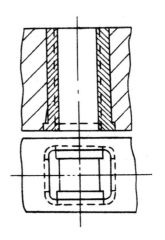

图 8-29 多型腔的型腔镶块

图 8-30 拼块模框

6. 沉坑内拼块型腔的镶入法

图 8-31 所示为在沉坑内镶入拼块的型腔形式。沉坑只能采用立铣加工。当沉坑较深时，由于加工时铣刀的挠度使加工侧面稍具有斜度，形成型腔上口尺寸大、下口尺寸小。由于沉坑侧面修正困难，因此往往采取修磨两侧拼块的办法，按模板铣出的实际斜度修磨。

模板上紧固螺钉通孔，应按修磨完成的拼块的实际螺孔位置尺寸在模板上画线钻出，或用复印办法找出通孔位置。

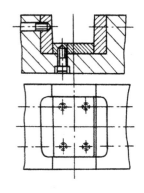

图 8-31　沉坑内拼块型腔的镶入

8.5.3　过盈配合零件

塑料模具中还有不少以过盈配合装配的零件。过盈配合装配时，必须检查配合件的过盈量，并需保证配合部分有较小的表面粗糙度，压入端导入斜度应加工均匀，最好与零件一起加工，以保证同心度。

1. 销钉套的压入

销钉套用以压入淬硬件后与另一件一起钻铰销钉孔（如图 8-32 所示）。采用销钉套可

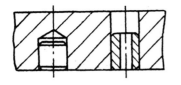

图 8-32　压入淬硬件的销钉套

以有较大的过盈量，但对淬硬件孔和销钉套外圆的表面粗糙度、垂直度的要求不高。淬硬件应在热处理前将孔口部倒角并修出导入斜度，也可将斜度设在销钉套上。

销钉套的压入一般用液压机，小件也可利用台虎钳的夹紧作用压入销钉套。

当淬硬件上为不通孔时，则应采用实心的销钉套。此时的销钉孔钻铰，是从另一件向实心的销钉套钻铰。

2. 精密件的压入

如果导套或镶套压入模板后，内孔尚需与精密件配合，压入时应注意如下几点。

① 严格控制过盈量以防止内孔缩小，但当压入件壁部较薄而无法避免压入件内孔缩小时，则可采用铸铁研磨棒进行研磨。

② 压入件需有适当高度的导入部分，以保证压入后的垂直度。如果增大了导入部分高度会影响固定强度时，则应从结构上加以改进。

直径大而高度小的压入件，在压入时可用百分表测量压入件端面与模板平面之间的平行度来检查垂直度，但必须保证在零件加工时，就使模板平面、压入件平面和孔有良好的垂直度。

压入时也可以利用导向芯棒（如图 8-33 所示）。先将导向芯棒以间隙配合固定在模板内，将压入件套至芯棒上后进行加压。由芯棒帮助导向而使装配后的垂直度得到保证。压

入件在压入后有微量收缩，因此芯棒直径与压入件孔径间应具有 0.02～0.03 mm 的间隙。

图 8-34 所示的浇口套，除压合部分为过盈配合外，尚需保证台肩外圆与模板沉孔间不留有缝隙，否则在注射时可能引起渗料，因此又提高了装配要求。

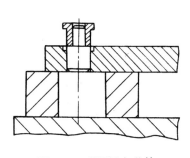

图 8-33　利用导向芯棒

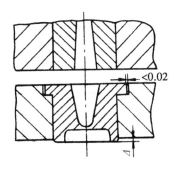

图 8-34　浇口套压入模板

过盈配合部分的压入工艺如前所述，模板孔压入口需有倒角和导入斜度，而压入件的压入端不允许有斜度但需倒圆角以避免压入时切坏孔壁。因此压入件加工时应考虑加有圆角修正量 Δ，装配后此修正量凸出于模板，最后磨去。

台肩外圆与模板沉孔之间的缝隙不能大于 0.02 mm。因此模板孔与沉孔、压入件外圆的不同轴度均不应大于 0.01 mm。压入件台肩应倒角，可使压入后台肩与模板沉孔面紧贴。

3. 多拼块件的压入

当要求在一个模板孔中同时压入几件拼块，在压入最初阶段时，拼块尾端拼合处容易产生裂缝，因此事先应采用平行夹板将拼块夹紧。压入时以采用液压机为好。压入时在压入件上端应垫平垫块，以保证各拼块同步进入模孔。

当多拼块压入件的配合过盈量未达到要求而预应力不足时，模具在使用过程中会因受压而使拼块发生松动，因此装配中必须保证过盈量。在加工模板孔时，应另制一个压印冲头（其尺寸应按拼块拼合外形尺寸均匀缩小）以用作模板孔的压印加工。

8.5.4　滑块抽芯机构

滑块抽芯机构的装配步骤如下。

1. 把型腔镶块压入主动模板，磨装配面至要求尺寸

滑块的安装是以型腔镶块的型面为基准的，而型腔镶块和动模板在零件加工时，各装配面均有修正余量。因此要确定滑块的位置，必须先将动模镶块装入动模板，并将上下平面修磨正确。修磨时应保证型腔尺寸，如图 8-35 所示修磨 M 面时应保证尺寸 A。

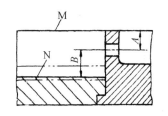

图 8-35　以型腔镶块为基准确定
滑块槽位置

2．把型腔镶块压出动模板，精加工滑块槽

动模板上的滑块槽底面 N 决定于修磨后的 M 面（图 8-35）。因此动模板在作零件加工时，滑块槽的底面与两侧面均留有修磨余量（滑块槽实际为 T 形槽，在零件加工时，T 形槽未加工出）。因此在 M 面修磨准确后将型腔镶块压出，根据滑块实际尺寸配磨或精铣滑块槽。

3．铣 T 形槽

① 按滑块台肩的实际尺寸，精铣动模板上的 T 形槽。基本上铣到要求尺寸，最后由钳工修正。

② 如果在型腔镶块上也带有 T 形槽时，可采取将型腔镶块镶入后一起铣槽。也可将已铣 T 形槽的型腔镶入后再铣动模板上的 T 形槽。

4．测定型孔位置及配制型芯固定孔

固定于滑块上的横型芯，往往要求穿过型腔镶块上的孔而进入型腔，并要求型芯与孔配合准确且滑动灵活。为达到这个要求，采取型芯和型孔的相互配制是合理而经济的工艺。

8.5.5　滑块型芯

如图 8-36 所示为滑块型芯和定模型芯接触的结构。由于零件加工中的积累误差，装配时往往需要修正滑块型芯端面。修磨的具体步骤如下。

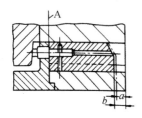

图 8-36　滑块型芯端面的修正

① 将滑块型芯顶端面磨成和定模型芯相应部位一致的形状。

② 将未装型芯的滑块推入滑块槽，使滑块前端面与型腔镶块的 A 面相接触，然后测量出尺寸 b。

③ 将型芯装上滑块并推入滑块槽，使滑块型芯的顶端面与定模型芯相接触，然后测量出尺寸 a。

④ 由测得的尺寸 a、b，可得出滑块型芯的前端面的修磨量。但从装配要求，希望滑块前端面与型腔镶块 A 面之间留有间隙 0.05～0.10 mm，因此实际修磨量应比（$b-a$）小 0.05～0.10 mm。

⑤ 滑块型芯修磨正确后用销钉定位。

8.5.6　楔紧块

滑块型芯和定模型芯修配密合后，便可确定楔紧块的位置。楔紧块装配的技术要求如下。

① 楔紧块斜面和滑块斜面必须均匀接触。由于零件加工和装配的误差，因此在装配中需加以修正。一般以修整滑块斜面较为方便。修整后用红粉检查接触面。

滑块斜面修磨量按下式计算（如图 8-37 所示）：

$$b = (a - 0.2) \sin\alpha$$

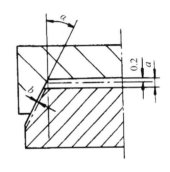

式中　b——滑块斜面修磨量（mm）；

　　　a——闭模后测得的实际间隙（mm）；

　　　α——楔紧块斜度（°）。

② 模具闭合后，保证楔紧块和滑块之间具有锁紧力。其方法就是在装配过程中使楔紧块和沿块的斜面接触后，分模面之间留有 0.2 mm 的间隙。此间隙可用塞尺检查。

图 8-37　滑块斜面修磨量

③ 在模具使用后，楔紧块应保证在受力状态下不向闭模方向松动，亦即需使楔紧块的后端面在定模板同一平面上。

8.5.7　注塑模的质量要求与检验

注塑模的零件检验和组装检验的质量标准和检测方法与通用的质量标准和检测方法基本相同。只有组装后检验有所不同，这是因为塑料模具的结构是根据塑料成形工艺的特性设计的。

1.　成型部位及分型面

① 型面粗糙度及尺寸形状、型腔与型芯间空间尺寸、脱模斜度等必须达到图纸要求。

② 文字、花纹图形正确清晰。

③ 镀层光亮平整，无脱皮等缺陷。

④ 型面光滑平整，棱边清晰及圆滑连接，镶件组合等符合质量要求，固定结合部分配合严密，不得有间隙。

⑤ 分型面平滑、密合，接触面积不少于 80%，间隙不大于 0.03 mm。

⑥ 多型腔模具中相同凸模、凹模或镶件的承压面应在同一水平面内，允差不得大于 0.02 mm，各型腔成形尺寸应一致。

⑦ 凹、凸模组合后应保持周围间隙均匀一致。

⑧ 制件同一表面由上、下模或两半模成形时错位应在允许范围内。

2.　浇注系统

① 主浇道、分浇道、进料口的尺寸、形状、粗糙度应符合要求。多型腔模具的进料口是否平衡。

② 流道平直、圆滑连接，无死角、缝隙、坑，有利于塑料流动及浇注系统脱模。

③ 浇口套的主流道、加工粗糙度、加工痕迹应有利于塑料流动及脱模，进料端口不得有影响脱模的倒锥。

3. 抽芯系统

① 滑动零件配合适当，动作灵活而无松动及咬死现象。

② 滑动型芯起止位置正确，定位及复位可靠，保证抽芯距离。

③ 开闭模时各滑动零件无干涉。

④ 保证各型芯间或型芯与型腔间正常的接触间隙，保证接缝质量。

⑤ 型腔与型芯面均匀接触，接触面不小于80%。

⑥ 斜导柱等导向系统滑动灵活、导向正确、无松动及咬死现象。

4. 顶出系统

① 顶出时动作灵活轻松，顶出行程满足要求，各顶出件动作协调同步，顶出均匀。

② 顶出杆、推板等配合间隙适当，无晃动和窜动。

③ 顶出杆等在制件上残留的痕迹应在容许的范围内（一般容许高出型面0.1 mm）。

④ 复位可靠正确。

⑤ 复位杆或复位系统装配正确，一般应高于接触面0.1 mm。

5. 导向系统

① 导柱、导套配合适当，导柱垂直度100 mm：0.02 mm，导套内外孔同轴度0.015 mm。

② 滑动灵活，无松动及咬死现象。

③ 保证导向部位各零件的相对位置。

④ 导柱、导套轴线对模板垂直度公差为100 mm：0.02 mm。

6. 外形尺寸及安装尺寸

① 组合后上下模板平行，平行度公差为300 mm：0.05 mm，模具闭合高度适当。

② 模具稳定性好，有足够的强度，工作时受力均衡。

③ 模具定位、装夹、开模距离、顶出距离应符合注塑机要求。

7. 热平衡及液气系统

① 水道数量及位置符合设计要求，水路畅通，无漏水现象，阀门控制正常。

② 加热器管道位置及数量符合设计要求，无漏电现象。

③ 各气动、液压控制机构动作正确，阀门使用正常。

8. 其他

① 模具外露部位锐角应倒钝。

② 模具打生产号及合模标记。

③ 附件、备件齐全。

8.6　思考与练习题

1. 对模具进行科学分类的意义是什么？简述我国模具的分类。
2. 模具检验的常规量具有哪些？专用量具有哪些？
3. 模具零件常用的连接方法有哪些？各有什么特点？分别用于什么地方？
4. 对冲裁模具进行拆装，特别要注意哪些不可拆部分的连接方法？
5. 简述冲裁模和注塑模的主要检验项目。

第 9 章 模具设计与制造发展趋势

9.1 模具设计技术的发展趋势

模具设计是决定模具开发制造能否成功的先决条件。模具设计长期以来一直依靠人的经验和机械制图来完成。自从 20 世纪 80 年代我国发展模具计算机辅助设计技术以来，这项技术已被大家认可，并且得到了飞速发展，在模具制造中显示出了巨大的优越性。20 世纪 90 年代开始发展的模具计算机辅助工程分析 CAE 技术现在也已有许多企业应用，它对缩短模具制造周期及提高模具质量有着显著的作用。一些工业发达国家的模具企业应用的 CAD 技术已从二维设计发展到三维设计，而且三维设计已达 70% 以上。我国大部分企业还停留在二维设计的水平上，能进行三维设计的企业还不到 20%。CAE 软件的应用国外已较普遍，国内应用还比较少，而且在用于预测零件成形过程中可能发生的缺陷方面水平还比较低。目前我国模具 CAD/CAM/CAE 技术应用得较好的企业有一汽模具制造公司、天津汽车模具制造公司、海尔模具制造公司等。有些企业还在企业集成化管理信息系统、企业资源规划 ERP 等方面取得了良好的应用效果，如无锡曙光模具有限公司、四川成飞集成科技股份公司、铜陵三佳模具股份有限公司等。

1. 模具设计技术及 CAD、CAE 软件今后的发展提高方向

① 模具设计资料库和知识库系统。

② 模具工程规划及方案设计。

③ 模具材料和标准件的合理选用。

④ 模具刚性、强度、流道及冷却通路的设计。

⑤ 塑料模具成形过程的各种模拟分析，如注塑成形，包括塑料充模、保压、冷却、翘曲、收缩、纤维取向等模拟分析、热传导和冷却过程的分析、凝固及结构应力分析等。计算浇注系统及模腔的压力场、温度场、速度场、剪切应变速率场和剪切应力场的分布并分析其结果是非常复杂和费时的。这一模拟技术已从单面流技术发展到了双面流技术，不久即可发展到既正确又快速的实体流技术，用于开发满足塑料虚拟制造要求的三维注塑流动模拟软件。

⑥ 冲压模金属成形过程的模拟、起皱及破裂分析、应力应变和回弹分析等。

⑦ 压铸模压铸件成形流动模拟、热传导及凝固分析等。

⑧ 锻模锻件成形过程模拟及金属流动和充填分析等。

⑨ 提高设计和分析软件的快速性、智能化和集成化水平，并强化它们的功能，以适应模具的不断发展。

2. 除了模具 CAD/CAE 技术外，模具工艺设计也非常重要

计算机辅助工艺设计（CAPP）技术已在我国模具企业中开始应用。由于大部分模具都是单件生产，其工艺规程有别于批量生产的产品，因此应用 CAPP 技术难度较大，也很难有适应于各类模具和不同模具企业的 CAPP 软件。为了较好地应用 CAPP 技术，模具企业自身必须搞好开发和研究。

3. 基于知识的工程（KBE）技术近年来越来越受到重视

KBE 是面向现代设计决策自动化的重要工具，已成为促进工程设计智能化的重要途径。KBE 技术作为一种新型的智能设计思想，将对模具的智能设计、优化设计产生重要的影响。

9.2　模具加工技术的发展方向

在我国，模具共分 10 大类 46 小类。不同类型的模具具有不同的加工方法。同类模具也可以用不同加工技术去完成。模具加工的工作量主要集中在模具型面加工、表面加工和装配方面。它们的加工方法主要有精密铸造、金属切削加工、电火花加工、电化学加工、激光及其他高能波束加工及集两种以上加工方法于一体的复合加工等。数控和计算机技术的不断发展使它们在众多模具加工方法中得到了越来越广泛的应用。在工业产品品种多样化、个性化越来越明显，产品更新换代越来越快，市场竞争越来越激烈的情况下，用户对模具制造的要求是交货期短、精度高、质量好、价格低。这就给模具加工技术提出了发展方向。目前比较明显的发展方向主要有以下几个方面。

1. 高速铣削技术

近年来我国模具制造业中的一些重点企业（如一汽模具制造公司、沈阳子午线轮胎模具公司等）先后引进了高速铣床和高速加工中心，它们已在模具加工中发挥了很好的作用。其中最先进的设备在四川宜宾普什模具公司和重庆长安模具中心。国外高速加工机床主轴最高转速有的已超过 100 000 r/min，快速进给速度可达 120 m/min，加速度可达 $1 \sim 2\,g$（$g = 980\,\text{m/s}^2$），换刀时间可提高到 $1 \sim 2\,\text{s}$。这样就可大幅度提高加工效率，并可获得 $Ra < 1\,\mu\text{m}$ 的加工表面粗糙度，可切削 60 HRC 以上的高硬度材料，形成了对电火花成形加工的挑战。但是随着主轴转速的提高，机床结构及其所配置的系统及关键部件和零配件、刀具等都必须要有相应的匹配，从而使机床造价大为提高。因此在一定时间内，我国模具企业进口的高速加工机床主轴最高转速仍将以 10 000 ～ 20 000 r/min 为主，少数会达到 40 000 r/min 左右。虽然向更高转速发展是一个方向，但

目前最主要的还是推广应用。高速加工是切削加工工艺的革命性变革。从技术发展角度看，高速铣削正与超精加工、干硬切削加工相结合，开辟了以铣代磨的新天地，并极大地减轻了模具的研抛工作量，缩短了模具制造周期。因此可以预计，我国模具企业将会越来越多地应用高速铣削技术。虚拟轴并联机床和三维激光六轴铣床的诞生及开放式控制系统的应用更为高速加工增添了光彩。

2. 电火花加工技术

电火花加工（EDM）虽然已受到高速铣削的严峻挑战，但是 EDM 技术的一些固有特性和独特的加工方法是高速铣削所不能完全替代的。例如，模具的复杂型面、深窄小型腔、尖角、窄缝、沟槽、深坑等处的加工，EDM 有其无可比拟的优点。虽然高速铣削也能部分满足上述加工要求，但成本要比 EDM 高得多。对于 60HRC 以上的高硬材料，EDM 要比高速加工成本低。同时较铣削加工，EDM 更易实现自动化。复杂、精密小型腔及微细型腔加工和去除刀痕，以及完成尖角、窄缝、沟槽、深坑加工及花纹加工等将是今后 EDM 应用的重点。为了在模具加工中进一步发挥其独特的作用，以下几方面是 EDM 今后的发展方向。

① 不断提高 EDM 的效率、自动化程度和加工的表面完整性。

② 设备的精密化和大型化。

③ 设备良好的加工稳定性、易操作性及优良的性能价格比。

④ 满足不同要求的高效节能及反电解等新型脉冲电源的研发，电源波形检测及其处理和控制技术的发展。

⑤ 高性能综合技术专家系统的研发及 EDM 智能化技术的不断发展和自适应性控制、模糊控制、多轴联动控制、电极自动交换、双线自动切换、防电解作用及放电能量分配等技术的进一步发展。

⑥ 微细 EDM 技术的发展，包括三维微细轮廓的数控电火花铣削加工和微细电火花磨削。

⑦ 电火花线切割中的人工智能技术的运用、走丝系统和穿丝技术的改进等。

⑧ 电火花铣削加工技术及机床和 EDM 加工中心（包括成形机和线切割机）将得到发展。

⑨ 作为可持续发展战略，绿色 EDM 新技术是未来重要的发展趋势。

3. 快速原型制造和快速制模技术

模具工业未来的最大竞争因素是如何快速地制造出用户所需的模具。快速原型制造技术（RPM）可直接或间接用于快速制模技术（RMT）。金属模具快速制造技术的目标是直接制造可用于工业化生产的高精度耐久金属硬模。间接法制模的关键技术是开发短流程工艺，减少精度损失，低成本的层积和表面光整技术的集成。RPM 技术与 RMT 技术的结合将是传统快速制模技术（如中低熔点合金铸造、喷涂、电铸、精铸、层叠、橡胶浇固等）进一步深入发展的方向。RPM 技术与陶瓷型精密铸造相结合，为模具型腔精铸成形提供了新途径。应用 RPM/RMT 技术，从模具的概念设计到制造完成，仅为传统加工方法所需时间的 1/3 和成本的 1/4 左右，因而具有广阔的发展前景。要进一步提高 RMT 技术的竞争力，需要开发数据处理和数据生成更容易、高精度、尺寸及材料限制小的直接快速制造金属模具的方法。目前，我国快速原型制造技术发展得好的大学主要有清华大学、西安交通大学、华中科技大学等，他们的 RPM 设备已商品化。快速制模技术发展得好的单位当属烟台机械工艺研究所。

4. 超精加工、微细加工和复合加工技术

随着模具向精密化和大型化方向发展，超精加工、微细加工和集电、化学、超声波、激光等技术为一体的复合加工将得到发展。目前超精加工已可稳定达到亚微米级，纳米精度的超精加工技术也已被应用到生产中。电加工、电化学加工、束流加工等多种加工技术已成为微细加工技术中的重要组成部分。国外现在已有用波长 0.5 nm 的辐射波制造出的纳米级塑料模具。在同一台机床上使激光铣削和高速铣削相结合，已使模具加工技术得到了新发展。

5. 先进表面处理技术

模具热处理和表面处理是能否充分发挥模具材料性能的关键环节。真空热处理、深冷处理、包括物理气相沉积（PVD）和真空化学沉积（VCD）、离子渗入、等离子喷涂表面处理技术、类金刚石（DLC）薄膜覆盖技术、高耐磨高精度处理技术、不黏表面处理等技术已在许多企业的模具制造中应用，并展现了良好的发展前景。模具表面激光热处理、焊接、强化和修复等技术及其他模具表面强化和修复技术也将会受到进一步重视。

6. 模具研磨抛光将向复合化、自动化、智能化方向发展

模具表面的光整加工至今未能很好解决。模具的研磨抛光目前仍以手工为主，效率低，劳动强度大，质量不稳定。我国已引进了可实现三维曲面模具自动研抛的数控研磨机，海尔模具公司已引进大型数控自动抛光机，铜陵三佳模具股份有限公司已引进磨粒流挤压珩磨机，在生产中应用效果显著。自行研究的仿人智能自动抛光技术也已有成果，但应用很少，预计会得到发展，今后还应继续注意发展特种研磨与抛光技术，如挤压珩磨、激光珩磨和研抛、电火花抛光、电化学抛光、超声波抛光及复合抛光技术与工艺装备。

7. 模具自动加工系统的研制和发展

随着各种新技术的迅速发展，国外已出现了模具自动加工系统。模具自动加工系统应有如下特征：多台机床合理组合；配有随行定位夹具或定位盘；有完整的机具、刀具数据库；有完整的数控柔性同步系统；有质量监测控制系统。也有人把粗加工和精加工集中在同一台机床上完成的机床称为模具加工系统，这些今后都会得到发展。

8. 模具 CAM/DNC 技术及软件

随着数控技术和计算机的快速发展，CAM/DNC 技术已在我国模具企业中得到广泛应用。但是目前众多软件中，针对模具加工特点而开发的专用软件较少，针对高速加工的软件也少。适应模具加工特点、具有高水平数控加工能力和后处理程序、有完善的精密加工和高速加工功能、界面友好、简单易学、备有多种数据格式转换功能和能为系统集成准备条件的软件将是今后的发展方向。

除上述模具加工技术的发展方向外，还应补充的是切削加工刀具的正确选用。据统计，刀具占模具生产总成本的 3%～5%，如果能正确选用好刀具，则生产效率可提高 20% 以上。

9.3 模具制造综合技术的发展方向

在模具制造中，模具设计和模具加工往往是不能分开的，两者密切相关。因此，除了设计技术和加工技术之外，还必须重视一些综合技术。许多综合技术的发展方向将对模具制造产生重大影响。目前，以微电子技术、软件技术为核心，以数字化、网络化为特征的信息技术正以强大的渗透力影响着社会各个领域，传统制造业信息化势在必行。

1. 模具 CAD/CAM/CAE 一体化技术

模具 CAD/CAM/CAE 一体化技术是模具技术发展的一个里程碑。由于这项技术已发展成为一项比较成熟的共性技术，硬件和软件的价格也已降到中小企业普遍可以接受的程度，再加上微机的普及和应用以及微机版软件的推出，模具行业中普及 CAD/CAM 的条件已经成熟，今后必将得到很快地发展。模具 CAD/CAM/CAE 一体化及软件的集成化、智能化、网络化将是今后的发展方向。有条件的企业应积极做好 CAD/CAM/CAE 的深化应用工作，即应用基于知识的工程技术和开展企业信息化工程。

2. 精密测量、高速扫描及数字化系统将在逆向工程和并行工程中发挥更大的作用

随着高精密模具的发展，模具测量技术已显得越来越重要。模具应力、磁力测量技术和三维测量技术、形状尺寸精度、表面粗糙度测量技术等都是模具测量技术的重点所在。刚诞生不久的四维激光测量机可以自标定，不但能三维测量，而且可以总结出质量指标，说明每个测量点的精确性。数控加工过程中的在线激光测量不但有利于保证工件的加工质量，而且大大提高了数控机床的运转安全。高速扫描机和模具扫描系统提供了从模型或实物扫描到加工出期望的模型所需的诸多功能，可大大缩短模具制造周期。逆向工程和并行工程将在今后的模具生产中发挥越来越重要的作用。目前逆向工程技术在四川成飞集成科技股份公司、天津汽车模具公司等单位已得到很好的应用。

3. 模具标准化程度将不断提高

正确合理地选用模具标准件，提高模具标准化程度可以极大地缩短模具制造周

期，提高质量和降低成本。因此模具标准化程度将不断提高。

4. 虚拟技术将得到发展

计算机和信息网络的发展正在使虚拟技术成为现实。虚拟技术可以形成虚拟空间环境，既可实现企业内模具虚拟装配等工作，也可在企业之间实现虚拟合作设计、制造、研究开发，建立虚拟企业。

5. 管理技术将迅速发展

管理是一个系统工程，是一项十分重要的技术。机械行业中常说的"三分技术七分管理"就说明了管理的重要性。模具企业中现代企业制度和各项创新机制的建立和运行是管理技术的核心，也是模具制造成功和企业发展的保证。模具制造管理信息系统（MIS）、产品数据管理（PDM）、作为企业沟通和联系手段的 Internet 平台及模具制造电子商务系统（EC）也是模具企业中管理技术的发展方向，应该引起重视。

9.4　现代模具制造技术

9.4.1　高速切削在模具加工中的应用及发展趋势

经过多年的发展，高速切削已逐步巩固了它在模具加工中的地位。在模具制造中，高速切削除了用于加工电极外，还可在淬硬的材料上直接铣出型腔和模具以及快速成型新的样件。它可大大地缩短加工时间，简化加工过程，从而提高产品质量、降低成本。合理使用这些优势条件应纵观整个产品制造过程中全面实现高速切削带来的技术利益。下面提供了已得到证实的高速切削的可能性及用典型的加工实例说明为获益于这种优势而提出对机床的基本要求。

1. 高速切削技术的意义

高速切削技术是使用一定几何定义的切削刃以比常规切削高 5～10 倍的切削速度进行加工的。通过进给速度的增加来缩短加工时间或者减少线间距提高复杂三维轮廓表面质量，从而降低后续工作，如手工抛光的花销。

在高速切削中，切削速度的提高引起了切削刃的机械结构的变化，从而改善切削条件，减少切削力，同时也减少了热量向工件传递。这点可被用来加工薄壁轻型零件或电极，甚至在使用长刀具的情况下也能保证高的轮廓精度。此外，高速切削技术还允许加工淬硬材料，这可部分取代在型腔制造中的电火花加工。在最终部件材料上直接加工来减少间接加工的次数，这样可降低生产周期，同时提高产品质量，典型的高速切削加工参数如表 9-1 所示。

表 9-1　典型的高速切削加工参数

材　　料	切削速度/（m·min^{-1}）	进给率/（m·min^{-1}）	刀具/刀具涂层
铝	2 000	12～20	整体硬质合金/无涂层
铜	1 000	6～12	整体硬质合金/无涂层
钢（42～52HRC）	400	3～7	整体硬质合金/TiCH-TiAlCN 涂层
钢（54～60HRC）	250	3～4	整体硬质合金/TiCH-TiAlCN 涂层

2. 高速切削的应用

（1）电极的制造。

应用高速切削技术加工电极对电火花的加工效率的提高起到了很大的作用，它影响电火花加工的应用范围和周期。通过高速切削技术对复杂电极的经济加工，减少了电极的数量和电火花加工的次数。在高速切削电极时提高了表面质量和精度，大大减少了对电极和模具的后续加工，从而提高了多次成型的重复精度。在加工单向剃须刀石墨电极时，切削时间仅为其他常规方法的1/12，也可用同样的 CNC 程序进行粗、精加工电极。电火花放电间隙仅仅通过刀具半径补偿，彻底消除了后续手工及抛光，电极的重复精度小于 5/1 000 mm（5.0 μm）。

（2）淬硬材料型腔的直接加工。

由于可加工硬材料，特别是硬度在46～60HRC 范围内的材料，高速切削能在铣削的限制内部分取代电火花加工。因为它们很少有内部尖角，间接成型用的工具如锻压或深冲压模几乎可以全部被铣削加工。在切削硬材料时，材料去除率可与电火花媲美，甚至更优，不仅省略了电极的制造，而且在同样的加工时间内可获得更好的表面质量。在扳手的锻压模的加工中，型腔全部可由高速切削来完成，材料硬度高达 54HRC，加工时间为 88 min，而按照以前的工艺，从生产电极、电火花加工到抛光大约需要 17 小时。加工注塑模（钢56HRC）的型腔，可通过先生产电极，然后采用电火花工艺的间接加工方法来完成，也可直接采用高速切削技术。就加工电极而言，用常规切削工艺需要 8 小时，而用高速切削同样的电极仅需 30 分钟。采用高速切削技术在淬硬材料上直接加工同样型腔仅需53 分钟，模具型腔的表面粗糙度值达到 Ra 0.4，几乎不需要进一步的手工抛光。高硬度材料切割的应用非常广泛，而经济、有意义的加工方法在很大程度上也取决于部件的几何形状。

表9-2总结了电火花加工（EDM）和高速铣削加工工艺的优、缺点及各自的极限。

表 9-2　EDM 和高速铣削加工技术的比较

分　　类	EDM（电火花加工）	高速铣削
材料	所有导电材料	所有可切削材料（钢硬度可达 62HRC）
几何形状	任意	受深度和半径限制

续表

分　　类	EDM（电火花加工）	高速铣削
内部尖角	半径可达到 0.1 mm	底部圆角可达到 0.3 mm 壁圆角半径 1.0 mm
深槽	取决于电极的制造长径比小于 10，表面质量总是需要再加工	某些应用不需要再加工
某些应用不需要再加工	高	低
表面模糊	可能	侵蚀/锈蚀
结构变化	微裂	受压
几何精度	好	优
去屑能力	适合大的成型表面及大面积接触	适用于小成型面，点接触
预加工	电火花粗加工	效率 $=f$（刀具成本，体积）
刀具	特殊加工（电极）	简单、标准的产品

（3）样件的快速成型。

高切削速度及高进给速度可以减少加工时间，特别对于易加工材料仅为常规切削的 1/10，对于塑料和铝合金的加工，可采用与常规切削几乎相同的切削宽度和深度。加工参数可被直接转换为生产效率值，如用常规切削需要 7 小时才能完成的三维合成材料模型，高速切削只需 30 分钟。利用高速切削技术设计，造型者在 CAD 设计改变后能快速生产真实模型。对于耐热、耐磨要求较低的模型（如吹塑模、蒸发皿等）以及批量生产之前的样件常常采用易加工材料，但精度要求往往较高。像手工抛光这样成本高的再加工应该尽量避免。高速切削技术也被应用在加工光学部件上，加工时间由 25 小时缩短为 5 小时，表面质量也有所提高，不需要进一步抛光，表面便可达到镜面要求。

3．对高速铣削机床的要求

（1）主轴转速。

为了更好发挥高速铣床的性能，需要有与其相适应的技术。高速铣床的一个最重要的部分是高速主轴。在模具制造业中，常选用 16 mm 以下的刀具，为此主轴转速应高于 3.0×10^4 r/min。目前，这样高的主轴转速通过电主轴来获得，最高的主轴转速受制于主轴轴承的速度特性值。为了保证主轴和刀具夹紧系统有足够的刚性和强度，主轴轴承直径应不小于一定值。通过使用合成轴承及油雾润滑，速度特性值可达到 2.2×10^6 mm/min，这就限制了装有 40HSK 的电主轴的最高转速大约只能达到 4.0×10^4 r/min。

（2）切削速度。

与常规切削一样，高速切削也需要一个最小的切屑厚度来保证切削刃的合理切削状况，高的切削速度要求有相应的进给速度。在高速切削高硬度材料的例子中，切削速度可达到 4×10^2 m/min，对于直径为 6 mm 的双刃铣刀，以每刃进给 0.1 mm 计算，它需要轮廓进给速度 4.5×10^3 mm/min；同样大小的刀具，在加工铝时，切削速度为 1.5×10^3 m/min，其轮廓进给速度应为 1.6×10^4 mm/min。在典型的模具制造应用中，为了达到高的轮廓精度，在小半径、狭窄的轮廓加工中，仍需要高的轮廓进给率。特别在加工高硬度材料时，在进给上不应有明显延迟发生，否则刀具就会因发热过载而失去加工能力。轴的加速性能尽可能快是非常必要的。目前，可以实现较为经济的加速度是 $10 \, \text{m/s}^2$。瑞士米克朗铣削机床的设计可以满足在进给速度为 10 m/min 高速切削的情况下仍能保证轮廓精度在 10 μm 内的需求。

一个适合高速切削的 CNC 系统，不仅需要快的 NC 数据和高速切削控制算法的处理速度，而且能保证与任何 CAD/CAM 系统无障碍通信。网络功能及很强的处理多数据的能力可减少机床的准备时间，避免在程序执行时发生错误。随着高速切削技术的逐渐推广，越来越多的机床制造商推出了高速铣床。700HSM 高速铣削中心采用龙门框架结构，以获得良好的机床刚性。采用轻型的移动部件（超薄的工作台、主轴溜板等）可获得较高的移动精度和移动速度（可达 40 m/min）。高的加速度（$10 \, \text{m/s}^2$）可使得轮廓加工更精确完善，配备 42 000 r/min 的高速主轴，采用矢量控制，在提高转速的同时尽可能提高扭矩，增强高速加工的加工范围。

9.4.2　快速模具制造技术

快速成型（RP）技术诞生以来，已在国内外航空航天、汽车、家电、医疗等行业中有关产品的设计检验、外观评审、装配试验、动态分析、光弹应力分析、风洞试验等方面得到广泛应用，成功地实现了新产品造型设计敏捷化。如美国斯坦福大学快速成型实验室根据国防部门提供的旋翼机螺旋桨特殊曲线，用形状沉积制造（SDM）方法制造了厘米级飞行器，并进行了稳定性和控制研究，对快速研制微小型新型飞行器起了重要作用。从新产品设计迅速形成高效、低成本、优质的批量生产并抢占市场的角度来看，能够快速制模尤其是快速制造金属模具（Rapid Metal Tooling，RMT）是关键。在工业发达国家，模具市场的规模是产品试制市场的十几倍，因此快速制模市场远大于快速原型市场。世纪之交前期快速制模技术被美国汽车工程杂志评为全球 15 项重大技术之首，受到全球制造业的广泛关注。

1. 快速制造金属模具技术概况

由于金属材料具有的优良综合性能，金属模具的低成本快速制造成为 RP 技术的努力目标。世界先进工业化国家的 RP 技术在经历了快速原型、快速软模制造阶段后，目前正向快速制造金属硬模（Rapid Hard Metal Tooling，RHMT）尤其是铁系金属硬模方向发展，已成为国际 RP 技术应用研究开发的热点。业已提出的众多 RMT 方法可分为由快速原型或其他实物模型复制金属模具的间接法、直接由 RP 系统无模制造金属模具的直接法两大类。直接法虽然受到关注，但由于尺寸范围及精度、表面质量、综合机械性能等方面还存在问题，离实用化尚有相当差距，目前较成熟的是间接法。

2．金属模具间接快速制造技术现状

目前，具有竞争力的 RMT 技术主要是粉末烧结、电铸、铸造和熔射等间接制模法。国内外在这方面有许多研究及应用实例，如 3D systems 公司的 Keltool 烧结工艺、CEMCOM 公司的 NCC（Nicke Ceramic Composite）电铸工艺、爱达荷国家工程和环境实验室的快速凝固工艺（RSP）和 Soligen Tech. Inc 公司的铸造工艺、BadgerPattern 公司的锌合金熔射、东京大学的熔射快速制造硬模（Rapid Spray Hard Tooling，RSHT）方法以及日产汽车公司的不锈钢熔射快速制模法等。Keltool 方法由立体光刻造型（SLA）方法快速原型翻制硅橡胶模，将金属粉末成形体烧结、渗铜后得到模具，模具型腔经热处理后表面硬度可达 48～50HRC，但制模时间长且工艺复杂。NCC 方法首先在 SLA 快速原型上镀上 1～5 mm 的镍，然后在镀层上用陶瓷材料背衬补强，将原型分离后得到最终模具。该方法与 SLA 工艺精度同等，可用于注塑模制造。RSP 方法用高速惰性气体将熔化的金属液体雾化，喷射在原型上，生成一薄层金属，补强背衬并除去原型后得到模具。此方法可制作注塑和冲压模具，但为提高制件的表面质量和机械性能，需进行时效处理，故增加了制模时间。

熔射法的基本工艺是在原型表面形成熔射层，然后对熔射层补强并将原型去除得到金属模具。BadgerPattern 公司用锌合金熔射和树脂复合材料补强，具有快速、低成本的特点，但模具的耐磨性和热传导性差，只能完成数百件注塑成形。

在我国，金属零件和模具快速制造技术的研究已受到高度重视。例如，清华大学、华中科技大学在铸造和熔射快速制模方面取得了许多研究成果，西安交通大学采用由树脂原型制作的石墨电极加工出钢质模具，上海交通大学用精密铸造法快速翻制出汽车轮胎等金属模具，殷华公司及烟台机械工艺研究所同烟台泰利汽车快速模具公司合作采用电弧熔射锌合金制作出快速经济模具。

上述各种方法都具有快速、经济的特点，但相比之下，铸造法和烧结法尺寸变化大，制模精度低。电铸法复制精度虽高，但制模时间长，可电铸材料少且需处理废液污染。熔射法具有材料和尺寸规格限制少、复制精度高等优点，但由于难以制造既能经受高熔点铁系金属材料的熔射，又容易与熔射层分离的被熔射原型，因此只能采用低熔点材料熔射和树脂材料补强，致使熔射模具的耐久性差。东京大学开发了等离子熔射制模方法。该方法因开发了耐热被熔射原型，可用不锈钢或碳化钨合金等高熔点熔射材料，并对熔射层采用金属补强，从而极大地改善了模具的耐久性，模具表面硬度可达 63HRC，粗糙度 Ra 约为 0.2 μm，可将产品原型表面的天然皮革纹复制到模具表面，从而得到与原型相同的表面微小形状的产品。日本丰田汽车公司轿车仪表板等内饰件模具的两家主要制造厂家，因原来采用的电铸法的制模周期太长，难以满足丰田公司新车型迅速投放市场的要求，都在寻求或开发快速制模技术。由于等离子熔射制模技术受材料和尺寸限制少，制模周期短，其中一家公司在进行了可行性分析以后，已决定采用该技术制造表面带精细天然饰纹的轿车仪表板塑料模具，从而使制造时间从原来的 85 天减少至 37 天，可满足丰田公司 45 天交货的要求。预计此项等离子熔射快速制模技术不久将用于日本汽车工业，在中国的汽车工业中也将得到应用。目前华中科技大学快速制模研究室已完成了该项技术用于注塑模和金属薄板拉延成形模的实用化关键制造技术的研究。日产公司开发的树脂复合材料补强的不锈钢电弧熔射模具可用于数万～20 多万件的轿车覆盖件成形，但与等离子熔射制模方法相比，因不能用于表面带天然精细皮革纹耐久注塑模具的制造，致使其使用范围受到限制。

等离子熔射制模方法极大地改善了模具的耐久性，因此在汽车、家电尤其是市场急需的轿车内外饰件和覆盖件模具方面具有广阔的应用前景。然而由于中间工序较多且受环境温度的影响，致使精度控制难度加大。因此，开发短流程的间接制模法、实现工作环境的安定化是提高精度的关键，同时必须加快开发短流程直接快速制造方法。

3. 金属模具直接快速制造技术现状

直接法尤其是直接快速制造金属模具的方法在缩短制造周期、节能省资源、发挥材料性能、提高精度、降低成本方面具有很大潜力，因而受到高度关注。目前已出现的方法主要有以激光为热源的选择性激光烧结法（SLS）和激光生成法（LG），以等离子电弧等为热源的熔积法（Plasma Deposition Method，PDM 或 Plasma Powder Melting，PPM）、喷射成形的三维打印（3DP）法。其技术研究和应用的关键在于如何提高模具的表面精度和制造效率以及保证其综合性能和质量，从而直接快速制造耐久、高精度和表面质量能满足工业化批量生产条件的金属模具。

SLS 工艺用激光对薄层粉末有选择地烧结，然后将新的一层粉末通过铺粉装置铺在上面，进行下一层烧结。反复进行逐层烧结和层间烧结，最终将未被烧结的支撑部分去除就得到与 CAD 形体相对应的三维实体。目前，较为成熟的有美国 DTM 公司的 RapidTool 工艺，以及德国 EOS 公司的 Direct Tool 工艺。Rapid Tool 工艺采用激光烧结包覆有黏结剂的钢粉，加热熔化后的黏结剂将金属粉末黏结在一起，生成多孔质零件，干燥脱湿后，放入高温炉膛内进行烧结、渗铜，生成表面密实的零件，其材料成分为 65% 的钢和 35% 的铜。经过打磨等后处理工序，得到最终的模具。Direct Tool 工艺通过烧结过程使低熔点金属向基体金属粉末中渗透来增大粉末间隙，产生尺寸膨胀来抵消烧结收缩，使最终的收缩率几乎为零。由于 SLS 是直接成形，模具体相对密度低，要得到较高密度必须通过烧结、浸渗等后处理，这就增加了制模时间和成本，因此不能称为完全的直接快速金属模具制造，同时由于未熔颗粒的黏结，表面质量难以提高。

LG 中有代表性的激光金属成形（LMF）工艺是在激光熔敷基础上开发的直接制模工艺。该工艺采用大功率激光器，在制造过程中，激光器不动，计算机控制基底的运动，直到生成最终形状的零件。制件密度及机械性能虽较 SLS 方法有很大提高，但仍有约 5% 的孔隙率，而且与 SLS 过程类似，由于未熔颗粒的黏结，表面质量不高。

等离子熔积法具有使用材料范围广、能获得满密度金属零件的特点。薄钢板的分层实体制造（LOM）技术也制造了钣金冲压模、真空成形模、注塑成形模等，但由于叠层间需进行焊接等紧固处理，且材料利用率低，制作过程需要相当的经验和时间。上述方法都基于层积成形的原理，所以不可避免地会产生侧表面阶梯效应，致使精度低、表面质量差，且存在综合力学性能不高等问题，目前多用于金属零件的制造。斯坦福大学的 F. B. Prinz 等人开发的形状沉积制造（SDM）方法采用 CNC 对外轮廓和表面精整，在解决层积成形共通的侧表面阶梯效应所造成的精度和表面质量问题方面做了有益的尝试，但目前局限于简单形状的金属零件制造。

等离子熔射/熔积与光整技术集成直接快速精细制造金属硬模的新方法，即采用等离子熔射/熔积成形，同时对成形件表面进行光整，以获得所需的尺寸及表面精度。该技术充分发挥集成技术的综合优势，利用焊接方法中弧柱集束性好、热影响区小、加工柔性及成形精度高的等离子熔积成形，可熔积粉末材质种类和制件规格范围几乎不受限制，具有急冷凝固高速成形特征，组织致密而优于铸态组织，并可制造具有梯度功能材料的零件。这种方法与大功率激光成形法相比，制造成本大幅度降低，设备价格约为激光成形设备的 1/5，对成形表面精细光整，尺寸及表面精度高，可大大减少研磨和抛光时间。

综上所述，快速制造金属零件与模具技术的关键问题和发展动态有以下特点。

① 间接法控制精度难度大。开发短流程的快速制造工艺、减少精度损失、实现工作环境的安定化是提高间接法制造精度的关键。

② 低成本的快速层积和光整技术的集成，是提高直接法的尺寸及表面精度、材料适应性、实用性的有效方法。

③ 与高速铣削相比，快速制造金属模具（RMT）在表面带精细复杂形状的金属零件加工、难以省去电火花加工工序的制造过程（即用 RMT 代替电火花加工）、难熔难加工的复杂形状金属零件加工以及模具制造方面将会占有优势。

9.4.3　逆向工程技术简介

逆向工程技术（Reverse Engineering，也称为反求工程、反向工程）是在没有产品原始图纸、文档或 CAD 模型数据的情况下，通过对已有实物的工程分析和测量，得到重新制造产品所需的几何模型、物理和材料特性数据，从而复制出已有产品的过程。20 世纪 90 年代，逆向工程技术受到各国工业和学术界的高度重视，成为 CAD/CAM 领域的一个研究热点。1997 年，CAD 杂志出版了关于逆向工程的专集，Varady 等人对逆向工程的几何反求做了很好的综述。到目前为止，国内外已经发表了很多相关研究论文，并且出现了许多逆向工程的应用软件。

按照传统的设计和工艺流程，产品的设计从概念设计开始，确定产品的功能指标，根据工程图纸，借助于 CAD 软件建立产品的三维模型，然后编制数控加工程序，经历不同的工序，生产出所需要的产品。此类开发模式称为预定模式，开发工程则称为顺向工程（Forward Engineering）。

然而在很多情况下，设计和制造者的面前只有实物样件，而没有图纸或 CAD 模型数据。为了适应先进制造技术的发展，需要一定的途径，将这些实物转化为 CAD 模型。目前这种从实物样件获取产品数学模型的相关技术，已经发展成为 CAD/CAM 中相对独立的范畴，称为逆向工程。

1. 逆向工程技术的应用范围

逆向工程技术的应用范围非常广泛，主要有下列 4 个方面。

① 产品仿制。往往一件拟制作的产品没有原始的设计图纸，而是委托单位交付的样品或实物模型。传统的复制方法是用立体雕刻机或立体仿形铣床制作出 1∶1 的模具，再进行生产。这种方法属于模拟型复制，它的缺点是无法建立工件的工程图，因而无法用现有的 CAD 软件进行修改和改进，已经逐渐为新型的数字化逆向工程系统所取代。

② 新产品设计。随着工业技术的发展及经济环境的成长，消费者对产品的要求越来越高。为了赢得市场，不仅要求产品功能上要先进，而且要求产品外观上也美观。一些具有美工背景的设计师可利用 CAD 技术构造出创新的美观外形，再以手工方式造出样件，最后以三维尺寸测量的方式获得曲面模型。

③ 产品的改进。在工业设计中，很多新产品都是从对旧产品的改进开始。为了用通常的 CAD 软件对原来的设计进行改进，首先需要原产品的 CAD 模型。

④ 模具设计与制造。由于模具生产属于单件、小批量生产，而且使用模具的最终目标是要生产出满足要求的产品，因此逆向工程技术在模具的设计和制造中有着特别重要的意义。一般认为，理想的模具逆向工程技术是根据产品实物来设计并制造出合格的模具。

2. 逆向工程甲三维数据的获得方法

逆向工程首先需要获得实物零件或模型的三维轮廓坐标数据（表面数字化），然后根据三维轮廓数据重新构造曲面，建立完整、正确的 CAD 模型。

逆向工程中三维数据的获得有两种方法，一种是通过照相，根据光源的不同位置，用计算机还原为三维数据模型。另一种是通过三坐标测量仪直接获取三维数据。前一种技术，在目前情况下存在较大误差，不适合于精度要求较高的产品的制造。

3. 建立一套完整的逆向工程需要的配置

① 测量头。可以是接触式或非接触式。

② 测量平台。大多为三坐标测量仪、多轴专用测量机等。

③ 逆向工程软件。应具有消除测量噪声、可以进行曲线编辑、曲面生成、曲面编辑等功能。

④ 利用 CAM 软件生成加工轨迹和 NC 代码。

⑤ 快速原型成型设备，如激光成型机。

⑥ 数控模具加工设备。数控机床或数控加工中心等。

4. 逆向工程涉及的难点

建立一套完整的逆向工程系统并不困难，但需要大量的技术融合才能应用好。从技术角度看，逆向工程涉及如下难点。

① 准确快速获得测量数据。

② 将测量数据转化为可编辑的曲面。

③ 系统的集成。

④ 成本的控制。

9.5 思考与练习题

1. 利用图书馆和网络资源，了解模具设计与制造技术的最新发展动向。

2. 到不同模具制造单位了解目前模具设计与制造采用的方法与技术，调查影响技术选择的原因（可从经济、人才、技术成熟度、效率等方面考虑）。

第 10 章　实验指导书

【教学提示与要求】

由于采用模具进行生产的产品的复杂性，安装模具设备的多样性，以及随着技术的不断进步而层出不穷的新材料和新工艺，模具设计和制造是一个复杂的与时俱进的技术。因此不论是在模具设计还是在模具制造过程，仅仅从理论上学习是远远不够的，见多才能识广，作为模具行业的从业人员，首先要到生产实践中去认识大量的模具，熟悉各种模具，以便在遇到实际问题时可以借"他山之石"来"攻玉"。

【实验要求】

通过实验，了解安装模具的设备参数，掌握成形工艺的基本原理，熟悉模具的基本结构；学会整理分析实验数据，能够绘制设备传动简图，可以完成模具的测绘，并写出条理清楚、内容完整的实验报告。通过实验课巩固理论知识，为模具设计与制造奠定良好的基础。

本章给出如下 6 个实验的指导书，建议每个实验安排 2 课时。各校可以根据自己的情况进行相应的实验安排。

① 曲柄压力机结构、工作原理与参数。
② 模具的安装调试及冲裁工艺实验。
③ 冲模拆装。
④ 冲模测绘。
⑤ 塑料注射成型。
⑥ 注塑模具拆装。

10.1　曲柄压力机结构、工作原理与参数

10.1.1　实验目的

① 熟悉开式曲柄压力机的结构。
② 了解各部件的工作原理。
③ 深刻理解设备各参数的含义。
④ 为冲压件的设备选型和模具设计奠定基础。

10.1.2　实验工具及设备

① 设备。J23-25T 曲柄压力机（冲床），其外形图如图 10-1 所示。

② 工具。活动扳手。

图 10-1　曲柄压力机外形图

10.1.3　实验内容

了解曲柄压力机的组成和工作原理，分析该设备由哪几个部分组成。观察压力机外形，查看压力机的结构组成，绘制出曲柄压力机的传动简图。了解曲柄压力机的工艺参数，包括公称压力、曲轴半径、滑块行程、公称压力角、压力机闭合高度、连杆高度调节量、模柄孔尺寸、工作台面尺寸、漏料孔尺寸。

掌握连杆长度调节的方法，了解连杆长度调节的意义和作用。思考设备参数与模具设计及工艺选择之间的关系。

10.1.4　实验步骤

① 按照事先分好的实验小组准时到达实验室。

② 从原动机开始，追随机器的动力传递轨迹。

③ 找到机器的执行单元，查看执行元件的运动特性。

④ 寻找控制单元，了解它们的工作原理。

⑤ 了解机器执行单元与模具的连接方法，记录相应的连接尺寸。

10.1.5　实验结果的记录与整理

① 弄清结构图与传动简图的区别，对照机器画出曲柄压力机的传动简图。

② 记录 J23-25T 曲柄压力机的参数，并说明每个参数的意义以及该参数对模具设计的约束。

③ 弄清压力机闭合高度调整原理，实际测量压力机最大闭合高度与最小闭合高度。

10.1.6　思考题

1. 离合器（图 10-2 所示为转键离合器工作原理图）、制动器如何动作？

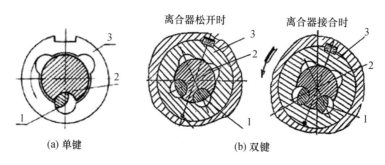

图 10-2　转键离合器工作原理图

1—转键；2—曲轴；3—轴套

2. 为什么曲柄压力机需要装飞轮？

3. 曲柄压力机的闭合高度为什么需要调整？

4. J23-25T 曲柄压力机的闭合高度是如何调整的？

5. 为了保证模具的正常工作，模具的闭合高度与压力机闭合高度应该满足什么关系？

6. 调整曲柄压力机的闭合高度时，你感觉到费力吗？如果是大吨位的机械压力机，其闭合高度如何调整？（可以带着此问题对日后遇到的设备进行调研。）

7. 谈谈你对该实验的思考、体会和改进建议。

10.2　模具的安装调试及冲裁工艺实验

10.2.1　实验目的

① 了解模具在曲柄压力机中的安装与固定方法。

② 明确模具闭合高度的定义。

③ 深刻理解模具闭合高度与压力机闭合高度的相互关系。

④ 理解冲裁模具的工作原理。

10.2.2　实验工具及设备

① 设备。J23-25T 曲柄压力机（冲床）。

② 工具。活动扳手、内六角扳手、游标卡尺等工具。

③ 模具。垫片落料冲孔复合模、非圆件落料模（冲头和凹模可更换）、六方冲孔模（冲头和凹模可更换）。

10.2.3　实验内容

① 把冲裁模具安装在压力机上。

② 调整压力机闭合高度。

③ 进行试冲。

④ 了解观察冲裁断面质量与模具相对间隙的关系。

10.2.4　实验步骤

① 按照事先分好的实验小组准时到达实验室。

② 检查设备能否正常工作。

③ 将连杆调至最短的位置。

④ 任选一套模具，辨别其种类，测量冲模的主要安装尺寸。

⑤ 测量模具闭合高度，查看能否在选定的压力机上完成冲裁。

⑥ 查看模具的模柄是否与压力机的模柄孔匹配。

⑦ 将上下模闭合，推至压力机工作台中心，使模柄对准滑块中心的模柄孔。

⑧ 用手搬动飞轮，使滑块至下死点，然后调整连杆长度，使滑块底面与模具上平面接触，并用压板等紧固件固定好上下模座。

⑨ 小心地使压力机寸动，注意模具有无障碍（尤其要注意下死点附近），用手搬动飞轮，用厚纸试冲一次，检查模具间隙等是否合理。

⑩ 开动空车 2～3 次，仍无异常，即可完全锁紧连杆，送入坯料试冲。

⑪ 观察冲裁件的断面，注意断面的 3 个区域，并记录数据。

10.2.5　实验结果的记录与整理

① 测量模具工作部分（凸模、凹模）的断面尺寸并记录在表 10-1 和表 10-2 中，对直径要测量 3 处取平均值，对非圆尺寸要记录测量位置。

② 计算凸凹模间隙（双面）。

③ 记录断面质量，如表 10-3 所示。

表 10-1 凸模工作断面尺寸记录表

模具名称				零件名称	
测量者		绘图者		同组人	

凸模工作断面草图（含尺寸线、尺寸界线、尺寸名称等）

尺寸名称	第1次测量值/ 测量位置	第2次测量值/ 测量位置	第3次测量值/ 测量位置	平均值	误差

表 10-2 凹模工作断面尺寸记录表

模具名称				零件名称	
测量者		绘图者		同组人	

凹模工作断面草图（含尺寸线、尺寸界线、尺寸名称等）

尺寸名称	第1次测量值/ 测量位置	第2次测量值/ 测量位置	第3次测量值/ 测量位置	平均值	误差

表 10-3 冲裁件断面质量记录表

冲裁件名称				材料名称/板料厚度	
测量者		绘图者		同组人	

冲裁件草图及断面质量测量位置标记		描述断面质量的参数			

毛刺高度D
撕裂带高度C
光亮带高度B
圆角带高度A

尺寸名称	第 1 次测量值/测量位置	第 2 次测量值/测量位置	第 3 次测量值/测量位置	平均值	误差
圆角带高度 A					
光亮带高度 B					
撕裂带高度 C					
毛刺高度 D					

10.2.6 思考题

1. 断面质量是否可以定量描述？
2. 不同厚度的板料应该用什么指标比较断面质量？
3. 谈谈你对该实验的思考、体会和改进建议。

10.3 冲模拆装

10.3.1 实验目的

① 通过模具拆装，熟悉典型模具的结构特点、工作原理。
② 了解模具上主要零件的功用、相互间的装配关系。
③ 思考模具零件的加工方法、设备与工装。
④ 为模具设计制造奠定基础。

10.3.2 实验工具及设备

① 设备。各种结构的模具，如垫片落料冲孔复合模、非圆件落料模（冲头和凹模

可更换）、六方冲孔模（冲头和凹模可更换）

②工具。活动扳手、游标卡尺、直尺、螺丝刀、内六角扳手、手锤、铜棒等常用工具。

10.3.3　实验内容

①把模具拆成零件。
②按照功能把模具零件进行分类和命名，如图 10-4 所示。
③组装模具。

表 10-4　冲模主要零部件分类命名参考表

构件分类		零件功能	定　义	所含零件
冲模零部件	工艺构件	工作零件	直接完成冲裁分离工件的零件	凸模
				凹模
				凸凹模
		定位零件	保证条料在送进和冲裁时在模具上有正确位置的零件	定位板、定位销
				挡料销
				导正销
				导尺、侧刃
		压料、卸料及出件零部件	用于冲裁后材料的弹性恢复，工件往往留在凹模洞口内，而条料又紧箍在凸模上，卸料零件的作用就是把工件从凹模洞口顶出，把废料从凸模上卸下	卸料板
				推件杆
				推件装置
				压边圈
				弹簧、橡胶块
	辅助构件	导向零件	保证模具各相对运动部位具有正确位置及良好运动状态的零件	导柱
				导套
				导板
				导筒
		固定零件	固定凸模和凹模，并与冲床滑块和滑块工作台相连接的零件	上、下模座
				模柄
				凸、凹模固定板
				垫板
				限位器
		紧固及其他零件	在装配模具时，为了保证零件间相互正确位置，把相关联的零件固定或连接起来的零件	螺钉、销钉
				键
				其他

10.3.4　实验步骤

① 按照事先分好的实验小组准时到达实验室。

② 把缓冲橡胶平铺在工作台上，起到保护桌面、保护模具的作用。

③ 把模具放在工作台上。

④ 对模具进行仔细的观察，判断其各零件的功用及相互关系。

⑤ 将模具按上、下两大部分拆开、观察，了解模具中可见部分零件的名称、作用。初步了解该模具所完成的冲压工序的名称、数量、顺序及其坯料与工件的大致形状。

⑥ 分别拆开上、下两大部分。依次了解凸、凹模的整体结构形状、加工要求与固定方法；定位部分的零件名称、结构形式及定位特点；卸料、压料部分的零件名称、结构形状，动作原理及安装方式；导向部分的零件名称、结构形式与加工要求；固定零件名称、结构及所起作用；标准紧固件及其他零件的名称、数量和作用。在拆卸过程中，要记清各零件在模具中的位置及连接关系，以便重新装配。

⑦ 把已拆开的模具零件按上、下两大部分依照一定的顺序还原。

⑧ 仔细对模具的零件的功能进行分析，参照表 10-4 给出所有零件的名称、数量等。

⑨ 在拆装过程中，注意不要损坏模具零件，尤其对冲裁模的凸凹模刃口要注意保护。在重新装配前，各零件要擦拭干净。

10.3.5　实验结果的记录与整理

模具的主要零部件明细表如表 10-5 所示。

表 10-5　模具的主要零部件明细表

模具名称					
零件序号	零件名称	分 类	功 能	作用详细描述	数 量

10.3.6　思考题

1. 简述模具的工作原理及各主要零件的作用。
2. 简要说明冲模拆卸、装配、安装和调整的方法、步骤与注意事项。
3. 所拆模具有哪些可以改进的地方？
4. 谈谈你对该实验的思考、体会和改进建议。

10.4　冲模测绘

10.4.1　实验目的

① 掌握由模具获得图纸的技能，学会用图纸表达设计意图。
② 了解机械零件的加工精度与误差。
③ 学会工程数据处理的方法。
④ 掌握模具设计基本技能，学会查阅设计资料和手册，熟悉设计标准和规范。

10.4.2　实验工具及设备

① 设备。各种结构的模具，可以是前一个实验所拆装的模具。
② 工具。活动扳手、游标卡尺、直尺、螺丝刀、内六角扳手、手锤，铜棒等常用拆装测绘用工具，以及各种绘图用具。

10.4.3　实验内容

① 把模具拆成零件。
② 按照功能把模具零件进行分类和命名。
③ 测量非标准件的特征尺寸。
④ 选择恰当的工程视图表达非标准件。
⑤ 确定标准件类别的归属，测量标准件的特征尺寸，查出标准号。
⑥ 把零件组装还原成模具。

10.4.4　实验步骤

① 按照事先分好的实验小组准时到达实验室。
② 把缓冲橡胶平铺在工作台上，起到保护桌面、保护模具的作用。
③ 把模具放在工作台上。
④ 按照10.3节中的方法把模具拆开，填写模具零件汇总表，如表10-6所示。

⑤ 对每个零件进行测绘，首先选择恰当的视图来表达，然后用合适的工具测量零件的特征尺寸，每个尺寸要测量 3 次，取其平均值，并注意记录测量误差。对模具工作部分（凸模、凹模）尺寸，要保证测量精度在 0.02 mm。

表 10-6　模具零件汇总表

模具名称					
零件序号	零件名称	分　类	功　能	作用详细描述	数　量

10.4.5　实验结果的记录与整理

对选定的模具中的每个模具零件逐个填写表 10-7 模具零件测绘记录表。对标准件要对照手册，确定相应的标准号。

表 10-7　模具零件测绘记录表（每个零件填一张表）

模具名称		零件序号		零件名称	
测量者		绘图者		同组人	

零件草图（完全反映零件结构即可，不一定要 3 个视图。包含尺寸线、尺寸界线、尺寸名称等）

尺寸名称	第 1 次测量值	第 2 次测量值	第 3 次测量值	平均值	误　差
如果是标准件，相应的标准号					

10.4.6　思考题

1. 影响零件特征尺寸、测量精度的因素有哪些？如何提高测量精度？
2. 谈谈你对该实验的思考、体会和改进建议。

10.5　塑料注射成型

10.5.1　实验目的

① 近距离观察注塑机，了解注塑机工作原理。
② 理解注塑成型机参数的意义。
③ 观察注塑成型过程。
④ 了解注塑成型工艺参数。
⑤ 通过制件了解模具结构。
⑥ 为模具设计奠定基础。

10.5.2　实验工具及设备

① 设备。塑料注射成型机。
② 模具。注塑机上所配模具，如"板料拉伸用试件和板料条"注塑成型模具。

10.5.3　实验内容

① 近距离观察注塑机。

② 理解注塑成型机参数的意义。

③ 观察注塑成型过程。

④ 了解成型工艺条件。

⑤ 了解注塑成型工艺参数。

10.5.4　实验步骤

按照事先分好的实验小组准时到达实验室。

1. 预热

① 合上机器总电源开关，检查机器有无异常现象。

② 根据使用原料的要求来调整料筒各段的加热温度，打开电热开关，同时把喷嘴温度调节器调整到所需的温度刻度，开始预热，预热时间应为 30～45 分钟。

2. 开机前检查与准备工作

① 按要求配好原料，及时给料斗加足原料。

② 检查机器各润滑点，按要求加足润滑油（脂）；检查有无松脱零件并及时上紧。

③ 清理机器上的工具、量具、工件和其他杂物，保持好整机的清洁卫生。

④ 打开机器冷却水总进出阀、油泵冷却水阀和螺杆进料段冷却水阀。

⑤ 插上电源开关，旋起急停按钮，启动油泵马达，把模具打开，然后检查模具的清洁情况，并及时清除模具上的防锈剂、水、胶料和其他杂物等。

3. 注塑机动作的程序

合模──→注射──→保压──→冷却──→开模──→制品顶出──→合模。

4. 注塑机常用的操作模式

① 调整。指机器的所有动作都必须按动相应的按钮慢速进行，放开按钮动作即停止，故又称为点动。这种操作方式，适合于装拆模具，进行螺杆检修和调整机器时使用。

② 半自动。指每个生产周期仅需把机器的安全门关闭后，工艺过程中的各个动作按照一定的顺序自动进行，直至一个生产周期进行完毕为止。

③ 全自动。指机器的动作顺序，全部由电器控制，自动地往复进行。这种操作方式可以减轻人工的劳动强度。

5. 开机操作

① 启动油泵马达，关上安全门，手动测试开关模、托模进退、座台进退等功能是否正常。

② 检查各限位开关的定位是否适合，必要时可稍作调整。

③ 经过充分预热后，检查各加热段的温度是否已达到了设定值。

④ 按"座台退"开关，使注射座退到停止位置上，然后按"射出"开关，检查射出来的胶料的熔合情况。

⑤ 按"座台进"开关，使注射座进到停止位置上，使喷嘴紧顶模具的浇口上，按"半自动"开关，机器开始半自动运行。

⑥ 定期检查制品质量情况，必要时可调整有关动作的压力、流量和时间等相关参数。

6. 停机

① 开到手动状态，关闭电热开关。

② 关闭模具冷却水阀、螺杆进料段冷却水阀和机器冷却水总进出阀。

③ 清洁模具，必要时可向模具喷上防锈剂，然后把模具合上。关闭油泵，关闭总电源开关。

④ 必要时关闭机器进气阀、空气压缩机、循环水泵和冷却塔。

⑤ 整理好成品，搞好清洁卫生。

10.5.5　实验结果的记录与整理

做实验要记录的数据与要研究的问题密切相关。一般来讲，以下信息是有用的。

① 实验设备信息（注塑机型号、生产厂家等）。

② 模具信息（模具名称、类型、材料等）。

③ 原料信息（名称与粒度）。

④ 注塑机注塑工艺条件。

⑤ 实验过程记录，实验过程分几步，每一步做了什么工作。

⑥ 注塑制品名称、塑料材料、颜色等。

⑦ 制品简图、不同成型工艺条件与成型质量记录。

为了方便记录，列出表10-8和表10-9供参考，也可以自行设计更好的表格。

表 10-8　注塑成型实验记录

序号	信息类别	项　目	参数（量纲）	说明与备注
1	设备信息	注塑机名称		结构（卧式/立式）送料机构（螺杆/柱塞）
		型号		
2	模具信息	名称		
		类型		
		材料		

续表

序号	信息类别	项目	参数（量纲）	说明与备注
3	原材料信息	名称		
		粒度		
		颜色		
4	注塑工艺信息	料筒（或熔体温度）	℃	
		注射压力	MPa	
		模具冷水机温度	℃	
		注射时间	s	
		保压时间	s	
		冷却时间	s	
5	实验过程记录	第一步		
		第二步		
		第三步		
		第四步		
		第五步		

表 10-9　制品简图、成型工艺条件与成型质量记录

模具名称		零件序号		零件名称	
测量者		绘图者		同组人	

制件图（可用手绘工程视图或手绘轴测图表达，也可用照片表达。用照片表达时需要有长度标尺做参照）

序号	工艺条件						质量记录		备注
	料筒（或熔体温度）	注射压力	模具冷却水温度	注射时间	保压时间	冷却时间	充满情况	制件变形	
1									
2									
3									
4									
5									

10.5.6　思考题

1. 注塑制件的质量与哪些因素有关？
2. 制件的生产率与哪些因素有关？
3. 谈谈你对该实验的思考、体会和改进建议。

10.6　注塑模具拆装

10.6.1　实验目的

① 了解注塑模具结构与工作原理。
② 了解组成模具的零件及其作用。
③ 了解模具零部件之间的装配关系。
④ 熟悉模具的装配顺序和装配工具的使用。

通过这一实践环节，增强感性认识，巩固和加深所学的理论知识，锻炼动手能力，提高分析问题、解决问题的能力，为今后的塑料模具设计工作和处理现场问题奠定实践基础。

10.6.2　实验工具及实验准备

① 设备。各种结构的注塑模具。
② 工具。活动扳手、游标卡尺、直尺、螺丝刀、内六角扳手、手锤、铜棒等常用拆装测绘用工具，以及各种绘图用具。
③ 小组人员分工。同组人员对拆装、观察、测量、记录、绘图等分工负责。
④ 工具准备。领用并清点拆卸和测量所用的工具，了解工具的使用方法及使用要求，将工具摆放整齐。

实验结束时按工具清单清点工具，并交指导教师验收。

10.6.3　实验内容

① 把模具拆成零件。
② 按照功能把模具零件进行分类和命名。
③ 测量非标准件的特征尺寸。
④ 选择恰当的工程视图表达非标准件。
⑤ 确定标准件类别的归属，测量标准件的特征尺寸，查出标准号。
⑥ 把零件组装还原成模具。

10.6.4　注塑模具的工作原理与组成

注塑模具由动模和定模两部分组成，动模安装在注射成型机的移动模板上，定模安装在注射成型机的固定模板上。在注射成型时动模与定模闭合构成浇注系统和型腔，开模时动模和定模分离以便取出塑料制品。

模具的结构虽然由于塑料品种和性能、塑料制品的形状和结构以及注射机的类型等不同而可能千变万化，但是基本结构是一致的。模具主要由浇注系统、调温系统、成型零件和结构零件组成。其中浇注系统和成型零件是与塑料直接接触部分，并随塑料和制品而变化，是塑模中最复杂，变化最大，要求加工光洁度和精度最高的部分。

1. 浇注系统

浇注系统是指塑料从射嘴进入型腔前的流道部分，包括主流道、冷料穴、分流道和浇口等。它直接关系到塑料制品的成型质量和生产效率。

① 主流道。它是模具中连接注塑机射嘴至分流道或型腔的一段通道。主流道顶部呈凹形以便与喷嘴衔接。

② 冷料穴。它是设在主流道末端的一个空穴，用以捕集射嘴端部两次注射之间所产生的冷料，从而防止分流道或浇口的堵塞。脱模杆的顶部宜设计成曲折钩形或设下陷沟槽，以便脱模时能顺利拉出主流道赘物。

③ 分流道。它是多槽模中连接主流道和各个型腔的通道。为使熔料以等速度充满各型腔，分流道在塑模上的排列应成对称和等距离分布。分流道截面的形状和尺寸对塑料熔体的流动、制品脱模和模具制造的难易都有影响。在满足需要的前提下应尽量减小截面积，以免增加分流道赘物和延长冷却时间。

④ 浇口。它是接通主流道（或分流道）与型腔的通道。它是整个流道系统中截面积最小的部分。浇口的形状和尺寸对制品质量影响很大。

2. 调温系统

为了满足注射工艺对模具温度的要求，需要有调温系统对模具的温度进行调节。对于热塑性塑料用注塑模，主要是设计冷却系统使模具冷却。模具冷却的常用办法是在模具内开设冷却水通道，利用循环流动的冷却水带走模具的热量；模具的加热除可利用冷却水通道热水或蒸汽外，还可在模具内部和周围安装电加热元件。

3. 成型零件

成型零件是指构成制品形状的各种零件，包括凸模、凹模、型芯、成型杆、成型环、镶件及排气口等。成型零件由型芯和凹模组成。型芯形成制品的内表面，凹模形成制品的外表面形状。合模后型芯和型腔便构成了模具的型腔。按工艺和制造要求，有时型芯和凹模由若干拼块组合而成，有时做成整体，仅在易损坏、难加工的部位采用镶件。

排气口是在模具中开设的一种槽形出气口，用以排出原有的及熔料带入的气体。

4. 结构零件

结构零件是指构成模具结构的各种零件，包括导向、脱模、抽芯及分型的各种零件。例如，前后夹板、前后扣模板、承压板、承压柱、导向柱、脱模板、脱模杆及回程杆等。

① 导向部件。为了确保动模和定模在合模时能准确对中，在模具中必须设置导向部件。在注塑模中通常采用四组导柱与导套来组成导向部件，有时还需在动模和定模上分别设置互相吻合的内、外锥面来辅助定位。

② 推出机构。在开模过程中，需要有推出机构将塑料制品及其在流道内的凝料推出或拉出。推出固定板和推板用以夹持推杆。在推杆中一般还固定有复位杆，复位杆在动、定模合模时使推板复位。

③ 侧抽芯机构。有些带有侧凹或侧孔的塑料制品在被推出以前必须先进行侧向分型，抽出侧向型芯后方能顺利脱模，此时需要在模具中设置侧抽芯机构。

5. 标准模架

模架是模具的骨架，模具的各结构通过模架连接在一起。为了减少繁重的模具设计和制造工作量，注塑模大多采用了标准模架。我国已经在 1990 年正式颁布了塑料注塑模架的国家标准，对于注塑模架的标准，分为中小型模架标准 GB/T 12556—1990，大型模架标准 GB/T 12555—1990。有专门的模架厂家根据标准生产，可直接选用。标准模架一般由定模座板、定模板、动模板、动模支承板、垫块、动模座板、推杆固定板、推板、导柱、导套等组成。

注塑模主要零部件分类命名参考表如表 10-10 所示。

表 10-10　注塑模主要零部件分类命名参考表

零件分类	零件功能	零件名称
成型零件	模具闭合时形成型腔	凹模
		凸模
		型芯
		镶件
		成型环
		成型杆
		排气口

零件分类	零件功能	零件名称
结构零件	合模导向	导柱
		导向孔套
		斜面锥形件
		导套
	型芯抽出与复位	斜导柱
		斜滑块
		斜拉杆
		弯销
	制品推出与复位	限位块
		顶出杆
		固定板
		弹簧
		推件
		复位杆
		垫块
调温系统	加热模具	电阻加热板
		电阻加热棒
	控制温度	电控元件
	冷却模具	循环冷却水管
标准模架	连接模具各部分	定模座板
		定模板
		动模板
		动模支承板
		垫块
		动模座板
		推杆固定板
		推板
		导柱
		导套
其他零件	定位	销
	连接	紧固螺钉
		垫片
		键
	起重	吊环
		起吊螺钉

10.6.5　实验步骤

按照事先分好的实验小组准时到达实验室。

1. 准备工作

① 把缓冲橡胶平铺在工作台上，起到保护桌面、保护模具的作用。

② 把模具放在工作台上。

2. 确定拆卸顺序

拆卸模具之前，应先分清可拆件和不可拆件，制订拆卸方案，请指导教师审查同意后方可拆卸。

一般先将模具的动模和定模分开，分别将动模、定模的紧固螺钉拧松，再打出销钉。用拆卸工具将模具各主要部分拆下，然后从定模板上拆下主浇注系统，从动模上拆下顶出系统，拆散顶出系统各零件，从固定板中压出型芯等零件，有侧向分型抽芯机构时，拆下侧向分型抽芯机构的各零件。

具体针对各种模具须具体分析其结构特点，采用不同的拆卸方法和顺序。

3. 拆卸模具

按拟定的顺序进行模具拆卸，要求体会拆卸连接件的用力情况，对所拆下的每一个零件进行观察，测量并记录。记录拆下零件的位置，按一定秩序摆放好，避免再组装时出现错误或漏装零件。

① 测绘主要零件。从模具中拆下的型芯、型腔等主要零件要进行测绘。要求测量尺寸、进行粗糙度估计、配合精度测估，画出零件图，并标注尺寸及公差（公差按要求估计）。

② 拆卸注意事项。准确使用拆卸工具和测量工具，拆卸配合件时要分别采用拍打、压出等不同方法对待不同的配合关系的零件。注意受力平衡，不可盲目用力敲打。不可拆的零件和不宜拆卸的零件不要拆卸，再拆卸过程中特别需要注意自身安全及不损坏模具各器械。

4. 组装模具

① 拟定装配顺序。以"先拆的零件后装、后拆的零件先装"为一般原则制定装配顺序。

② 按顺序装配模具。按拟定的装配顺序将全部模具零件装回原来的位置。注意正反方向，防止漏装。其他注意事项与拆卸模具相同。

③ 装配后的检查。观察装配后的模具与拆卸前是否一致，检查是否有错装或漏装等。

④ 绘制模具总装草图。绘制模具总装草图时在图上记录有关尺寸。

10.6.6　实验结果的记录与整理

对选定的模具，填写表 10-11 模具零件汇总表。对每个模具零件逐个填写表 10-12。对标准件要对照手册，确定相应的标准号。

表 10-11　模具零件汇总表

模具名称				
零件序号	零件名称	材　　料	数　　量	功能描述

表 10-12　模具主要零件测绘记录表（每个零件填一张表）

模具名称		零件序号		零件名称	
测量者		绘图者		同组人	

零件草图（完全反映零件结构即可，不一定要 3 个视图。包含尺寸线、尺寸界线、尺寸名称等）

尺寸名称	第 1 次测量值	第 2 次测量值	第 3 次测量值	平均值	误　差
如果是标准件，相应的标准号					

10.6.7　实验体会

1. 简述所测绘模具的动作原理。

2. 谈谈你对该实验的思考、体会和改进建议。

参 考 文 献

［1］刘湘云，邵全统. 冷冲压工艺与模具设计［M］. 北京：航空工业出版社，1994.

［2］李硕本. 冲压工艺学［M］. 北京：机械工业出版社，1982.

［3］肖景容，姜奎华. 冲压工艺学［M］. 北京：机械工业出版社，1988.

［4］丁松聚. 冷冲模设计［M］. 北京：机械工业出版社，1994.

［5］余最康，陆子茹. 冷冲压模具设计与制造［M］. 南京：江苏科学技术出版社，1983.

［6］屈华昌. 塑料成型工艺与模具设计［M］. 北京：机械工业出版社，2000.

［7］陈志刚. 塑料模具设计［M］. 北京：机械工业出版社，2002.

［8］申开智. 塑料成型模具［M］. 北京：中国轻工业出版社，2002.

［9］朱光力，万金保，等. 塑料模具设计［M］. 北京：清华大学出版社，2003.

［10］中国机械工业教育协会组编. 塑料模具设计及制造［M］. 北京：机械工业出版社，2001.

［11］模具实用技术丛书编委会编. 塑料模具设计制造与应用实例［M］. 北京：机械工业出版社，2002.

［12］唐志玉. 塑料模具设计师指南［M］. 北京：国防工业出版社，1999.

［13］黄毅宏. 模具制造工艺［M］. 北京：机械工业出版社，1983.

［14］胡石玉. 模具制造技术［M］. 南京：东南大学出版社，1997.

［15］模具实用技术丛书编委会编. 模具制造工艺装备及应用［M］. 北京：机械工业出版社，1999.

［16］许鹤峰，闫光荣. 数字化制造技术［M］. 北京：化学工业出版社，2001.

［17］田福祥. 现代模具技术的特点及其发展趋势［J］. 热加工工艺，2004（8）：55—57，60.

［18］J. H. 绍克. 高速切削在模具加工中的应用及发展趋势［J］. 航空制造技术，2000（3）：37—52.